できるポケット

Web制作必携 改訂版

HTML & CSS 全事典

HTML Living Standard & CSS3/4 対応

加藤善規&できるシリーズ編集部

インプレス

本書の読み方

本書では、HTML Living Standard と CSS3/4 で利用できる要素やプロパティについて解説しています。目的の項目は目次やインデックスから探せます。記述例としてサンプルコードを掲載しており、ブラウザーでの表示例は特に記載がない限り Google Chrome の画面です。

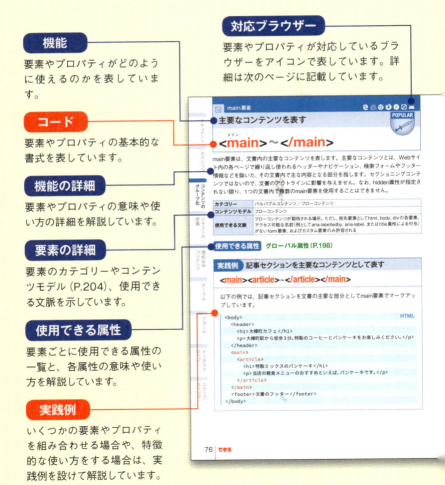

機能

要素やプロパティがどのように使えるのかを表しています。

コード

要素やプロパティの基本的な書式を表しています。

機能の詳細

要素やプロパティの意味や使い方の詳細を解説しています。

要素の詳細

要素のカテゴリーやコンテンツモデル（P.204）、使用できる文脈を示しています。

使用できる属性

要素ごとに使用できる属性の一覧と、各属性の意味や使い方を解説しています。

実践例

いくつかの要素やプロパティを組み合わせる場合や、特徴的な使い方をする場合は、実践例を設けて解説しています。

対応ブラウザー

要素やプロパティが対応しているブラウザーをアイコンで表しています。詳細は次のページに記載しています。

HTML Living StandardとCSS3/4について

HTMLの標準仕様について、以前はW3Cが策定するHTML5と、WHATWGが策定するHTML Living Standardが併存していましたが、2019年5月、HTML Living Standardに統合することで両団体が合意しました。CSSについては、W3Cが策定するCSS3/4のモジュールが最新仕様となります。本書は、これらの仕様に従って解説しています。

チェックマーク

要素やプロパティを「覚えた」ときや「試した」ときにチェックを付けます。

使用頻度

要素やプロパティの使用頻度を4種類のマークで表しています。詳細は次のページに記載しています。

プロパティの詳細

プロパティの初期値、継承の有無、適用される要素、仕様が定義されているモジュールを示しています。

値の指定方法

各プロパティで指定できるキーワードや数値などを解説しています。

サンプルコード

要素やプロパティの記述例を示しています。

ポイント

知っておくと役に立つ情報や注意点を解説しています。

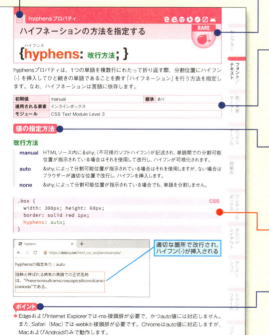

283

対応ブラウザーについて

本書で解説している要素やプロパティは、執筆時点（2020年1月）における主要ブラウザーの最新バージョンで動作を検証しています。各アイコンは左から、Microsoft Edge（EdgeHTMLレンダリングエンジン版）、Internet Explorer 11、Google Chrome、Firefox、Safari（Mac）、Safari（iOS）、Androidを表しています。Chronium版EdgeはChromeのアイコンを参照してください。

要素やプロパティに対応していないブラウザーのアイコンはオフに（色が薄く）なっています。

使用頻度について

要素やプロパティに付記しているマークは、Web制作の現場で使用する頻度や重要度の目安を、以下の4つのアイテムに例えて表現しています。

POPULAR
ほとんどのHTML/CSS文書に登場する、Web制作に不可欠な項目です。

USEFUL
数多くのWebサイトで使われ、効率や使いやすさを高める項目です。

SPECIFIC
あまり見かけませんが、特定の用途で能力を発揮する項目です。

RARE
滅多に使う機会のない、マニアックな項目です。

サンプルコードのダウンロード方法

本書に掲載しているサンプルコードと同じファイルを、インプレスブックスのサイトからダウンロードできます。ブラウザーでの表示確認やコーディングの練習にお使いください。

▶https://book.impress.co.jp/books/1119101084

※上記ページの[特典]を参照してください。ダウンロードにはClub Impressへの会員登録（無料）が必要です。

目次

本書の読み方 ･･ 2
HTML タグインデックス ･･ 25
CSS プロパティインデックス ･･ 30
索引 ･･ 524

HTML編			41
ドキュメント	html	ルート要素を表す	42
	head	メタデータのあつまりを表す	42
	title	文書のタイトルを表す	43
	base	基準となる URL を指定する	44
	link	文書を他の外部リソースと関連付ける	45
	meta	文書のメタデータを表す	49
	style	スタイル情報を記述する	52
セクション	body	文書の内容を表す	53
	article	独立した記事セクションを表す	54
	section	文書のセクションを表す	55
	nav	主要なナビゲーションを表す	56
	aside	補足情報を表す	57
	h1 ～ h6	セクションの見出しを表す	59
	hgroup	見出しをまとめる	60
	header	ヘッダーを表す	61
	footer	フッターを表す	62
	address	連絡先情報を表す	63
コンテンツの グループ化	p	段落を表す	64
	blockquote	段落単位での引用を表す	65
	ol	序列リストを表す	66
	ul	順不同リストを表す	68

できる | 5

コンテンツの グループ化	menu	ツールバーを表す	69
	li	リストの項目を表す	70
	pre	整形済みテキストを表す	71
	dl	説明リストを表す	72
	dt	説明リストの語句を表す	72
	dd	説明リストの説明文を表す	73
	figure	写真などのまとまりを表す	74
	figcaption	写真などにキャプションを付与する	74
	main	主要なコンテンツを表す	76
	hr	段落の区切りを表す	77
	div	フローコンテンツをまとめる	77
テキストの 定義	a	リンクを設置する	78
	em	強調したいテキストを表す	82
	strong	重要なテキストを表す	83
	small	細目や注釈のテキストを表す	84
	s	無効なテキストを表す	85
	cite	作品のタイトルを表す	86
	q	語句単位での引用を表す	87
	dfn	定義語を表す	88
	abbr	略称を表す	89
	ruby	ルビを表す	90
	rt	ルビテキストを表す	90
	rp	ルビテキストを囲む括弧を表す	91
	rb	ルビの対象テキストを表す	92
	rtc	ルビテキストのあつまりを表す	92
	sup sub	上付き・下付きテキストを表す	93
	time	日付や時刻、経過時間を表す	94
	data	さまざまなデータを表す	95

テキストの定義	code	コンピューター言語のコードを表す	96
	var	変数を表す	96
	samp	出力テキストの例を表す	98
	kbd	入力テキストを表す	98
	i	質が異なるテキストを表す	100
	b	特別なテキストを表す	101
	u	テキストをラベル付けする	102
	mark	ハイライトされたテキストを表す	103
	bdi	書字方向が異なるテキストを表す	104
	bdo	テキストの書字方向を指定する	105
	span	フレーズをグループ化する	106
	br	改行を表す	107
	wbr	折り返し可能な箇所を指定する	108
	ins	追記、削除されたテキストを表す	109
	del		
埋め込みコンテンツ	picture	レスポンシブ・イメージを実現する	110
	source	選択可能なファイルを複数指定する	110
	embed	アプリケーションやコンテンツを埋め込む	113
	img	画像を埋め込む	114
	iframe	他の HTML 文書を埋め込む	117
	object	埋め込まれた外部リソースを表す	120
	param	外部リソースが利用するパラメーターを与える	121
	video	動画ファイルを埋め込む	122
	audio	音声ファイルを埋め込む	124
	track	テキストトラックを埋め込む	126
	map	クリッカブルマップを表す	128
	area	クリッカブルマップにおける領域を指定する	128
テーブル	table	表組みを表す	132
	caption	表組みのタイトルを表す	132

テーブル	tr	表組みの行を表す	133
	td	表組みのセルを表す	133
	th	表組みの見出しセルを表す	135
	colgroup	表組みの列グループを表す	136
	col	表組みの列を表す	136
	tbody	表組みの本体部分の行グループを表す	138
	thead	表組みのヘッダー部分の行グループを表す	138
	tfoot	表組みのフッター部分の行グループを表す	139
フォーム	form	フォームを表す	140
	input	入力コントロールを表示する	142
	type=hidden	閲覧者には表示しないデータを表す	146
	type=text	1行のテキスト入力欄を設置する	147
	type=search	検索キーワードの入力欄を設置する	148
	type=tel	電話番号の入力欄を設置する	149
	type=url	URLの入力欄を設置する	150
	type=email	メールアドレスの入力欄を設置する	151
	type=password	パスワードの入力欄を設置する	152
	type=date	日付の入力欄を設置する	153
	type=month	月の入力欄を設置する	154
	type=week	週の入力欄を設置する	155
	type=time	時刻の入力欄を設置する	156
	type=datetime-local	日時の入力欄を設置する	157
	type=number	数値の入力欄を設置する	158
	type=range	大まかな数値の入力欄を設置する	159
	type=color	RGBカラーの入力欄を設置する	160
	type=checkbox	チェックボックスを設置する	161
	type=radio	ラジオボタンを設置する	162
	type=file	送信するファイルの選択欄を設置する	163
	type=submit	送信ボタンを設置する	164

フォーム	type=image	画像形式の送信ボタンを設置する	165
	type=reset	入力内容のリセットボタンを設置する	166
	type=button	スクリプト言語を起動するためのボタンを設置する	167
	button	ボタンを設置する	168
	label	入力コントロールにおける項目名を表す	170
	select	プルダウンメニューを表す	171
	option	選択肢を表す	172
	datalist	入力候補を提供する	174
	optgroup	選択肢のグループを表す	175
	textarea	複数行にわたるテキスト入力欄を設置する	176
	output	計算の結果出力を表す	178
	progress	進捗状況を表す	179
	meter	特定の範囲にある数値を表す	180
	fieldset	入力コントロールの内容をまとめる	182
	legend	入力コントロールの内容グループに見出しを付ける	182
インタラクティブ	details	操作可能なウィジットを表す	184
	summary	ウィジット内の項目の要約や説明文を表す	184
	dialog	ダイアログを表す	186
スクリプティング	script	クライアントサイドスクリプトのコードを埋め込む	187
	noscript	スクリプトが無効な環境の内容を表す	188
	canvas	グラフィック描写領域を提供する	190
	template	スクリプトが利用するHTMLの断片を定義する	191
	slot	Shadowツリーとして埋め込む	193
HTMLの基礎知識	HTMLの基本書式		194
	HTMLの基本構造		196
	ブラウジングコンテキスト		197
	グローバル属性とイベントハンドラーコンテンツ属性		198
	HTMLの関連仕様について		203

できる | 9

| HTMLの基礎知識 | カテゴリーとコンテンツモデル | 204 |
| | セクションとアウトライン | 206 |

CSS編   209

セレクター	指定した要素にスタイルを適用する	210
	すべての要素にスタイルを適用する	211
	指定したクラス名を持つ要素にスタイルを適用する	212
	指定したID名を持つ要素にスタイルを適用する	212
	子孫要素にスタイルを適用する	213
	子要素にスタイルを適用する	214
	直後の要素にスタイルを適用する	215
	弟要素にスタイルを適用する	216
	指定した属性を持つ要素にスタイルを適用する	217
	指定した属性と属性値を持つ要素にスタイルを適用する	218
	指定した属性値を含む要素にスタイルを適用する	218
	指定した文字列で始まる属性値を持つ要素にスタイルを適用する	219
	指定した文字列で終わる属性値を持つ要素にスタイルを適用する	219
	指定した文字列を含む属性値を持つ要素にスタイルを適用する	220
	指定した文字列がハイフンの前にある属性値を持つ要素にスタイルを適用する	220
	:first-child	最初の子要素にスタイルを適用する	221
	:first-of-type	最初の子要素にスタイルを適用する（同一要素のみ）	222
	:last-child	最後の子要素にスタイルを適用する	223
	:last-of-type	最後の子要素にスタイルを適用する（同一要素のみ）	223
	:nth-child(n)	n番目の子要素にスタイルを適用する	224
	:nth-of-type(n)	n番目の子要素にスタイルを適用する（同一要素のみ）	225
	:nth-last-child(n)	最後からn番目の子要素にスタイルを適用する	226

セレクター	:nth-last-of-type(n)	最後からn番目の子要素にスタイルを適用する（同一要素のみ）	226
	:only-child	唯一の子要素にスタイルを適用する	227
	:only-of-type	唯一の子要素にスタイルを適用する（同一要素のみ）	228
	:empty	子要素を持たない要素にスタイルを適用する	229
	:root	文書のルート要素にスタイルを適用する	229
	:link	閲覧者が未訪問のリンクにスタイルを適用する	230
	:visited	閲覧者が訪問済みのリンクにスタイルを適用する	230
	:any-link	訪問の有無に関係なくリンクにスタイルを適用する	231
	:active	アクティブになった要素にスタイルを適用する	231
	:hover	マウスポインターが重ねられた要素にスタイルを適用する	232
	:focus	フォーカスされている要素にスタイルを適用する	233
	:focus-within	フォーカスを持った要素を含む要素にスタイルを適用する	234
	:host	Shadow DOM内部からホストにスタイルを適用する	234
	:target	アンカーリンクの移動先となる要素にスタイルを適用する	235
	:lang(言語)	特定の言語コードを指定した要素にスタイルを適用する	235
	:not(条件)	指定した条件を除いた要素にスタイルを適用する	236
	:fullscreen	全画面モードでスタイルを適用する	236
	:left	印刷文書の左右のページにスタイルを適用する	237
	:right		
	:first	印刷文書の最初のページにスタイルを適用する	237
	:enabled	有効な要素にスタイルを適用する	238
	:disabled	無効な要素にスタイルを適用する	238
	:checked	チェックされた要素にスタイルを適用する	239
	:default	既定値となっているフォーム関連要素にスタイルを適用する	239

セレクター	:in-range	制限範囲内、または範囲外の値がある要素にスタイルを適用する	240
	:out-of-range		
	:valid	内容の検証に成功したフォーム関連要素にスタイルを適用する	241
	:invalid	無効な入力内容が含まれたフォーム関連要素にスタイルを適用する	241
	:required	必須のフォーム関連要素にスタイルを適用する	242
	:optional	必須ではないフォーム関連要素にスタイルを適用する	242
	:read-write	編集可能な要素にスタイルを適用する	243
	:read-only	編集不可能な要素にスタイルを適用する	243
	:defined	定義されているすべての要素にスタイルを適用する	244
	:indeterminate	中間の状態にあるフォーム関連要素にスタイルを適用する	244
	:placeholder-shown	プレースホルダーが表示されている要素にスタイルを適用する	245
	::placeholder	プレースホルダーの文字列にスタイルを適用する	245
	::first-line	要素の1行目にのみスタイルを適用する	246
	::first-letter	要素の1文字目にのみスタイルを適用する	246
	::before	要素の内容の前後に指定したコンテンツを挿入する	247
	::after		
	::backdrop	全画面モード時の背後にあるボックスにスタイルを適用する	248
	::cue	WEBVTTにスタイルを適用する	248
	::selection	選択された要素にスタイルを適用する	249
	::slotted(セレクター)	slot内に配置された要素にスタイルを適用する	249
フォント／テキスト	font-family	フォントを指定する	250
	font-style	フォントのスタイルを指定する	251
	@font-face	独自フォントの利用を指定する	252
	font-variant-caps	スモールキャピタルの使用を指定する	254
	font-variant-numeric	数字、分数、序数標識の表記を指定する	255
	font-variant-alternates	代替字体の使用を指定する	256

12 **できる**

フォント／テキスト			
font-variant-ligatures	合字や前後関係に依存する字体を指定する	257
font-variant-east-asian	東アジアの字体の使用を指定する	258
font-variant	フォントの形状をまとめて指定する	259
font-size	フォントサイズを指定する	260
font-size-adjust	小文字の高さに基づいたフォントサイズの選択を指定する	262
font-weight	フォントの太さを指定する	263
line-height	行の高さを指定する	264
font	フォントと行の高さをまとめて指定する	265
font-stretch	フォントの幅を指定する	266
font-kerning	カーニング情報の使用方法を制御する	267
font-feature-settings	OpenType フォントの機能を指定する	268
text-transform	英文字の大文字や小文字での表示方法を指定する	269
text-align	文章の揃え位置を指定する	270
text-justify	文章の均等割付の形式を指定する	271
text-align-last	文章の最終行の揃え位置を指定する	272
text-overflow	ボックスに収まらない文章の表示方法を指定する	273
vertical-align	行内やセル内の縦方向の揃え位置を指定する	274
text-indent	文章の 1 行目の字下げ幅を指定する	275
letter-spacing	文字の間隔を指定する	276
word-spacing	単語の間隔を指定する	277
tab-size	タブ文字の表示幅を指定する	278
white-space	スペース、タブ、改行の表示方法を指定する	279
word-break	文章の改行方法を指定する	280
line-break	改行の禁則処理を指定する	281
overflow-wrap	単語の途中での改行を指定する	282
hyphens	ハイフネーションの方法を指定する	283
direction	文字を表示する方向を指定する	284
unicode-bidi	文字の書字方向決定アルゴリズムを制御する	284

フォント／ テキスト	writing-mode	縦書き、または横書きを指定する	286
	text-combine-upright	縦中横を指定する	287
	text-orientation	縦書き時の文字の向きを指定する	288
	text-decoration-line	傍線の位置を指定する	289
	text-decoration-color	傍線の色を指定する	290
	text-decoration-style	傍線のスタイルを指定する	291
	text-decoration-thickness	傍線の太さを指定する	292
	text-decoration	傍線をまとめて指定する	293
	text-underline-position	下線の位置を指定する	294
	text-emphasis-style	傍点のスタイルと形を指定する	295
	text-emphasis-color	傍点の色を指定する	296
	text-emphasis	文字の傍点をまとめて指定する	297
	text-emphasis-position	傍点の位置を指定する	298
	text-shadow	文字の影を指定する	299
	list-style-image	リストマーカーの画像を指定する	300
	list-style-position	リストマーカーの位置を指定する	301
	list-style-type	リストマーカーのスタイルを指定する	302
	list-style	リストマーカーをまとめて指定する	304
	color	文字の色を指定する	305
色／背景／ ボーダー	background-color	背景色を指定する	306
	background-image	背景画像を指定する	307
	background-repeat	背景画像の繰り返しを指定する	308
	background-position	背景画像を表示する水平・垂直位置を指定する	309
	background-attachment	スクロール時の背景画像の表示方法を指定する	311
	background-size	背景画像の表示サイズを指定する	312
	background-origin	背景画像を表示する基準位置を指定する	313
	background-clip	背景画像を表示する領域を指定する	314

色／背景／ ボーダー	background	背景のプロパティをまとめて指定する	315
	mix-blend-mode	要素同士の混合方法を指定する	316
	background-blend-mode	背景色と背景画像の混合方法を指定する	317
	isolation	重ね合わせコンテキストの生成を指定する	318
	opacity	色の透明度を指定する	318
	color-adjust	画面を表示する端末に応じた色の設定を 許可する	319
	filter	グラフィック効果を指定する	320
	backdrop-filter	要素の背後のグラフィック効果を指定する	321
	linear-gradient()	線形のグラデーションを表示する	322
	radial-gradient()	円形のグラデーションを表示する	324
	repeating-liner-gradient()	線形のグラデーションを繰り返して表示する	326
	repeating-radial-gradient()	円形のグラデーションを繰り返して表示する	327
	shape-outside	テキストの回り込みの形状を指定する	328
	shape-margin	テキストの回り込みの形状にマージンを 指定する	329
	shape-image-threshold	テキストの回り込みの形状を画像から抽出する 際のしきい値を指定する	330
	caret-color	入力キャレットの色を指定する	331
	border-top-style		
	border-right-style	ボーダーのスタイルを指定する	332
	border-bottom-style		
	border-left-style		
	border-style	ボーダーのスタイルをまとめて指定する	333
	border-top-width		
	border-right-width	ボーダーの幅を指定する	334
	border-bottom-width		
	border-left-width		
	border-width	ボーダーの幅をまとめて指定する	335

できる | 15

色／背景／ボーダー	border-top-color	ボーダーの色を指定する	336
	border-right-color		
	border-bottom-color		
	border-left-color		
	border-color	ボーダーの色をまとめて指定する	337
	border-top	ボーダーの各辺をまとめて指定する	338
	border-right		
	border-bottom		
	border-left		
	border	ボーダーをまとめて指定する	339
	border-block-start-style	書字方向に応じてボーダーのスタイルを指定する	340
	border-block-end-style		
	border-inline-start-style		
	border-inline-end-style		
	border-block-style	書字方向に応じてボーダーのスタイルをまとめて指定する	341
	border-inline-style		
	border-block-start-width	書字方向に応じてボーダーの幅を指定する	342
	border-block-end-width		
	border-inline-start-width		
	border-inline-end-width		
	border-block-width		
	border-inline-width		
	border-block-start-color	書字方向に応じてボーダーの色を指定する	343
	border-block-end-color		
	border-inline-start-color		
	border-inline-end-color		
	border-block-color		
	border-inline-color		

色／背景／ボーダー	border-block-start	書字方向に応じてボーダーの各辺をまとめて指定する	344
	border-block-end		
	border-inline-start		
	border-inline-end		
	border-block		
	border-inline		
	border-top-left-radius	ボーダーの角丸を指定する	345
	border-top-right-radius		
	border-bottom-right-radius		
	border-bottom-left-radius		
	border-radius	ボーダーの角丸をまとめて指定する	346
	border-image-source	ボーダーに利用する画像を指定する	347
	border-image-width	ボーダー画像の幅を指定する	348
	border-image-slice	ボーダー画像の分割位置を指定する	349
	border-image-repeat	ボーダー画像の繰り返しを指定する	350
	border-image-outset	ボーダー画像の領域を広げるサイズを指定する	351
	border-image	ボーダー画像をまとめて指定する	352
ボックス／テーブル	width	ボックスの幅と高さを指定する	353
	height		
	max-width	ボックスの幅と高さの最大値を指定する	354
	max-height		
	min-width	ボックスの幅と高さの最小値を指定する	355
	min-height		
	max-block-size	書字方向に応じてボックスの幅と高さの最大値を指定する	356
	max-inline-size		
	min-block-size	書字方向に応じてボックスの幅と高さの最小値を指定する	357
	min-inline-size		

できる 17

ボックス／テーブル	margin-top	ボックスのマージンの幅を指定する	358
	margin-right		
	margin-bottom		
	margin-left		
	margin	ボックスのマージンの幅をまとめて指定する	359
	padding-top	ボックスのパディングの幅を指定する	360
	padding-right		
	padding-bottom		
	padding-left		
	padding	ボックスのパディングの幅をまとめて指定する	361
	margin-block-start	書字方向に応じてボックスのマージンの幅を指定する	362
	margin-block-end		
	margin-inline-start		
	margin-inline-end		
	margin-block	書字方向に応じてボックスのマージンの幅をまとめて指定する	363
	margin-inline		
	padding-block-start	書字方向に応じてボックスのパディングの幅を指定する	364
	padding-block-end		
	padding-inline-start		
	padding-inline-end		
	padding-block	書字方向に応じてボックスのパディングの幅をまとめて指定する	365
	padding-inline		
	overflow-x	ボックスに収まらない内容の表示方法を指定する	366
	overflow-y		
	overflow	ボックスに収まらない内容の表示方法をまとめて指定する	367
	outline-style	ボックスのアウトラインのスタイルを指定する	368
	outline-width	ボックスのアウトラインの幅を指定する	369
	outline-color	ボックスのアウトラインの色を指定する	370

ボックス／テーブル	outline	ボックスのアウトラインをまとめて指定する	371
	outline-offset	アウトラインとボーダーの間隔を指定する	372
	resize	ボックスのサイズ変更の可否を指定する	373
	display	ボックスの表示型を指定する	374
	position	ボックスの配置方法を指定する	378
	top		
	right	ボックスの配置位置を指定する	379
	bottom		
	left		
	float	ボックスの回り込み位置を指定する	380
	clear	ボックスの回り込みを解除する	382
	clip-path	クリッピング領域を指定する	383
	box-shadow	ボックスの影を指定する	384
	box-decoration-break	分割されたボックスの表示方法を指定する	386
	box-sizing	ボックスサイズの算出方法を指定する	387
	z-index	ボックスの重ね順を指定する	388
	visibility	ボックスの可視・不可視を指定する	389
	table-layout	表組みのレイアウト方法を指定する	390
	border-collapse	表組みにおけるセルの境界線の表示形式を指定する	391
	border-spacing	表組みにおけるセルのボーダーの間隔を指定する	392
	empty-cells	空白セルのボーダーと背景の表示方法を指定する	393
	caption-side	表組みのキャプションの表示位置を指定する	394
	scroll-behavior	ボックスにスクロール時の動きを指定する	395
	scroll-snap-type	スクロールにスナップさせる方法を指定する	395
	scroll-snap-align	ボックスをスナップする位置を指定する	396

ボックス／テーブル	scroll-margin-top	スナップされる位置のマージンの幅を指定する	398
	scroll-margin-right		
	scroll-margin-bottom		
	scroll-margin-left		
	scroll-margin	スナップされる位置のマージンの幅をまとめて指定する	399
	scroll-padding-top	スクロールコンテナーのパディングの幅を指定する	400
	scroll-padding-right		
	scroll-padding-bottom		
	scroll-padding-left		
	scroll-padding	スクロールコンテナーのパディングの幅をまとめて指定する	401
	scroll-margin-block-start	書字方向に応じてスナップされる位置のマージンの幅を指定する	402
	scroll-margin-block-end		
	scroll-margin-inline-start		
	scroll-margin-inline-end		
	scroll-margin-block	書字方向に応じてスナップされる位置のマージンの幅をまとめて指定する	403
	scroll-margin-inline		
	scroll-padding-block-start	書字方向に応じてスクロールコンテナーのパディングの幅を指定する	404
	scroll-padding-block-end		
	scroll-padding-inline-start		
	scroll-padding-inline-end		
	scroll-padding-block	書字方向に応じてスクロールコンテナーのパディングの幅をまとめて指定する	405
	scroll-padding-inline		
段組み	column-count	段組みの列数を指定する	406
	column-width	段組みの列幅を指定する	407
	columns	段組みの列幅と列数をまとめて指定する	408
	column-gap	段組みの間隔を指定する	409
	column-span	段組みをまたがる要素を指定する	410
	column-fill	段組みの内容を揃える方法を指定する	411

段組み	column-rule-style	段組みの罫線のスタイルを指定する	412
	column-rule-width	段組みの罫線の幅を指定する	413
	column-rule-color	段組みの罫線の色を指定する	414
	column-rule	段組みの罫線の幅とスタイル、色をまとめて指定する	415
	widows	先頭に表示されるブロックコンテナーの最小行数を指定する	416
	orphans	末尾に表示されるブロックコンテナーの最小行数を指定する	417
	break-before	ボックスの前後での改ページや段区切りを指定する	418
	break-after		
	break-inside	ボックス内での改ページや段区切りを指定する	420
フレキシブルボックス	display	フレキシブルボックスレイアウトを指定する	421
	flex-direction	フレックスアイテムの配置方向を指定する	422
	flex-wrap	フレックスアイテムの折り返しを指定する	424
	flex-flow	フレックスアイテムの配置方向と折り返しを指定する	425
	order	フレックスアイテムを配置する順序を指定する	426
	flex-grow	フレックスアイテムの幅の伸び率を指定する	427
	flex-shrink	フレックスアイテムの幅の縮み率を指定する	428
	flex-basis	フレックスアイテムの基本の幅を指定する	429
	flex	フレックスアイテムの幅をまとめて指定する	430
	justify-content	ボックス全体の横方向の揃え位置を指定する	431
	align-content	ボックス全体の縦方向の揃え位置を指定する	432
	place-content	ボックス全体の揃え位置をまとめて指定する	434
	justify-self	個別のボックスの横方向の揃え位置を指定する	435
	align-self	個別のボックスの縦方向の揃え位置を指定する	436
	place-self	個別のボックスの揃え位置をまとめて指定する	438
	justify-items	すべてのボックスの横方向の揃え位置を指定する	439
	align-items	すべてのボックスの縦方向の揃え位置を指定する	441
	place-items	すべてのボックスの揃え位置をまとめて指定する	443

グリッドレイアウト	display	グリッドレイアウトを指定する	444
	grid-template-rows	グリッドトラックの行のライン名と高さを指定する	445
	grid-template-columns	グリッドトラックの列のライン名と幅を指定する	447
	grid-template-areas	グリッドエリアの名前を指定する	448
	grid-template	グリッドトラックをまとめて指定する	450
	grid-auto-rows	暗黙的グリッドトラックの行の高さを指定する	451
	grid-auto-columns	暗黙的グリッドトラックの列の幅を指定する	452
	grid-auto-flow	グリッドアイテムの自動配置方法を指定する	453
	grid	グリッドトラックとアイテムの配置方法をまとめて指定する	455
	grid-row-start	アイテムの配置と大きさを行の始点・終点を基準に指定する	457
	grid-row-end		
	grid-row	アイテムの配置と大きさを行方向を基準にまとめて指定する	458
	grid-column-start	アイテムの配置と大きさを列方向を基準に指定する	459
	grid-column-end		
	grid-column		
	grid-area	アイテムの配置と大きさをまとめて指定する	460
	row-gap	行の間隔を指定する	461
	column-gap	列の間隔を指定する	462
	gap	行と列の間隔をまとめて指定する	463
アニメーション	@keyframes	アニメーションの動きを指定する	464
	animation-name	アニメーションを識別する名前を指定する	465
	animation-duration	アニメーションが完了するまでの時間を指定する	465
	animation-delay	アニメーションが開始されるまでの待ち時間を指定する	467
	animation-play-state	アニメーションの再生、または一時停止を指定する	467
	animation-timing-function	アニメーションの加速曲線を指定する	468
	animation-fill-mode	アニメーションの再生前後のスタイルを指定する	470

アニメー ション	animation-iteration-count	アニメーションの繰り返し回数を指定する	471
	animation-direction	アニメーションの再生方向を指定する	472
	animation	アニメーションをまとめて指定する	473
	transition-property	トランジションを適用するプロパティを 指定する	474
	transition-duration	トランジションが完了するまでの時間を 指定する	475
	transition-timing-function	トランジションの加速曲線を指定する	476
	transition-delay	トランジションが開始されるまでの待ち時間を 指定する	478
	transition	トランジションをまとめて指定する	479
トランス フォーム	transform	平面空間で要素を変形する	480
	transform	3D 空間で要素を変形する	482
	transform-origin	変形する要素の中心点の位置を指定する	484
	perspective	3D 空間で変形する要素の奥行きを表す	485
	transform-style	3D 空間で変形する要素の子要素の配置方法を 指定する	486
	perspective-origin	3D 空間で変形する要素の視点の位置を 指定する	488
	backface-visibility	3D 空間で変形する要素の背面の表示方法を 指定する	489
	transform-box	変形の参照ボックスを指定する	490
コンテンツ	touch-action	タッチ画面におけるユーザーの操作を指定する	491
	cursor	マウスポインターの表示方法を指定する	492
	content	要素や疑似要素の内側に挿入するものを 決定する	494
	counter-increment	カウンター値を更新する	496
	counter-reset	カウンター値をリセットする	496
	quotes	content プロパティで挿入する記号を指定する	498
	will-change	ブラウザーに対して変更が予測される要素を 指示する	499
	object-fit	画像などをボックスにフィットさせる方法を 指定する	500
	object-position	画像などをボックスに揃える位置を指定する	501

コンテンツ	**pointer-events**	ポインターイベントの対象になる場合の条件を指定する	502
	all	要素のすべてのプロパティを初期化する	503
CSS の 基礎知識	CSS の基本書式		504
	CSS を HTML 文書に組み込むには		506
	メディアタイプとメディアクエリ		509
	CSS におけるボックスモデル		510
	ボックスの種類と要素の分類		511
	スタイルの優先順位		512
	スタイルの継承		513
	単位付きの数値の指定方法		514
	色の指定方法		516
	カスタムプロパティ		518
	calc() 関数		520
	CSS のファイルの種類の指定と MIME タイプ		523

HTML タグインデックス

A

a	リンクを設置する	78
abbr	略称を表す	89
address	連絡先情報を表す	63
area	クリッカブルマップにおける領域を指定する	128
article	独立した記事セクションを表す	54
aside	補足情報を表す	57
audio	音声ファイルを埋め込む	124

B

b	特別なテキストを表す	101
base	基準となるURLを指定する	44
bdi	書字方向が異なるテキストを表す	104
bdo	テキストの書字方向を指定する	105
blockquote	段落単位での引用を表す	65
body	文書の内容を表す	53
br	改行を表す	107
button	ボタンを設置する	168

C

canvas	グラフィック描写領域を提供する	190
caption	表組みのタイトルを表す	132
cite	作品のタイトルを表す	86
code	コンピューター言語のコードを表す	96
col	表組みの列を表す	136
colgroup	表組みの列グループを表す	136

D

data	さまざまなデータを表す	95
datalist	入力候補を提供する	174
dd	説明リストの説明文を表す	73
del	追記、削除されたテキストを表す	109
details	操作可能なウィジットを表す	184

dfn	定義語を表す	88
dialog	ダイアログを表す	186
div	フローコンテンツをまとめる	77
dl	説明リストを表す	72
dt	説明リストの語句を表す	72

E

em	強調したいテキストを表す	82
embed	アプリケーションやコンテンツを埋め込む	113

F

fieldset	入力コントロールの内容をまとめる	182
figcaption	写真などにキャプションを付与する	74
figure	写真などのまとまりを表す	74
footer	フッターを表す	62
form	フォームを表す	140

H

h1 ～ h6	セクションの見出しを表す	59
head	メタデータのあつまりを表す	42
header	ヘッダーを表す	61
hgroup	見出しをまとめる	60
hr	段落の区切りを表す	77
html	ルート要素を表す	42

I

i	質が異なるテキストを表す		100
iframe	他のHTML文書を埋め込む		117
img	画像を埋め込む		114
input	入力コントロールを表示する		142
	type=button	スクリプト言語を起動するためのボタンを設置する	167
	type=checkbox	チェックボックスを設置する	161
	type=color	RGBカラーの入力欄を設置する	160
	type=date	日付の入力欄を設置する	153
	type=datetime-local	日時の入力欄を設置する	157

type=email	メールアドレスの入力欄を設置する	151
type=file	送信するファイルの選択欄を設置する	163
type=hidden	閲覧者には表示しないデータを表す	146
type=image	画像形式の送信ボタンを設置する	165
type=month	月の入力欄を設置する	154
type=number	数値の入力欄を設置する	158
type=password	パスワードの入力欄を設置する	152
type=radio	ラジオボタンを設置する	162
type=range	大まかな数値の入力欄を設置する	159
type=reset	入力内容のリセットボタンを設置する	166
type=search	検索キーワードの入力欄を設置する	148
type=submit	送信ボタンを設置する	164
type=tel	電話番号の入力欄を設置する	149
type=text	1行のテキスト入力欄を設置する	147
type=time	時刻の入力欄を設置する	156
type=url	URLの入力欄を設置する	150
type=week	週の入力欄を設置する	155
ins	追記、削除されたテキストを表す	109

K

kbd	入力テキストを表す	98

L

label	入力コントロールにおける項目名を表す	170
legend	入力コントロールの内容グループに見出しを付ける	182
li	リストの項目を表す	70
link	文書を他の外部リソースと関連付ける	45

M

main	主要なコンテンツを表す	76
map	クリッカブルマップを表す	128
mark	ハイライトされたテキストを表す	103
menu	ツールバーを表す	69
meta	文書のメタデータを表す	49
meter	特定の範囲にある数値を表す	180

N

nav	主要なナビゲーションを表す	56
noscript	スクリプトが無効な環境の内容を表す	188

O

object	埋め込まれた外部リソースを表す	120
ol	序列リストを表す	66
optgroup	選択肢のグループを表す	175
option	選択肢を表す	172
output	計算の結果出力を表す	178

P

p	段落を表す	64
param	外部リソースが利用するパラメーターを与える	121
picture	レスポンシブ・イメージを実現する	110
pre	整形済みテキストを表す	71
progress	進捗状況を表す	179

Q

q	語句単位での引用を表す	87

R

rb	ルビの対象テキストを表す	92
rp	ルビテキストを囲む括弧を表す	91
rt	ルビテキストを表す	90
rtc	ルビテキストのあつまりを表す	92
ruby	ルビを表す	90

S

s	無効なテキストを表す	85
samp	出力テキストの例を表す	98
script	クライアントサイドスクリプトのコードを埋め込む	187
section	文書のセクションを表す	55
select	プルダウンメニューを表す	171
slot	Shadowツリーとして埋め込む	193
small	細目や注釈のテキストを表す	84

source	選択可能なファイルを複数指定する	110
span	フレーズをグループ化する	106
strong	重要なテキストを表す	83
style	スタイル情報を記述する	52
sub	上付き・下付きテキストを表す	93
summary	ウィジット内の項目の要約や説明文を表す	184
sup	上付き・下付きテキストを表す	93

T

table	表組みを表す	132
tbody	表組みの本体部分の行グループを表す	138
td	表組みのセルを表す	133
template	スクリプトが利用するHTMLの断片を定義する	191
textarea	複数行にわたるテキスト入力欄を設置する	176
tfoot	表組みのフッター部分の行グループを表す	139
th	表組みの見出しセルを表す	135
thead	表組みのヘッダー部分の行グループを表す	138
time	日付や時刻、経過時間を表す	94
title	文書のタイトルを表す	43
tr	表組みの行を表す	133
track	テキストトラックを埋め込む	126

U

u	テキストをラベル付けする	102
ul	順不同リストを表す	68

V

var	変数を表す	96
video	動画ファイルを埋め込む	122

W

wbr	折り返し可能な箇所を指定する	108

CSS プロパティインデックス

A

align-content	ボックス全体の縦方向の揃え位置を指定する	432
align-items	すべてのボックスの縦方向の揃え位置を指定する	441
align-self	個別のボックスの縦方向の揃え位置を指定する	436
all	要素のすべてのプロパティを初期化する	503
animation	アニメーションをまとめて指定する	473
animation-delay	アニメーションが開始されるまでの待ち時間を指定する	467
animation-direction	アニメーションの再生方向を指定する	472
animation-duration	アニメーションが完了するまでの時間を指定する	465
animation-fill-mode	アニメーションの再生前後のスタイルを指定する	470
animation-iteration-count	アニメーションの繰り返し回数を指定する	471
animation-name	アニメーションを識別する名前を指定する	465
animation-play-state	アニメーションの再生、または一時停止を指定する	467
animation-timing-function	アニメーションの加速曲線を指定する	468

B

backdrop-filter	要素の背後のグラフィック効果を指定する	321
backface-visibility	3D空間で変形する要素の背面の表示方法を指定する	489
background	背景のプロパティをまとめて指定する	315
background-attachment	スクロール時の背景画像の表示方法を指定する	311
background-blend-mode	背景色と背景画像の混合方法を指定する	317
background-clip	背景画像を表示する領域を指定する	314
background-color	背景色を指定する	306
background-image	背景画像を指定する	307
background-origin	背景画像を表示する基準位置を指定する	313
background-position	背景画像を表示する水平・垂直位置を指定する	309
background-repeat	背景画像の繰り返しを指定する	308
background-size	背景画像の表示サイズを指定する	312
border	ボーダーをまとめて指定する	339
border-block	書字方向に応じてボーダーの各辺をまとめて指定する	344
border-block-color	書字方向に応じてボーダーの色を指定する	343
border-block-end	書字方向に応じてボーダーの各辺をまとめて指定する	344

border-block-end-color	書字方向に応じてボーダーの色を指定する	343
border-block-end-style	書字方向に応じてボーダーのスタイルを指定する	340
border-block-end-width	書字方向に応じてボーダーの幅を指定する	342
border-block-start	書字方向に応じてボーダーの各辺をまとめて指定する	344
border-block-start-color	書字方向に応じてボーダーの色を指定する	343
border-block-start-style	書字方向に応じてボーダーのスタイルを指定する	340
border-block-start-width	書字方向に応じてボーダーの幅を指定する	342
border-block-style	書字方向に応じてボーダーのスタイルをまとめて指定する	341
border-block-width	書字方向に応じてボーダーの幅を指定する	342
border-bottom	ボーダーの各辺をまとめて指定する	338
border-bottom-color	ボーダーの色を指定する	336
border-bottom-left-radius	ボーダーの角丸を指定する	345
border-bottom-right-radius	ボーダーの角丸を指定する	345
border-bottom-style	ボーダーのスタイルを指定する	332
border-bottom-width	ボーダーの幅を指定する	334
border-collapse	表組みにおけるセルの境界線の表示形式を指定する	391
border-color	ボーダーの色をまとめて指定する	337
border-image	ボーダー画像をまとめて指定する	352
border-image-outset	ボーダー画像の領域を広げるサイズを指定する	351
border-image-repeat	ボーダー画像の繰り返しを指定する	350
border-image-slice	ボーダー画像の分割位置を指定する	349
border-image-source	ボーダーに利用する画像を指定する	347
border-image-width	ボーダー画像の幅を指定する	348
border-inline	書字方向に応じてボーダーの各辺をまとめて指定する	344
border-inline-color	書字方向に応じてボーダーの色を指定する	343
border-inline-end	書字方向に応じてボーダーの各辺をまとめて指定する	344
border-inline-end-color	書字方向に応じてボーダーの色を指定する	343
border-inline-end-style	書字方向に応じてボーダーのスタイルを指定する	340
border-inline-end-width	書字方向に応じてボーダーの幅を指定する	342
border-inline-start	書字方向に応じてボーダーの各辺をまとめて指定する	344
border-inline-start-color	書字方向に応じてボーダーの色を指定する	343
border-inline-start-style	書字方向に応じてボーダーのスタイルを指定する	340
border-inline-start-width	書字方向に応じてボーダーの幅を指定する	342
border-inline-style	書字方向に応じてボーダーのスタイルをまとめて指定する	341

border-inline-width	書字方向に応じてボーダーの幅を指定する	342
border-left	ボーダーの各辺をまとめて指定する	338
border-left-color	ボーダーの色を指定する	336
border-left-style	ボーダーのスタイルを指定する	332
border-left-width	ボーダーの幅を指定する	334
border-radius	ボーダーの角丸をまとめて指定する	346
border-right	ボーダーの各辺をまとめて指定する	338
border-right-color	ボーダーの色を指定する	336
border-right-style	ボーダーのスタイルを指定する	332
border-right-width	ボーダーの幅を指定する	334
border-spacing	表組みにおけるセルのボーダーの間隔を指定する	392
border-style	ボーダーのスタイルをまとめて指定する	333
border-top	ボーダーの各辺をまとめて指定する	338
border-top-color	ボーダーの色を指定する	336
border-top-left-radius	ボーダーの角丸を指定する	345
border-top-right-radius	ボーダーの角丸を指定する	345
border-top-style	ボーダーのスタイルを指定する	332
border-top-width	ボーダーの幅を指定する	334
border-width	ボーダーの幅をまとめて指定する	335
bottom	ボックスの配置位置を指定する	379
box-decoration-break	分割されたボックスの表示方法を指定する	386
box-shadow	ボックスの影を指定する	384
box-sizing	ボックスサイズの算出方法を指定する	387
break-after	ボックスの前後での改ページや段区切りを指定する	418
break-before	ボックスの前後での改ページや段区切りを指定する	418
break-inside	ボックス内での改ページや段区切りを指定する	420

C

caption-side	表組みのキャプションの表示位置を指定する	394
caret-color	入力キャレットの色を指定する	331
clear	ボックスの回り込みを解除する	382
clip-path	クリッピング領域を指定する	383
color	文字の色を指定する	305
color-adjust	画面を表示する端末に応じた色の設定を許可する	319
column-count	段組みの列数を指定する	406

column-fill	段組みの内容を揃える方法を指定する	411
column-gap	段組みの間隔を指定する	409
column-gap	列の間隔を指定する	462
column-rule	段組みの罫線の幅とスタイル、色をまとめて指定する	415
column-rule-color	段組みの罫線の色を指定する	414
column-rule-style	段組みの罫線のスタイルを指定する	412
column-rule-width	段組みの罫線の幅を指定する	413
column-span	段組みをまたがる要素を指定する	410
column-width	段組みの列幅を指定する	407
columns	段組みの列幅と列数をまとめて指定する	408
content	要素や疑似要素の内側に挿入するものを決定する	494
counter-increment	カウンター値を更新する	496
counter-reset	カウンター値をリセットする	496
cursor	マウスポインターの表示方法を指定する	492

D

direction	文字を表示する方向を指定する	284
display	グリッドレイアウトを指定する	444
display	フレキシブルボックスレイアウトを指定する	421
display	ボックスの表示型を指定する	374

E

| empty-cells | 空白セルのボーダーと背景の表示方法を指定する | 393 |

F

filter	グラフィック効果を指定する	320
flex	フレックスアイテムの幅をまとめて指定する	430
flex-basis	フレックスアイテムの基本の幅を指定する	429
flex-direction	フレックスアイテムの配置方向を指定する	422
flex-flow	フレックスアイテムの配置方向と折り返しを指定する	425
flex-grow	フレックスアイテムの幅の伸び率を指定する	427
flex-shrink	フレックスアイテムの幅の縮み率を指定する	428
flex-wrap	フレックスアイテムの折り返しを指定する	424
float	ボックスの回り込み位置を指定する	380
font	フォントと行の高さをまとめて指定する	265

@font-face	独自フォントの利用を指定する	252
font-family	フォントを指定する	250
font-feature-settings	OpenTypeフォントの機能を指定する	268
font-kerning	カーニング情報の使用方法を制御する	267
font-size	フォントサイズを指定する	260
font-size-adjust	小文字の高さに基づいたフォントサイズの選択を指定する	262
font-stretch	フォントの幅を指定する	266
font-style	フォントのスタイルを指定する	251
font-variant	フォントの形状をまとめて指定する	259
font-variant-alternates	代替字体の使用を指定する	256
font-variant-caps	スモールキャピタルの使用を指定する	254
font-variant-east-asian	東アジアの字体の使用を指定する	258
font-variant-ligatures	合字や前後関係に依存する字体を指定する	257
font-variant-numeric	数字、分数、序数標識の表記を指定する	255
font-weight	フォントの太さを指定する	263

G

gap	行と列の間隔をまとめて指定する	463
grid	グリッドトラックとアイテムの配置方法をまとめて指定する	455
grid-area	アイテムの配置と大きさをまとめて指定する	460
grid-auto-columns	暗黙的グリッドトラックの列の幅を指定する	452
grid-auto-flow	グリッドアイテムの自動配置方法を指定する	453
grid-auto-rows	暗黙的グリッドトラックの行の高さを指定する	451
grid-column	アイテムの配置と大きさを列方向を基準に指定する	459
grid-column-end	アイテムの配置と大きさを列方向を基準に指定する	459
grid-column-start	アイテムの配置と大きさを列方向を基準に指定する	459
grid-row	アイテムの配置と大きさを行方向を基準にまとめて指定する	458
grid-row-end	アイテムの配置と大きさを行の始点・終点を基準に指定する	457
grid-row-start	アイテムの配置と大きさを行の始点・終点を基準に指定する	457
grid-template	グリッドトラックをまとめて指定する	450
grid-template-areas	グリッドエリアの名前を指定する	448
grid-template-columns	グリッドトラックの列のライン名と幅を指定する	447
grid-template-rows	グリッドトラックの行のライン名と高さを指定する	445

H

height	ボックスの幅と高さを指定する	353
hyphens	ハイフネーションの方法を指定する	283

I

isolation	重ね合わせコンテキストの生成を指定する	318

J

justify-content	ボックス全体の横方向の揃え位置を指定する	431
justify-items	すべてのボックスの横方向の揃え位置を指定する	439
justify-self	個別のボックスの横方向の揃え位置を指定する	435

K

@keyframes	アニメーションの動きを指定する	464

L

left	ボックスの配置位置を指定する	379
letter-spacing	文字の間隔を指定する	276
linear-gradient()	線形のグラデーションを表示する	322
line-break	改行の禁則処理を指定する	281
line-height	行の高さを指定する	264
list-style	リストマーカーをまとめて指定する	304
list-style-image	リストマーカーの画像を指定する	300
list-style-position	リストマーカーの位置を指定する	301
list-style-type	リストマーカーのスタイルを指定する	302

M

margin	ボックスのマージンの幅をまとめて指定する	359
margin-block	書字方向に応じてボックスのマージンの幅をまとめて指定する	363
margin-block-end	書字方向に応じてボックスのマージンの幅を指定する	362
margin-block-start	書字方向に応じてボックスのマージンの幅を指定する	362
margin-bottom	ボックスのマージンの幅を指定する	358
margin-inline	書字方向に応じてボックスのマージンの幅をまとめて指定する	363
margin-inline-end	書字方向に応じてボックスのマージンの幅を指定する	362
margin-inline-start	書字方向に応じてボックスのマージンの幅を指定する	362

margin-left	ボックスのマージンの幅を指定する	358
margin-right	ボックスのマージンの幅を指定する	358
margin-top	ボックスのマージンの幅を指定する	358
max-block-size	書字方向に応じてボックスの幅と高さの最大値を指定する	356
max-height	ボックスの幅と高さの最大値を指定する	354
max-inline-size	書字方向に応じてボックスの幅と高さの最大値を指定する	356
max-width	ボックスの幅と高さの最大値を指定する	354
min-block-size	書字方向に応じてボックスの幅と高さの最小値を指定する	357
min-height	ボックスの幅と高さの最小値を指定する	355
min-inline-size	書字方向に応じてボックスの幅と高さの最小値を指定する	357
min-width	ボックスの幅と高さの最小値を指定する	355
mix-blend-mode	要素同士の混合方法を指定する	316

O

object-fit	画像などをボックスにフィットさせる方法を指定する	500
object-position	画像などをボックスに揃える位置を指定する	501
opacity	色の透明度を指定する	318
order	フレックスアイテムを配置する順序を指定する	426
orphans	末尾に表示されるブロックコンテナーの最小行数を指定する	417
outline	ボックスのアウトラインをまとめて指定する	371
outline-color	ボックスのアウトラインの色を指定する	370
outline-offset	アウトラインとボーダーの間隔を指定する	372
outline-style	ボックスのアウトラインのスタイルを指定する	368
outline-width	ボックスのアウトラインの幅を指定する	369
overflow	ボックスに収まらない内容の表示方法をまとめて指定する	367
overflow-wrap	単語の途中での改行を指定する	282
overflow-x	ボックスに収まらない内容の表示方法を指定する	366
overflow-y	ボックスに収まらない内容の表示方法を指定する	366

P

padding	ボックスのパディングの幅をまとめて指定する	361
padding-block	書字方向に応じてボックスのパディングの幅をまとめて指定する	365

padding-block-end	書字方向に応じてボックスのパディングの幅を指定する	364
padding-block-start	書字方向に応じてボックスのパディングの幅を指定する	364
padding-bottom	ボックスのパディングの幅を指定する	360
padding-inline	書字方向に応じてボックスのパディングの幅をまとめて指定する	365
padding-inline-end	書字方向に応じてボックスのパディングの幅を指定する	364
padding-inline-start	書字方向に応じてボックスのパディングの幅を指定する	364
padding-left	ボックスのパディングの幅を指定する	360
padding-right	ボックスのパディングの幅を指定する	360
padding-top	ボックスのパディングの幅を指定する	360
perspective	3D空間で変形する要素の奥行きを表す	485
perspective-origin	3D空間で変形する要素の視点の位置を指定する	488
place-content	ボックス全体の揃え位置をまとめて指定する	434
place-items	すべてのボックスの揃え位置をまとめて指定する	443
place-self	個別のボックスの揃え位置をまとめて指定する	438
pointer-events	ポインターイベントの対象になる場合の条件を指定する	502
position	ボックスの配置方法を指定する	378

Q

quotes	contentプロパティで挿入する記号を指定する	498

R

radial-gradient()	円形のグラデーションを表示する	324
repeating-liner-gradient()	線形のグラデーションを繰り返して表示する	326
repeating-radial-gradient()	円形のグラデーションを繰り返して表示する	327
resize	ボックスのサイズ変更の可否を指定する	373
right	ボックスの配置位置を指定する	379
row-gap	行の間隔を指定する	461

S

scroll-behavior	ボックスにスクロール時の動きを指定する	395
scroll-margin	スナップされる位置のマージンの幅をまとめて指定する	399
scroll-margin-block	書字方向に応じてスナップされる位置のマージンの幅をまとめて指定する	403
scroll-margin-block-end	書字方向に応じてスナップされる位置のマージンの幅を指定する	402

scroll-margin-block-start	書字方向に応じてスナップされる位置のマージンの幅を指定する	402
scroll-margin-bottom	スナップされる位置のマージンの幅を指定する	398
scroll-margin-inline	書字方向に応じてスナップされる位置のマージンの幅をまとめて指定する	403
scroll-margin-inline-end	書字方向に応じてスナップされる位置のマージンの幅を指定する	402
scroll-margin-inline-start	書字方向に応じてスナップされる位置のマージンの幅を指定する	402
scroll-margin-left	スナップされる位置のマージンの幅を指定する	398
scroll-margin-right	スナップされる位置のマージンの幅を指定する	398
scroll-margin-top	スナップされる位置のマージンの幅を指定する	398
scroll-padding	スクロールコンテナーのパディングの幅をまとめて指定する	401
scroll-padding-block	書字方向に応じてスクロールコンテナーのパディングの幅をまとめて指定する	405
scroll-padding-block-end	書字方向に応じてスクロールコンテナーのパディングの幅を指定する	404
scroll-padding-block-start	書字方向に応じてスクロールコンテナーのパディングの幅を指定する	404
scroll-padding-bottom	スクロールコンテナーのパディングの幅を指定する	400
scroll-padding-inline	書字方向に応じてスクロールコンテナーのパディングの幅をまとめて指定する	405
scroll-padding-inline-end	書字方向に応じてスクロールコンテナーのパディングの幅を指定する	404
scroll-padding-inline-start	書字方向に応じてスクロールコンテナーのパディングの幅を指定する	404
scroll-padding-left	スクロールコンテナーのパディングの幅を指定する	400
scroll-padding-right	スクロールコンテナーのパディングの幅を指定する	400
scroll-padding-top	スクロールコンテナーのパディングの幅を指定する	400
scroll-snap-align	ボックスをスナップする位置を指定する	396
scroll-snap-type	スクロールにスナップさせる方法を指定する	395
shape-image-threshold	テキストの回り込みの形状を画像から抽出する際のしきい値を指定する	330
shape-margin	テキストの回り込みの形状にマージンを指定する	329
shape-outside	テキストの回り込みの形状を指定する	328

T

table-layout	表組みのレイアウト方法を指定する	390
tab-size	タブ文字の表示幅を指定する	278
text-align	文章の揃え位置を指定する	270

text-align-last	文章の最終行の揃え位置を指定する	272
text-combine-upright	縦中横を指定する	287
text-decoration	傍線をまとめて指定する	293
text-decoration-color	傍線の色を指定する	290
text-decoration-line	傍線の位置を指定する	289
text-decoration-style	傍線のスタイルを指定する	291
text-decoration-thickness	傍線の太さを指定する	292
text-emphasis	文字の傍点をまとめて指定する	297
text-emphasis-color	傍点の色を指定する	296
text-emphasis-position	傍点の位置を指定する	298
text-emphasis-style	傍点のスタイルと形を指定する	295
text-indent	文章の1行目の字下げ幅を指定する	275
text-justify	文章の均等割付の形式を指定する	271
text-orientation	縦書き時の文字の向きを指定する	288
text-overflow	ボックスに収まらない文章の表示方法を指定する	273
text-shadow	文字の影を指定する	299
text-transform	英文字の大文字や小文字での表示方法を指定する	269
text-underline-position	下線の位置を指定する	294
top	ボックスの配置位置を指定する	379
touch-action	タッチ画面におけるユーザーの操作を指定する	491
transform	3D空間で要素を変形する	482
transform	平面空間で要素を変形する	480
transform-box	変形の参照ボックスを指定する	490
transform-origin	変形する要素の中心点の位置を指定する	484
transform-style	3D空間で変形する要素の子要素の配置方法を指定する	486
transition	トランジションをまとめて指定する	479
transition-delay	トランジションが開始されるまでの待ち時間を指定する	478
transition-duration	トランジションが完了するまでの時間を指定する	475
transition-property	トランジションを適用するプロパティを指定する	474
transition-timing-function	トランジションの加速曲線を指定する	476

U

unicode-bidi	文字の書字方向決定アルゴリズムを制御する	284

V

vertical-align	行内やセル内の縦方向の揃え位置を指定する	274

visibility	ボックスの可視・不可視を指定する	389

W

white-space	スペース、タブ、改行の表示方法を指定する	279
widows	先頭に表示されるブロックコンテナーの最小行数を指定する	416
width	ボックスの幅と高さを指定する	353
will-change	ブラウザーに対して変更が予測される要素を指示する	499
word-break	文章の改行方法を指定する	280
word-spacing	単語の間隔を指定する	277
writing-mode	縦書き、または横書きを指定する	286

Z

z-index	ボックスの重ね順を指定する	388

本書に掲載されている情報について

- ●本書の情報は、すべて2020年1月現在のものです。
- ●HTMLについては、執筆時点で最新のHTML Living Standardの仕様に基づいています。HTML Living Standardで定義されていない一部の仕様については、HTML5の仕様を掲載しています。なお、本文中ではHTML Living StandardをHTML Standardと記載しています。
- ●CSSについては、CSS3およびCSS4で仕様の詳細が定義されており、多くのブラウザーで実装がなされているプロパティを中心に掲載しています。CSS3および4で定義が刷新されていないプロパティは、CSS2.1の情報を掲載しています。
- ●本書では、Windows 10がインストールされているパソコンを前提に画面を再現しています。要素やプロパティのコードの表示例は、主にGoogle Chromeの画面を掲載しています。それ以外のブラウザーの場合は、画面とブラウザー名を併記しています。

「できる」「できるシリーズ」は、株式会社インプレスの登録商標です。
本書に記載されている会社名、製品名、サービス名は、一般に各開発メーカーおよびサービス提供元の登録商標または商標です。なお、本文中には™および®マークは明記していません。

HTML編

ドキュメント	42
セクション	53
コンテンツのグループ化	64
テキストの定義	78
埋め込みコンテンツ	110
テーブル	132
フォーム	140
インタラクティブ	184
スクリプティング	187
HTMLの基礎知識	194

Webページを記述するためのマークアップ言語であるHTMLについて、各要素の意味や使い方、使用例などを解説します。

html要素

ルート要素を表す

`<html 属性="属性値"> ~ </html>`

html要素は、HTML文書におけるルート要素(最上位の要素)を表します。グローバル属性のlang属性を用いて、その文書の言語を指定することが推奨されます。言語の指定は、音声合成ツールなど読み上げ環境における文章のアクセシビリティや、翻訳ツールなどを使用する場合の利便性を向上させます。

カテゴリー	なし
コンテンツモデル	最初の子要素としてhead要素を1つ。その後にbody要素(P.53)を1つ
使用できる文脈	HTML文書のルート要素として記述

使用できる属性　グローバル属性(P.198)

xmlns

文書をXML構文として扱う場合は、以下のように名前空間宣言を記述します。

```html
<html xmlns="http://www.w3.org/1999/xhtml">
```
HTML

---

head要素

メタデータのあつまりを表す

`<head> ~ </head>`

head要素は、文書のタイトルやmeta要素(P.49)の情報など、メタデータのあつまりを表します。html要素の最初の子要素として1つだけ使用できます。html要素、body要素と組み合わせた実践例(P.53)も参照してください。

カテゴリー	なし
コンテンツモデル	・メタデータコンテンツ ・1個以上のメタデータコンテンツ。title要素は必須 ・iframe要素(P.117)のsrcdoc属性値に入れられる文書内、もしくは別の手段でタイトル情報が提供される場合は0個以上のメタデータコンテンツ。つまりtitle要素の省略が可能
使用できる文脈	html要素の最初の子要素として

使用できる属性　グローバル属性(P.198)

関連 日本語のHTML文書の基本構文を記述する …………………………P.53

title要素

文書のタイトルを表す

title要素は、文書のタイトルを表します。head要素のコンテンツモデルにおける条件に当てはまる場合以外は、省略できません。

カテゴリー	メタデータコンテンツ
コンテンツモデル	テキスト
使用できる文脈	head要素の子要素として。ただし、他にtitle要素を入れるのは不可

使用できる属性　グローバル属性（P.198）

```html
<head>
  <meta charset="utf-8">
  <title>カフェラテとカプチーノの違い | 大樽町カフェ</title>
  <meta name="description" content="大樽町カフェ店長がカフェラテとカプチーノの違いを解説。">
  <meta name="keywords" content="カフェラテ,カプチーノ">
</head>
```

title要素の内容は、ブラウザーのウィンドウやタブの名前として表示される

ポイント

● 検索エンジンの結果ページ、閲覧者のブックマークや履歴一覧などにおいて表示された場合に分かりやすいタイトルを付けるようにしましょう。例えば、Webサイト内のすべてのページで、title要素にサイト名しか入っていないようなタイトルの付け方は好ましくありません。

base要素

基準となるURLを指定する

<base 属性="属性値">

base要素は、他のリソースに対するパスの基準となる絶対URLを指定します。href属性とtarget属性のいずれか、もしくは両方を指定しなければなりません。また、href属性を指定した場合は、URLを指定する他の要素（html要素を除く）よりも先に記述する必要があります。

カテゴリー	メタデータコンテンツ
コンテンツモデル	空
使用できる文脈	head要素内。ただし、文書内で使用できるbase要素は1つのみ

使用できる属性　グローバル属性（P.198）

href
他のリソースに対するパスの基準となる絶対URLを以下のように指定します。こうすることで、絶対パス、相対パスで記述された外部リソースの読み込みや、ハイパーリンクの移動、フォームの送信などは、すべて指定されたURLを基準に行われます。

```html
<base href="https://www.example.com/sample/test/index.html">
```

target
文書内のリンクを開いたり、フォームを操作したりする際のブラウジングコンテキスト（ウィンドウやタブ）のデフォルトの挙動を指定します。例えば_blankを指定すると、個別に指定しない限り、すべてのリンクやフォームは別のウィンドウやタブに展開されます。

- **_blank** リンクは新しいブラウジングコンテキスト（P.197）に展開されます。
- **_parent** リンクは現在のブラウジングコンテキストの1つ上位のブラウジングコンテキストを対象に展開されます。
- **_self** リンクは現在のブラウジングコンテキストに展開されます。
- **_top** リンクは現在のブラウジングコンテキストの最上位のブラウジングコンテキストを対象に展開されます。

link要素

文書を他の外部リソースと関連付ける

<link 属性="属性値">

link要素は、文書を他の外部リソースと関連付けます。

カテゴリー	メタデータコンテンツ／フレージングコンテンツ（itemprop属性を持つ場合）／フローコンテンツ（itemprop属性を持つ場合）
コンテンツモデル	空
使用できる文脈	・head要素の子要素であるnoscript要素（P.188）の子要素として ・メタデータコンテンツが期待される場所 ・itemprop属性（P.200）が付与された場合はフレージングコンテンツが期待される場所

使用できる属性 グローバル属性（P.198）

href
リンク先のURLを指定します。

rel
現在の文書からみた、リンク先となるリソースの位置付けを表します。link要素で使用できる値は以下の通りです。半角スペースで区切って複数の値を指定できます。また、この他にもrel属性は独自の属性値を提案することができます。提案されたのち普及した属性値は、これらの仕様をまとめるMicroformats Wiki（http://microformats.org/wiki/existing-rel-values#HTML5_link_type_extensions）で確認できます。

alternate	代替文書（別言語版、別フォーマット版など）を表します。
canonical	現在の文書の優先URLを指定します。
author	著者情報を表します。
dns-prefetch	ブラウザーがターゲットリソースの生成元のDNS解決を先行して実施するよう指定します。
help	ヘルプへのリンクを表します。
icon	アイコンをインポートします。
modulepreload	ブラウザーが先行してモジュールスクリプトをフェッチし、文書のモジュールマップに格納しなければならないことを指定します。
license	ライセンス文書を表します。
next	連続した文書における次の文書を表します。
pingback	ピングバック（トラックバック）用のURLを指定します。
preconnect	リンク先のリソースにあらかじめ接続するように指定します。

次のページに続く

prefetch	リンク先のリソースをあらかじめキャッシュするように指定します。
preload	リンク先のリソースを事前に読み込むように指定します。
prerender	リンク先のリソースを読み込んでオフスクリーンでレンダリングしておくように指定します。
prev	連続した文書における前の文書を表します。
search	検索機能を表します。
stylesheet	スタイルシートを表します。
mask-icon	Safari（Mac）の「ページピン」機能で表示されるアイコンを指定します。HTML Standardの仕様では定義されていません。

メディア
media

リンク先の文書や読み込む外部リソースが、どのメディアに該当するのかを指定します。media属性の値は、妥当なメディアクエリ（P.509）である必要があります。

ハイパー・リファレンス・ランゲージ
hreflang

リンク先文書の記述言語を表します。例えば、日本語のページから英語のページにリンクをする場合などに、リンク先が英語で書かれていることをブラウザーや閲覧者に伝えます。指定できる値はlang属性（P.201）と同様です。

タイプ
type

リンク先のMIMEタイプ（P.523）を指定します。

サイズス
sizes

link要素によって関連付けられた画像ファイルなどのサイズを指定します。rel="icon"が指定された場合のみ使用でき、値は「幅x高さ」の形式、例えば16x16のように指定します。

クロス・オリジン
crossorigin

別オリジンから読み込んだ画像などのリソースを文書内で利用する際のルールを指定します。CORS（Cross-Origin Resource Sharing ／クロスドメイン通信）に関する設定を行う属性で、以下の値を指定できます。値が空、もしくは不正な場合はanonymousとみなされます。

anonymous	CookieやクライアントサイドのSSL証明書、HTTP認証などのユーザー認証情報を不要とします。
use-credentials	ユーザー認証情報を要求します。

インテグリティ
integrity

サブリソース完全性（SRI）機能を用いて、取得したリソースが予期せず改ざんされていないかをブラウザーが検証するためのハッシュ値を指定します。

referrerpolicy
リファラーポリシー

リンク先にアクセスする際、あるいは画像など外部リソースをリクエストする際にリファラー（アクセス元のURL情報）を送信するか否か（リファラーポリシー）を指定します。

空文字列	デフォルト値を表します。リファラーに対して条件指定をせず、ブラウザーの挙動に依存します。
no-referrer	リファラーを一切送信しません。a要素やarea要素に対してrel="noreferrer"を付与した場合と同様の扱いとなります。
no-referrer -when-downgrade	リンク元がSSL/TLSを用いており、リンク先がSSL/TLSを用いていない場合（HTTPS→HTTP）にはリファラーを送信しません。それ以外の場合は、リンク元の完全なURLをリファラーとして送信します。ブラウザーの既定値です。
same-origin	リンク元とリンク先が同一オリジンの場合はリファラーを送信します。
origin	リンク元のオリジンのみが送信されます。
strict-origin	リンク元、リンク先がそれぞれSSL/TLSを用いている場合、あるいはリンク元がSSL/TLSを用いていない場合にリンク元のオリジンのみを送信します。
origin-when -cross-origin	リンク元とリンク先が異なるオリジンの場合、リンク元のオリジンのみを送信します。リンク元とリンク先が同一オリジンの場合、リンク元の完全なURLをリファラーとして送信します。
strict-origin -when-cross-origin	リンク元、リンク先がそれぞれSSL/TLSを用いている場合、あるいはリンク元がSSL/TLSを用いていない場合に下記の条件でリファラーを送信します。 ・リンク元とリンク先が異なるオリジンの場合、リンク元のオリジンのみを送信します。 ・リンク元とリンク先が同一オリジンの場合、リンク元の完全なURLをリファラーとして送信します。
unsafe-url	リンク元の完全なURLをリファラーとして送信します。

as
アズ

link要素によって読み込まれるコンテンツの種類を指定します。rel="preload"またはrel="prefetch"が指定された場合のみ使用可能です。

color
カラー

Safariの「ページピン」機能で表示されるタブの色を指定します。link要素においてrel="mask-icon"が指定された場合にのみ有効です。

次のページに続く

できる 47

| 実践例 | Webサイトのアイコンを指定する

<link rel="icon">

ブラウザーのウィンドウやタブ、ブックマークの一覧などに表示されるWebサイトのアイコン（favicon）は、rel="icon"、rel="shortcut icon"を指定して関連付けられます。rel="apple-touch-icon"は、スマートフォンのホーム画面などに表示するアイコンを指定できます。

```html
<link rel="icon" type="image/png" href="img/favicon.png">    HTML
<link rel="shortcut icon" type="image/x-icon" href="img/
favicon.ico">
<link rel="apple-touch-icon" type="image/png" href="img/apple-
touch-icon.png">
```

| 実践例 | Webサイトで配信するフィードを指定する

<link rel="alternate" type="application/rss+xml">

Webサイトで配信するフィードを文書と関連付けるには、以下のように記述します。

```html
<link rel="alternate" type="application/rss+xml"              HTML
title="フィード" href="/index.xml">
```

| 実践例 | 検索エンジン向けにWebページの正規URLを指定する

<link rel="canonical" href="https://dekiru.net">

1つのWebページのURLにパラメーターが付与され、複数のURLが生じる場合があります。このとき、rel="canonical"を指定してhref属性で本来のURLを指定すると、検索エンジンのクローラーが本来のURLに情報を一元化して取り扱えます。

meta要素

文書のメタデータを表す

<meta 属性="属性値">

meta要素は、文書におけるさまざまなメタデータを表します。メタデータとは、文書の文字コードや文書の概要、キーワードなどの文書に関する情報のことを表します。1つのmeta要素には、name、http-equiv、charset、itemprop属性（P.200）を1つのみ指定できます。FacebookなどのOGP（Open Graph Protocol）情報（P.203）を付与する仕組みにも使用されます。

カテゴリー	メタデータコンテンツ／フレージングコンテンツ（itemprop属性を持つ場合）／フローコンテンツ（itemprop属性を持つ場合）
コンテンツモデル	空
使用できる文脈	・charset属性が指定されている場合、またはhttp-equiv属性が文字コードの指定のために付与されている場合はhead要素内 ・http-equiv属性が文字エンコードの指定以外のために付与されている場合はhead要素内、またはhead要素の子要素であるnoscript要素（P.188）の子要素として ・name属性が指定されている場合はメタデータコンテンツが期待される場所 ・itemprop属性が付与された場合はフローコンテンツ、またはフレージングコンテンツが期待される場所

使用できる属性　グローバル属性（P.198）

name
要素に名前を付与することでメタデータの種類を示し、内容をcontent属性で表します。

http-equiv
以下の値を指定すると、文書の処理の方法や扱いを指定できます。

content-language	文書の記述言語を指定するために使用しますが、この指定は非推奨です。代わりにlang属性（P.201）を使用しましょう。
content-type	文字コードを指定するために使用します。
default-style	優先スタイルシートを指定するために使用します。
refresh	自動更新やリダイレクトを指定するために使用します。
set-cookie	Cookieを設定するために使用しますが、この指定は非推奨です。代わりにHTTPヘッダーを使用しましょう。
x-ua-compatible	Web標準仕様により厳密に従うようにInternet Explorerに対して求めます。指定する場合はcontent="IE=edge"と組み合わせます。この指定は非推奨です。
content-security-policy	CSP（Content Security Policy）を有効にします。CSPはクロスサイトスクリプティング（XSS）など、特定種別の攻撃を検知し、その影響を軽減するために追加できるセキュリティレイヤーです。

次のページに続く

content
コンテント

name、http-equiv属性に必ず併記する属性となり、それらのメタデータを指定します。

charset
キャラクター・セット

head要素内に記述することで、文書の文字コードを指定します。2つ以上の文字コードの指定を文書内に入れることはできません。

実践例 文書の著作権、概要、キーワードを記述する

```
<meta name="author">
<meta name="description">
<meta name="keywords">
```

HMTL Standardの仕様では、meta要素におけるname属性について以下の7つのキーワードが標準的な属性値として定義されています。指定した属性値の内容は、併記するcontent属性で記述します。

name属性値	役割
application-name	文書がWebアプリケーションを利用している場合に、アプリケーション名を記述するために指定します。1つの文書には1つだけ記述できます。
author	文書の著作者の名前を記述するために指定します。
description	文書の概要を記述するために指定します。検索エンジンのクローラーに読み取られ、検索結果などにも表示される情報です。1つの文書に1つだけ記述できます。
generator	文書がソフトウェアによって記述・作成されている場合に、ソフトウェア名を記述するために指定します。人の手によって作成された場合は必要ありません。
keywords	文書の内容を表すキーワードを記述するために指定します。content属性の値には、カンマ(,)区切りで複数のキーワードを入力できます。
referrer	文書におけるデフォルトのリファラーポリシーを定義します。content属性の値には、link要素(P.45)で解説したreferrerpolicy属性の値を指定できます。
theme-color	ブラウザーがページやユーザーインターフェースの表示をカスタマイズするために使用すべき色を定義し提案します。content属性の値には、CSSにおける色の指定方法(P.516)で値を指定できます。

以下の例では、author、description、keywordsにおける各content属性の内容を記述しています。

```HTML
<meta name="author" content="できるネット編集部">
<meta name="description" content="「できるネット」は、最新のデジタルデバイ
スやソフトウェア、Webサービスなどの使い方やノウハウを解説する情報サイトです。">
<meta name="keywords" content="パソコン,スマートフォン,ソフトウェア,
Webサービス,使い方,解説">
```

実践例 スマートフォン向けに文書の表示方法を指定する

<meta name="viewport">

iPhoneなどのスマートフォンやタブレット端末のブラウザーは、多くの場合、幅980pxでWebページを表示しようとします。name="viewport"を指定して、以下の表中のcontent属性の値と、役割となる数値またはキーワードをイコール（=）でつなげて指定することで、これらのブラウザーでのWebページの表示方法を制御できます。name="viewport"はHTML Standardの仕様では定義されていませんが、主要なブラウザーはすべてが実装しており、広く利用されています。

content属性値	役割
initial-scale	Webページが最初に読み込まれたときの拡大・縮小率を0.0〜10.0の数値で指定します。
width	Webページをレンダリングするビューポートの幅をピクセル数、または「device-width」（100vwとして扱われます）で指定します。
height	Webページをレンダリングするビューポートの高さをピクセル数、または「device-height」（100vhとして扱われます）で指定します。
user-scalable	閲覧者にWebページの拡大・縮小を許可するかをyes、noで指定します。初期値はyesとなっており、拡大・縮小が可能です。ページの拡大ができなくなってしまうため、noを指定すべきではありません。
minimum-scale	許可する拡大率の下限を0.0〜10.0の数値で指定します。
maximum-scale	許可する拡大率の上限を0.0〜10.0の数値で指定します。

以下の例では、width=device-widthを指定することで、端末の画面の幅に合わせて表示されます。同時に、Webページが表示される倍率は1を指定しています。

```
<meta name="viewport" content="width=device-width,        HTML
initial-scale=1.0">
```

実践例 文書に対するクローラーのアクセスを制御する

<meta name="robots">

name属性にrobotsを指定することで、検索エンジンのクローラーによるWebページのインデックスを拒否したり、Webページ内のリンク先を探索されないようにしたりできます。例えば、以下のようにcontent属性の値にカンマ（,）で区切ってnoindex、nofollowを指定すると、検索エンジンのクローラーは、このWebページをインデックスに登録したり、ページ内のリンクをたどったりしなくなります。

```
<meta name="robots" content="noindex,nofollow">            HTML
```

style要素

スタイル情報を記述する

`<style 属性="属性値"> ～ </style>`

style要素は、文書にCSSによるスタイル情報を記述します。

カテゴリー	メタデータコンテンツ
コンテンツモデル	スタイルシートの記述
使用できる文脈	・メタデータコンテンツが期待される場所 ・head要素の子要素となるnoscript要素（P.188）のなかに記述可

使用できる属性　グローバル属性（P.198）

type
スタイルシートのMIMEタイプ（P.523）を指定します。省略した場合は"text/css"となるため、通常はこの属性を使用する必要はありません。

media
スタイルシートを適用する対象となるメディアタイプを指定します。media属性の値は、妥当なメディアクエリ（P.509）である必要があります。

以下の例では、media属性にscreenを指定し、ディスプレイ向けのCSSを記述しています。

```
<style media="screen">
  body {color: black; background: white;}
  em {font-style: normal; color: red;}
</style>
```
HTML

ポイント

- style要素にtitle属性によってタイトルが付与された場合は特別な意味を持ちます。文書内で最初に記述されたtitle属性付きのstyle要素は優先スタイルシートとなり、2つ目以降は代替スタイルシートと定義されます。優先スタイルシート、代替スタイルシートについては「CSSをHTML文書に組み込むには」（P.507）を参照してください。

body要素

文書の内容を表す

`<body>`〜`</body>`

body要素は、文書の内容を表します。html要素内で、body要素は1つだけ使用できます。

カテゴリー	セクショニングルート
コンテンツモデル	フローコンテンツ
使用できる文脈	html要素（P.42）の2番目の子要素として

使用できる属性　グローバル属性（P.198）

実践例　日本語のHTML文書の基本構文を記述する

`<html lang="ja"><head>`〜`</head>` `<body>`〜`</body></html>`

HTML文書は、html要素以下にhead要素（P.42）とbody要素が内包され、head要素内に文書についての情報を、body要素内にWebページとして閲覧者に向けられる内容を記述します。以下の例では、html要素にページの言語を指定するlang属性（P.201）で日本語を表すjaを指定しています。

```html
<!DOCTYPE HTML>
<html lang="ja">
  <head>
    <meta charset="utf-8">
    <title>ページのタイトル</title>
    <meta name="description" content="ページの概要">
    <meta name="keywords" content="キーワード">
    <link rel="stylesheet" href="/css/style.css">
    <script src="/js/script.js">
  </head>
  <body>
    <header>ヘッダーの内容</header>
    <main>ページの主な内容</main>
    <nav>ページ内のナビゲーション</nav>
    <fotter>フッターの内容</fotter>
  </body>
</html>
```

article要素

独立した記事セクションを表す

`<article>` ～ `</article>`

article要素は、文書内の独立した記事セクションを表します。Webサイトの各記事や、それに付随するコメントなども独立した記事セクションと考えられます。

article要素を入れ子にするときは、子孫要素となるarticle要素は祖先要素に当たるarticle要素の内容に関連した内容を表します。記事へのコメントをarticle要素でマークアップする場合などが該当します。

カテゴリー	セクショニングコンテンツ／パルパブルコンテンツ／フローコンテンツ
コンテンツモデル	フローコンテンツ
使用できる文脈	フローコンテンツが期待される場所

使用できる属性 グローバル属性（P.198）

```
<article>
  <header>
    <h1>カフェラテとカプチーノの違い</h1>
    <p><time datetime="2020-02-01T19:21:15+00:00">公開日：2020年2月1日</time></p>
  </header>
  <p>当店のメニューには、カフェラテとカプチーノがあります。</p>
  <p>この2つの違いについて、よくお客様に聞かれることがあります。当店の場合...</p>
  <footer>
    <address>
      著者：<a href="mailto:ohtal-cafe@example.com">大樽町カフェ店長</a>
    </address>
  </footer>
</article>
```

独立した記事セクションをarticle要素で表している

カフェラテとカプチーノの違い

公開日：2020年2月1日

当店のメニューには、カフェラテとカプチーノがあります。

この2つの違いについて、よくお客様に聞かれることがあります。当店の場合...

著者： 大樽町カフェ店長

☑ **section要素**

文書のセクションを表す

セクション
<section> 〜 </section>

USEFUL

section要素は、文書内の一般的なセクションを表します。「セクション」とは通常、見出しを伴う文書内の章や節を意味します。セクショニングコンテンツなのでアウトラインを生成しますが、他に適切なセクショニングコンテンツがない場合に使用しましょう。

カテゴリー	セクショニングコンテンツ／パルパブルコンテンツ／フローコンテンツ
コンテンツモデル	フローコンテンツ
使用できる文脈	フローコンテンツが期待される場所

使用できる属性 グローバル属性（P.198）

以下の例では、記事内の個々のコメントをarticle要素でマークアップしており、section要素を使って、すべてのコメントを1つとするセクションを表しています。

```html
<article>                                                    HTML
  <header>
    <h1>カフェラテとカプチーノの違い</h1>
    <p><time datetime="2020-04-03T10:30:42+09:00">公開日：2020年4月3
    日</time></p>
  </header>
  <!--省略-->
  <section>
    <h1>この記事へのコメント</h1>
    <article>
      <h1>カプチーノ大好きさんのコメント</h1>
      <p>とても参考になりました。</p>
      <footer>
        <address>投稿者：<a href="mailto:cafelove@example.com">カプチ
        ーノ大好き</a></address>
      </footer>
    </article>
    <article>
      <h1>大樽町カフェ店長のコメント</h1>
      <p>コメントありがとうございます。お近くに寄られたらぜひご来店ください。</p>
      <footer>
        <address>投稿者：<a href="mailto:saburo@example.com">大樽町カフ
        ェ店長</a></address>
      </footer>
    </article>
  </section>
</article>
```

☑ nav要素

主要なナビゲーションを表す

<nav>〜</nav>

nav要素は、文書内の主要なナビゲーションのセクションを表します。主要なナビゲーションとは、Webサイト内で共通で使われているグローバルナビゲーションと呼ばれるセクションや、ブログのサイドメニューにあるカテゴリーの一覧といったリンクブロック、あるいは文書内で各セクションに移動するためのリンクブロックなどが該当します。

カテゴリー	セクショニングコンテンツ／パルパブルコンテンツ／フローコンテンツ
コンテンツモデル	フローコンテンツ
使用できる文脈	フローコンテンツが期待される場所

使用できる属性　グローバル属性（P.198）

```html
<nav>
  <h1>メインメニュー</h1>
  <ul>
    <li><a href="/">ブログ</a></li>
    <li><a href="/menu/">メニュー</a></li>
    <li><a href="/about/">店舗情報</a></li>
    <li><a href="/contact/">お問い合わせ</a></li>
  </ul>
</nav>
```

Webサイトのメニューなど、ナビゲーションとなるセクションをnav要素で表している

ポイント

- nav要素はセクショニングコンテンツなのでアウトラインを生成しますが、見出しがないセクションとなってもその性質上、特に問題はないでしょう。
- 見出しがない場合は、WAI-ARIA（P.203）で定義されているaria-label属性を使用して、nav要素にナビゲーションを識別できる固有のラベルを付与するとよいでしょう。

aside要素

補足情報を表す

<aside> ~ </aside>
（アサイド）

aside要素は、補足や脚注、用語の説明など、本筋とは別に触れておきたい内容、または本筋から分離して問題のない内容を含んだセクションを表します。広告もこれに含まれます。逆に、抜き取ってしまうと本筋の意味が通らなくなる内容はaside要素にするべきではありません。

カテゴリー	セクショニングコンテンツ／パルパブルコンテンツ／フローコンテンツ
コンテンツモデル	フローコンテンツ
使用できる文脈	フローコンテンツが期待される場所

使用できる属性　グローバル属性（P.198）

```html
<article>
  <p>当店のパンケーキではベーキングパウダー(<a href="#note01" title="用語解説：ベーキングパウダー">※1</a>)を使用していません。</p>
</article>
<aside>
  <h1>用語解説</h1>
  <h2 id="note01">ベーキングパウダー</h2>
  <p>重曹を主な成分とした膨張剤。「膨らし粉」とも呼ばれる。</p>
</aside>
```

記事中の用語解説など、本筋とは別の
セクションをaside要素で表している

57

実践例 ページ内のナビゲーションをまとめる

`<aside><nav>` ~ `</nav></aside>`

Webサイトの各ページへの導線を、aside要素とnav要素(P.56)を組み合わせることで、1つのセクションとすることも可能です。以下のように、最新記事の一覧やカテゴリーの一覧といったリンクのまとまりをnav要素でマークアップし、それぞれのナビゲーションをaside要素に内包します。

```html
<aside>
  <nav>
    <h1>最近の記事</h1>
    <ul>
      <li><a href="/entry01/">休日には水族館がおすすめです</a></li>
      <li><a href="/entry02/">大樽町カフェ 写真ギャラリー</a></li>
      <li><a href="/entry03/">カフェラテとカプチーノの違い</a></li>
    </ul>
  </nav>
  <nav>
    <h1>カテゴリ一覧</h1>
    <ul>
      <li><a href="/category01/">お知らせ</a></li>
      <li><a href="/category02/">店長日記</a></li>
    </ul>
  </nav>
</aside>
```

各ページへのリンクのまとまりを表している

h1、h2、h3、h4、h5、h6要素

セクションの見出しを表す

\<h1\> 〜 \</h1\>

※h2〜h6要素も同様に記述します

h1〜h6の各要素は、セクションの見出しを表します。要素名の数字は見出しのレベルを表し、最もレベルの高いh1要素から順番にレベルが定義されています。文書内に同じ見出し要素があれば、それは文書内で同一レベルの見出しとして扱われます。なお、見出しのレベルは文書のアウトラインに影響を与えます。

カテゴリー	パルパブルコンテンツ／フローコンテンツ／ヘッディングコンテンツ
コンテンツモデル	フレージングコンテンツ
使用できる文脈	・フローコンテンツが期待される場所 ・hgroup要素の子として

使用できる属性 グローバル属性（P.198）

以下の例では、各セクションの見出しをh1要素で記述しています。article要素の記事セクション内におけるアウトラインは、記事の見出しとなるh1要素に対して、小見出しにh2要素を使用することで生成しています。

```html
<body>
  <header>
    <h1>文書全体の見出し</h1>
    <p>…</p>
  </header>
  <article>
    <h1>記事の見出し</h1>
    <p>…</p>
    <h2>記事の小見出し</h2>
    <p>…</p>
  </article>
</body>
```

ポイント

- HTMLでは、article要素などのセクショニングコンテンツと、いくつかのセクショニングルートとなる要素によって文書のアウトラインが生成されます。上の例のように、各セクション内の見出しはh1要素だけで記述することが可能です。ただし、セクショニングコンテンツを利用していたとしても、セクションの入れ子レベルに応じて適切な見出し要素を選択・使用することが推奨されます。

関連 セクションとアウトライン ………………………………………… P.206

hgroup要素

見出しをまとめる

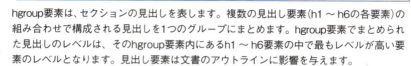

hgroup要素は、セクションの見出しを表します。複数の見出し要素(h1～h6の各要素)の組み合わせで構成される見出しを1つのグループにまとめます。hgroup要素でまとめられた見出しのレベルは、そのhgroup要素内にあるh1～h6要素の中で最もレベルが高い要素のレベルとなります。見出し要素は文書のアウトラインに影響を与えます。

アウトラインアルゴリズムにおいては、見出しレベルが変わると、その部分は新しいセクションの始まりと認識されます。しかし、例えばタイトルとサブタイトルの組み合わせをレベルの異なる見出し要素(タイトルをh1要素、サブタイトルをh2要素など)でマークアップしたい場合、制作者の意図と、アウトラインに相違が出てしまうことがありました。hgroup要素はこの問題を解決し、複数の見出し要素を1つの見出しとして扱うことができます。

カテゴリー	パルパブルコンテンツ／フローコンテンツ／ヘディングコンテンツ
コンテンツモデル	1個以上のh1、h2、h3、h4、h5、h6要素。必要に応じてスクリプトサポート要素(script要素、template要素)と混在
使用できる文脈	フローコンテンツが期待される場所

使用できる属性 グローバル属性(P.198)

以下の例では、サイトタイトルとサブタイトルをhgroup属性でまとめています。

```html
<header>
  <hgroup>
    <h1>大樽町カフェ店長のブログ</h1>
    <h2>大樽町にできて5周年のカフェの店長です</h2>
  </hgroup>
  <p>カフェや大樽町について書いています。</p>
</header>
<article>
  <h1>2月15日　雪の日の大樽町カフェ</h1>
  <p>寒い日が続きますね。</p>
</article>
```

header 要素

☑ header 要素

ヘッダーを表す

\<header\>〜\</header\>
ヘッダー

POPULAR

header要素は、文書やセクションのヘッダーを表します。文書やセクションの冒頭となる見出しや概要、ナビゲーションのリンクなどを記述する場合によく利用されます。文書全体のヘッダーとする場合は、Webサイトのロゴや検索フォーム、メインのナビゲーションメニューなどが含まれるかもしれません。

カテゴリー	パルパブルコンテンツ／フローコンテンツ
コンテンツモデル	フローコンテンツ。header要素、またはfooter要素を子孫要素に持つことは不可
使用できる文脈	フローコンテンツが期待される場所

使用できる属性　グローバル属性（P.198）

```html
<article>
  <header>
    <h1>カフェラテとカプチーノの違い</h1>
    <p><time datetime="2020-02-01T10:30:42+09:00">公開日：2020年2月1
    日</time></p>
  </header>
  <!--省略-->
</article>
```

実践例　ヘッダーにメインナビゲーションを内包する

\<header\>\<nav\>〜\</nav\>\</header\>

文書全体のヘッダーにheader要素を使用する場合、以下の例のようなメインのナビゲーションメニュー、あるいはWebサイトのロゴ、検索フォームなどを内包する方法が考えられます。

```html
<header>
  <nav aria-label="メインメニュー">
    <ul>
      <li><a href="/">ブログ</a></li>
      <li><a href="/blog">メニュー</a></li>
      <li><a href="/contact/">店舗情報</a></li>
      <li><a href="/contact/">お問い合わせ</a></li>
    </ul>
  </nav>
</header>
```

できる | 61

footer要素

フッターを表す

<footer> ~ </footer>

footer要素は、文書やセクションのフッターを表します。著者情報や関連記事へのリンクを記述する場合によく利用されます。フッターというと、セクションの末尾に配置されているイメージがありますが、footer要素はセクションの最初に置いても問題ありません。

カテゴリー	パルパブルコンテンツ／フローコンテンツ
コンテンツモデル	フローコンテンツ。ただし、header要素、またはfooter要素を子孫要素に持つことは不可
使用できる文脈	フローコンテンツが期待される場所

使用できる属性　グローバル属性（P.198）

```html
<footer>
  <address>
    このサイトに関するお問い合わせ先：
    <a href="mailto:dekirunet@example.com">できるネット編集部</a>
  </address>
  <p><small>Copyright © 2020 Dekirunet Corp. All rights reserved.
  </small></p>
</footer>
```

🦊 Firefox

Webページに関する問い合わせ先と
著作権表記をfooter要素で表している

ポイント

- footer要素の直近の親要素となるセクショニングコンテンツ、またはセクショニングルート要素がbody要素の場合、footer要素の内容は文書全体に対する情報となります。例えば、Webサイト運営者の連絡先などを記述する場合がこれに当たります。

☑ address要素

連絡先情報を表す

`<address>~</address>`
アドレス

POPULAR

address要素は、直近の祖先要素となるarticle要素、またはbody要素に対する連絡先情報を表します。直近の祖先要素がarticle要素の場合は各記事の個別の連絡先情報、body要素の場合は文書全体に対する連絡先情報となります。これらを使い分けることで、個別の記事に対する連絡先と、文書全体に対する連絡先を明示することが可能です。

カテゴリー	パルパブルコンテンツ／フローコンテンツ
コンテンツモデル	フローコンテンツ。ただし、ヘッディングコンテンツ、セクショニングコンテンツ、header要素、footer要素、address要素を子孫要素に持つことは不可
使用できる文脈	フローコンテンツが期待される場所

使用できる属性 グローバル属性（P.198）

以下の例では、article要素内のaddress要素は記事内容についての問い合わせ先、footer要素内のaddress要素はWebページ全体についての問い合わせ先となります。

```html
<body>                                                        HTML
  <article id="article-123">
    <h1>プレスリリース</h1>
    <p>本文</p>
    <footer>
      <address>
        本プレスリリースに関するお問い合わせ先：
        <a href="mailto:takeshi@example.com">中本剛士</a>
      </address>
    </footer>
  </article>
  <footer>
    <address>
      このサイトに関するお問い合わせ先：
      <a href="mailto:dekirunet@example.com">できるネット編集部</a>
    </address>
  </footer>
</body>
```

ポイント

●address要素は、Webページや記事の作成者の連絡先となる情報のみを表すための要素となります。Webページや記事の内容として記載される住所、電話番号、メールアドレス、または記事の公開日など、その他の情報を表すために使ってはいけません。

ドキュメント

セクション

コンテンツの
グループ化

テキストの
定義

埋め込み
コンテンツ

テーブル

フォーム

インタラク
ティブ

スクリプ
ティング

できる | 63

p要素

段落を表す

パラグラフ
`<p>` 〜 `</p>`

p要素は、文書の段落を表します。段落とは文書内でひとかたまりになっている文章のことで、通常は複数の文によって構成されます。印刷媒体などでは前後に改行や空白行を入れることによって表されます。pは「paragraph」（パラグラフ）の頭文字です。

カテゴリー	パルパブルコンテンツ／フローコンテンツ
コンテンツモデル	フレージングコンテンツ
使用できる文脈	フローコンテンツが期待される場所

使用できる属性　グローバル属性（P.198）

```html
<article>
  <header>
    <h1>カフェラテとカプチーノの違い</h1>
    <time datetime="2020-02-01T19:21:15+00:00">公開日：2020年2月1日</time>
  </header>
  <p>当店のメニューには、カフェラテとカプチーノがあります。</p>
  <p>この2つの違いについて、よくお客様に聞かれることがあります。当店の場合、カプチーノには少しだけシナモンパウダーをかけていますので、シナモンの香りで温まるのがカプチーノ、エスプレッソ＋ミルクの味わいを楽しんでいただくならカフェラテ、となります。</p>
  <blockquote cite="http://www.example.com">
    <p>一般的に、エスプレッソにスチームミルクとフォームミルクを混ぜたものがカプチーノ、エスプレッソにスチームミルクのみを混ぜたものがカフェラテです。</p>
  </blockquote>
</article>
```

文書の本文はp要素で表される段落内に記述する

多くのブラウザーではデフォルトのスタイルで段落間に余白が生じる

blockquote要素で引用を表した段落は、多くのブラウザーでインデントされて表示される

blockquote要素

段落単位での引用を表す

<blockquote 属性="属性値"> ～ </blockquote>

blockquote要素は、段落単位での引用を表します。内容は他のリソースから引用されたものになります。語句単位で引用する場合は、q要素（P.87）を使用します。

カテゴリー	セクショニングルート／パルパブルコンテンツ／フローコンテンツ
コンテンツモデル	フローコンテンツ
使用できる文脈	フローコンテンツが期待される場所

使用できる属性　グローバル属性（P.198）

cite
引用元がWeb上に公開された文書であれば、そのURLを値として使用できます。一般的に販売されている書籍でISBNコードが発行されている場合は、「urn:isbn:ISBNコード」の書式で以下のように指定して、引用元を示せます。

```html
<blockquote cite="urn:isbn:978-4-1010-1001-4">
  <p>吾輩は猫である。名前はまだない。</p>
  <p>どこで生まれたかとんと見当がつかぬ。なんでも薄暗い…</p>
</blockquote>
```

ポイント
- 引用した文章ではなく、引用元となっている書籍名や作品名のみを表す場合はcite要素（P.86）を使います。

ol要素

序列リストを表す

`<ol 属性="属性値"> ~ </ol>`

ol要素は、序列リストを表します。序列リストとは、項目の順序に意味があるリストのことです。例えば、手順が決まった作業リストやランキングリストが当てはまります。ol要素を入れ子にした階層構造を持つリストも作成できますが、ol要素の直下に別のol要素を置くことはできません。必ずli要素(P.70)の子要素として使用する必要があります。

カテゴリー	パルパブルコンテンツ(子要素として1個以上のli要素を持つ場合) ／フローコンテンツ
コンテンツモデル	0個以上のli要素、およびスクリプトサポート要素
使用できる文脈	フローコンテンツが期待される場所

使用できる属性　グローバル属性(P.198)

reversed
ol要素におけるリストマーカーの順序を逆順にします。この属性が指定されると、項目番号が降順(大きい数から小さい数へ)になります。reversed属性は論理属性(P.194)です。

start
リストマーカーの最初の項目に付ける番号を指定します。それをスタートの番号として、通常は昇順、reversed属性が指定されている場合は降順に番号が振られます。半角の算用数字のみ指定可能です。

type
リストマーカーの形式を指定します。指定できる値は以下の通りです。

- **1** 「1」「2」「3」……といった算用数字で表します。
- **a** 「a」「b」「c」……といった小文字の半角アルファベットで表します。「z」までリストマーカーが与えられた後は、「ba」～「bz」、「ca」～「cz」と続きます。
- **A** 「A」「B」「C」……といった大文字の半角アルファベットで表します。「Z」までリストマーカーが与えられた後は、「BA」～「BZ」、「CA」～「CZ」と続きます。
- **i** 「i」「ii」「iii」……といった小文字のローマ数字で表します。
- **I** 「I」「II」「III」……といった大文字のローマ数字で表します。

以下の例では、作業の手順を序列リストで表しています。

```html
<ol>
  <li>カップの底にエスプレッソを注ぎます。</li>
  <li>スチームドミルクを加えます。</li>
  <li>フォームドミルクを加えます。</li>
</ol>
```
HTML

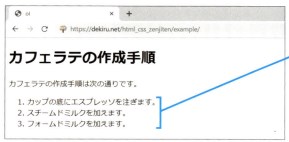

ol要素内の各項目がli要素で表される

リストは1から順の序列リストとなる

実践例　降順のリストを作成する

`<ol reversed><li>~</li></ol>`

通常、1から昇順に並べられるol要素のリストですが、reversed属性を指定することで最大の数値から降順に並べられるリストを表せます。

```html
<p>1月の人気メニューベスト3です。</p>
<ol reversed>
  <li>カフェオレ</li>
  <li>自家製ブルーベリーソースのパンケーキ</li>
  <li>冬季限定 モンブラン＆ドリンクセット</li>
</ol>
```
HTML

実践例　3からリストを開始する

`<ol start="3"><li>~</li></ol>`

start属性に任意の数値を指定すると、その数値からリストが開始されます。

```html
<p>スポンジを作る手順を3番目から確認しましょう。</p>
<ol start="3">
  <li>バターと牛乳を混ぜます。</li>
  <li>全体がなじむまですばやく混ぜます。</li>
  <li>空気を抜いて、型に流し込みます。</li>
</ol>
```
HTML

ul要素

順不同リストを表す

アンオーダード・リスト
`<ul>`～`</ul>`

ul要素は、順不同リストを表します。順不同リストとは、項目の順序に意味がない箇条書きのことです。例えば、イベント参加に必要な条件(各条件の前後関係は問わない)や、持ち物リストなどが当てはまります。ul要素を入れ子にした階層構造を持つリストも作成できますが、ul要素の直下に別のul要素を置くことはできません。必ずli要素の子要素として使用する必要があります。

カテゴリー	パルパブルコンテンツ(子要素として1個以上のli要素を持つ場合)／フローコンテンツ
コンテンツモデル	0個以上のli要素、およびスクリプトサポート要素
使用できる文脈	フローコンテンツが期待される場所

使用できる属性　グローバル属性(P.198)

```html
<ul>
  <li>鎮静効果のあるハーブ
    <ul>
      <li>オレンジピール</li>
      <li>カモミール</li>
    </ul>
  </li>
  <li>疲労回復効果のあるハーブ
    <ul>
      <li>ローズマリー</li>
      <li>ラベンダー</li>
    </ul>
  </li>
</ul>
```

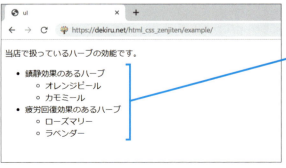

ul要素内の各項目がli要素で表される

リストは階層構造にできる

menu要素

ツールバーを表す

<menu> ~ </menu>

menu要素は、ツールバーを表します。li要素やスクリプトサポート要素（script要素、template要素）と組み合わせることで、ユーザーが利用可能なツールバーを定義できます。

カテゴリー	パルパブルコンテンツ（子要素として1個以上のli要素を含む場合）／フローコンテンツ
コンテンツモデル	0個以上のli要素、およびスクリプトサポート要素
使用できる文脈	フローコンテンツが期待される場所

使用できる属性 グローバル属性（P.198）

```
<menu>
  <li><button onclick="copy()">コピーする</button></li>
  <li><button onclick="cut()">カットする</button></li>
  <li><button onclick="paste()">ペーストする</button></li>
</menu>
```

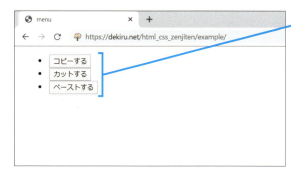

menu要素内の各項目がli要素で表される

ポイント

● menu要素の実装は、主要なブラウザーではまだ進んでいません。

☑ li要素

リストの項目を表す

リスト・アイテム

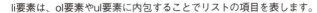
`<li 属性="属性値"> ~ </li>`

li要素は、ol要素やul要素に内包することでリストの項目を表します。

カテゴリー	なし
コンテンツモデル	フローコンテンツ
使用できる文脈	・ol要素の子要素として ・ul要素の子要素として ・menu要素の子要素として

使用できる属性 グローバル属性（P.198）

value バリュー

ol要素の子要素として使用される場合のみ、リストマーカーに表示する番号を指定できます。半角の算用数字のみ指定可能です。

以下の例では、value属性によってリストマーカーを任意の数値にしています。

```html
<ol>
  <li>アーティチョーク</li>
  <li value="2">ポポー</li>
  <li value="2">キャッサバ</li>
  <li>ロマネスコ</li>
  <li>むべ</li>
</ol>
```

li要素のvalue属性に数値を指定する

リストマーカーが指定した数値で表示される

マイナーな野菜・果物ランキング

投票の結果から上位5つを紹介します（同数票含む）。

1. アーティチョーク
2. ポポー
2. キャッサバ
3. ロマネスコ
4. むべ

pre要素

整形済みテキストを表す

プレ・フォーマッテッド
`<pre>`〜`</pre>`

pre要素は、整形済みテキストのブロックを表します。整形済みテキストとは、空白文字や改行などで整形してあるテキストのことです。通常のテキストは、ブラウザーで表示されるときに以下のルールに従って表示されます。
・連続する半角スペースはまとめて1つの半角スペースとして扱われる
・タブ文字は半角スペース1つとして扱われる
・改行コードは半角スペース1つとして扱われる
・テキストが表示領域の幅に達すると、そこで折り返して表示される
pre要素内では以上がすべて無効になり、入力された内容がそのまま画面上に表示されます。ただし、これらの処理はブラウザーによって必ず行われるわけではなく、環境によって表示が変わる可能性があります。

カテゴリー	パルパブルコンテンツ／フローコンテンツ
コンテンツモデル	フレージングコンテンツ
使用できる文脈	フローコンテンツが期待される場所

使用できる属性　グローバル属性（P.198）

```
<pre>
  <code class="language-javascript">
    $(function(){
      $('#menuButton').click(function(){
        $('#menu').toggle('fast');
      });
    });
  </code>
</pre>
```

サンプルコードをWebページに表示する

pre要素の内容は改行や空白がそのまま表示される

dl要素

説明リストを表す

<dl> ~ </dl>
（ディスクリプション・リスト）

dl要素は、説明リストを表します。説明リストとは、ある語句と、それに対する説明文を組み合わせてリストにしたものです。dt要素で記述された語句に対する説明文は、dt要素に後続するdd要素で必ず言及されていなければなりません。また、1つのdl要素に対して、同じ語句を持った複数のdt要素を内包するのは好ましくありません。

カテゴリー	パルパブルコンテンツ（子要素として1組以上のdt要素とdd要素のグループを持つ場合）／フローコンテンツ
コンテンツモデル	・1個以上のdt要素と、後続する1個以上のdd要素からなり、任意でスクリプトサポート要素と混合される0個以上のグループ ・任意でスクリプトサポート要素と混合される、1つ以上のdiv要素
使用できる文脈	フローコンテンツが期待される場所

使用できる属性 グローバル属性（P.198）

dt要素

説明リストの語句を表す

<dt> ~ </dt>
（ディスクリプション・ターム）

dt要素は、dl要素の定義リストにおける語句となる部分を表します。

カテゴリー	なし
コンテンツモデル	フローコンテンツ。ただし、header要素、footer要素、セクショニングコンテンツ、ヘディングコンテンツを子孫要素に持つことは不可
使用できる文脈	・dl要素の中でdd要素、またはdt要素の前 ・dl要素の子であるdiv要素内のdd要素、またはdt要素の前

使用できる属性 グローバル属性（P.198）

☑ dd要素

説明リストの説明文を表す

ディフィニション・ディスクリプション
<dd> ~ </dd>

dd要素は、dl要素の説明リストにおける説明文となる部分を表します。

カテゴリー	なし
コンテンツモデル	フローコンテンツ
使用できる文脈	・dl要素の中でdt要素、またはdd要素の後ろ ・dl要素の子であるdiv要素内のdt要素、またはdd要素の後ろ

使用できる属性 グローバル属性(P.198)

実践例 語句と説明文を含む説明リストを作成する

<dl><dt> ~ </dt><dd> ~ </dd></dl>

dl要素で説明リストを表し、dt要素、dd要素でリストの内容を構成します。語句を説明するdd要素は、語句を表すdt要素の後ろに記述します。

```html
<dl>
  <dt>カフェモカ</dt>
  <dd>
    <p>エスプレッソにスチームミルクを混ぜ、チョコシロップを加える。</p>
  </dd>
  <dt>コーヒー牛乳</dt>
  <dd>
    <p>牛乳にコーヒーを混ぜ、砂糖などで味付けする。</p>
  </dd>
</dl>
```

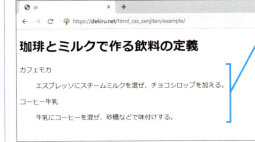

語句とその説明文からなるリストは、dl要素、dt要素、dd要素を組み合わせて記述する

☑ figure要素

写真などのまとまりを表す

フィギュア
`<figure>`~`</figure>`

figure要素は、写真、挿絵、図表、コードなどのまとまりを表します。figure要素によるまとまりは、単体で成立するものでなければなりません。つまり、その部分を文書から切り出したとしても元の文書に影響がないうえに、切り出した内容自体で意味が通るようにする必要があります。また、figcaption要素によってキャプションを付与できます。

カテゴリー	セクショニングルート／パルパブルコンテンツ／フローコンテンツ
コンテンツモデル	・フローコンテンツ ・最初または最後の子要素としてfigcaption要素を記述可能
使用できる文脈	フローコンテンツが期待される場所

使用できる属性　グローバル属性（P.198）

☑ figcaption要素

写真などにキャプションを付与する

フィギュア・キャプション
`<figcaption>`~`</figcaption>`

figcaption要素は、その親要素となるfigure要素の内容にキャプションを付与します。キャプションとは、写真、挿絵、図表、コードなどの内容を表す説明文（テキスト）のことです。figure要素の最初の子要素、もしくは最後の子要素として記述できますが、記述は任意です。

カテゴリー	なし
コンテンツモデル	フローコンテンツ
使用できる文脈	figure要素の最初または最後の子要素として

使用できる属性　グローバル属性（P.198）

実践例　写真と説明文のまとまりを表す

`<figure><img>`
`<figcaption>`〜`</figcaption></figure>`

figure要素で商品解説の写真を表し、figcaption要素で写真の内容についてキャプションを記述しています。商品解説の本文では、figure要素に直接言及することはなく、figure要素の内容がなくても文書の内容に影響はありません。一方、figure要素単体を見ても何の情報であるのかが分かるように、キャプションで必要最低限の内容を説明しています。

```html
<h1>大樽町カフェ 自慢のパンケーキの紹介</h1>
<p>
    大樽町カフェの1番人気メニュー「昔ながらのパンケーキ」は、素朴ながらに味わい深い、
    店長のこだわりが詰まった一品です。
<p>
<figure>
    <img src="pancake.jpg" alt="当店のパンケーキの写真" width="500">
    <figcaption>大樽町カフェ「昔ながらのパンケーキ」の写真。トッピングはシンプル
    にバターとメープルシロップのみです。</figcaption>
</figure>
```

figure要素とfigcaption要素で写真と説明文を表している

☑ main要素

主要なコンテンツを表す

<main>～</main>
メイン

main要素は、文書内の主要なコンテンツを表します。主要なコンテンツとは、Webサイト内の各ページで繰り返し使われるヘッダーやナビゲーション、検索フォームやフッター情報などを除いた、その文書内で主な内容となる部分を指します。セクショニングコンテンツではないので、文書のアウトラインに影響を与えません。なお、hidden属性が指定されない限り、1つの文書内で複数のmain要素を使用することはできません。

カテゴリー	パルパブルコンテンツ／フローコンテンツ
コンテンツモデル	フローコンテンツ
使用できる文脈	フローコンテンツが期待される場所。ただし、祖先要素としてhtml、body、divの各要素、アクセス可能な名前（例としてaria-labelledby、aria-label、またはtitle属性による付与）がないform要素、およびカスタム要素のみ許容される

使用できる属性 グローバル属性（P.198）

実践例 記事セクションを主要なコンテンツとして表す

<main><article>～</article></main>

以下の例では、記事セクションを文書の主要な部分としてmain要素でマークアップしています。

```html
<body>                                              HTML
  <header>
    <h1>大樽町カフェ</h1>
    <p>大樽町駅から徒歩3分。特製のコーヒーとパンケーキをお楽しみください。</p>
  </header>
  <main>
    <article>
      <h1>特製ミックスのパンケーキ</h1>
      <p>当店の軽食メニューのおすすめといえば、パンケーキです。</p>
    </article>
  </main>
  <footer>文書のフッター</footer>
</body>
```

76 できる

☑ hr要素

段落の区切りを表す

ホリゾンタル・ルール
`<hr>`

hr要素は、段落の区切りを表します。同じセクション内で話題を変えたい場合に使用できます。

カテゴリー	フローコンテンツ
コンテンツモデル	空
使用できる文脈	フローコンテンツが期待される場所

使用できる属性 グローバル属性（P.198）

☑ div要素

フローコンテンツをまとめる

ディヴィジョン
`<div>` ~ `</div>`

div要素は、フローコンテンツをまとめます。div要素自体は特別な意味を持ちませんが、class属性、lang属性、title属性などを付与して内包するフローコンテンツに意味付けできます。適切なセクショニングコンテンツがあるか検討したうえで、使用するようにしましょう。同様の役割を持つ要素として、フレージングコンテンツをまとめるspan要素（P.106）があります。

カテゴリー	パルパブルコンテンツ／フローコンテンツ
コンテンツモデル	・フローコンテンツ ・要素がdl要素の子である場合は、1個以上のdt要素の後に1個以上のdd要素が続き、必要に応じてスクリプトサポート要素と混在する
使用できる文脈	・フローコンテンツが期待される場所 ・dl要素の子として

使用できる属性 グローバル属性（P.198）

以下の例では、日本語の文章内における英文の部分をグルーピングしています。

```html
<p>ここまでに記してきた内容を以下に英訳してみよう。</p>
<div lang="en" class="english-part">
  <p>There are those what you want to listen.</p>
</div>
<p>そのまま英語にしただけだと分かりづらいので、以下のように文章を書き換えてみる。</p>
```

a要素

リンクを設置する

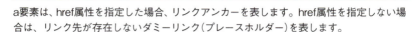

<a 属性="属性値"> ～ </a>

a要素は、href属性を指定した場合、リンクアンカーを表します。href属性を指定しない場合は、リンク先が存在しないダミーリンク(プレースホルダー)を表します。

カテゴリー	インタラクティブコンテンツ(href属性を持つ場合)／パルパブルコンテンツ／フレージングコンテンツ／フローコンテンツ
コンテンツモデル	トランスペアレントコンテンツ。ただし、インタラクティブコンテンツを子孫要素に持つことは不可(a要素を入れ子にしたり、button要素を子孫要素にするなど)
使用できる文脈	フレージングコンテンツが期待される場所

使用できる属性 グローバル属性(P.198)

href
ハイパー・リファレンス

リンク先のURLを指定します。href属性が省略された場合、target、download、ping、rel、hreflang、type、referrerpolicy各属性は省略しなければなりません。一方で、itemprop属性が指定される場合、href属性は必須となります。

target
ターゲット

リンクアンカーの表示先を指定します。例えば、リンクを新しいウィンドウやタブで開いたり、文書内に埋め込まれたiframe要素(P.117)を対象にリンクを開いたりできます。値には任意の名前か、以下のあらかじめ定められたキーワードを指定できます。

- **_blank** リンクは新しいブラウジングコンテキスト(P.197)に展開されます。
- **_parent** リンクは現在のブラウジングコンテキストの1つ上位のブラウジングコンテキストを対象に展開されます。
- **_self** リンクは現在のブラウジングコンテキストに展開されます。
- **_top** リンクは現在のブラウジングコンテキストの最上位のブラウジングコンテキストを対象に展開されます。

download
ダウンロード

ブラウザーに対し、リンク先をダウンロードすることを表します。値を指定した場合、ダウンロード時のデフォルトのファイル名として使用されます。

hreflang
ハイパー・リファレンス・ランゲージ

リンク先の文書の記述言語を表します。例えば、日本語のページから英語のページにリンクをする場合など、リンク先が英語で書かれているという情報をブラウザーや閲覧者に伝えます。属性値については、lang属性(P.201)の解説を参照してください。

ping
<small>ピング</small>

指定されたURLに対してPOSTリクエストをバックグラウンドで送信します。通常はトラッキング用途で使用されます。トラッキングのために本来のリンク先の間にトラッキング用ページを挟んでからリダイレクトするような処理は一般的に行われますが、ping属性を使用することでリダイレクト処理を省略でき、ユーザーの体感速度を向上させるなどの効果があります。

rel
<small>リレーション</small>

現在の文書からみた、リンク先となるリソースの位置付けを表します。HTML Standardの仕様で定義されている値のうち、a要素で使用できる値は以下の通りです。半角スペースで区切って複数の値を指定できます。link要素（P.45）の解説も参照してください。

alternate	代替文書（別言語版、別フォーマット版など）を表します。
author	著者情報を表します。
bookmark	文書の固定リンクを表します。
external	外部サイトへのリンクであることを表します。
help	ヘルプへのリンクを表します。
license	ライセンス文書を表します。
next	連続した文書における次の文書を表します。
nofollow	重要でないリンクを表します。
noopener	target属性を持つリンクを開く際、Window.openerプロパティを設定しません。
noreferrer	ユーザーがリンクを移動する際、リファラを送信しません。
opener	target属性を持つリンクを開く際、Window.openerプロパティを設定します。
prev	連続した文書における前の文書を表します。
search	検索機能を表します。
tag	文書に指定されたタグのページを表します。

type
<small>タイプ</small>

リンク先のMIMEタイプ（P.523）を指定します。

referrerpolicy
<small>リファラーポリシー</small>

リンク先にアクセスする際、あるいは画像など外部リソースをリクエストする際にリファラー（アクセス元のURL情報）を送信するか否か（リファラーポリシー）を指定します。指定できる値はlink要素（P.45）を参照してください。

次のページに続く

以下の例では、href属性を指定してリンクを設置しています。href属性を指定しない場合はダミーリンクを表します。

```html
<nav>
  <ul>
    <li><a href="/">トップページ</a></li>
    <li><a href="/news.html">ニュース</a></li>
    <li><a>事例紹介</a></li>
    <li><a href="/legal.html" target="_blank">使用許諾条件</a></li>
  </ul>
</nav>
```

実践例　セクション全体にリンクを設置する

<a href="リンク先のURL"><section>~</section></a>

a要素はトランスペアレントコンテンツであるため、親要素のコンテンツモデルを受け継ぎます。例えば、a要素がフローコンテンツ内の子要素として使われる場合、そのa要素もフローコンテンツとなります。これによって、従来は許されていなかったp要素やdiv要素、section要素などをa要素で内包することが可能になりました。以下の例では、section要素全体にリンクを設置しています。

```html
<aside class="advertising">
  <h1>広告掲載について</h1>
  <a href="/about_ad.html">
    <section>
      <h1>広告募集中です</h1>
      <p>詳しい料金設定などはこちらのページをご確認ください。</p>
    </section>
  </a>
</aside>
```

section要素で記述したセクション全体がリンクになっている

実践例 リンク先を新しいウィンドウやタブで表示する

`<a href="リンク先のURL" target="_blank">~</a>`

以下の例では、Twitter、Facebookのページへのリンクをクリックすると、新しいウィンドウやタブが表示されるようになっています。一般的には、外部のWebページへのリンクを記述する際によく利用されます。

```
<ul>                                                      HTML
 <li><a href="https://twitter.com/dekirunet/" target="_
 blank">Twitterでフォロー</a></li>
 <li><a href="https://www.facebook.com/dekirunet" target="_
 blank">Facebookでフォロー</a></li>
</ul>
```

実践例 指定した場所（アンカー）へのリンクを設置する

`<a href="#アンカー名">~</a>`
`<h1 id="アンカー名">~</h1>`

ページ内の指定した場所（フラグメント）に移動するリンクは、href属性の値にリンク先のアンカー名（フラグメント識別子）を、接頭辞にハッシュマーク（#）を付けて指定することで設置できます。アンカー名は、移動先となる要素にid属性（P.199）で指定しておきます。属性値に「URL#識別名」を指定すれば、外部リンクの指定した場所へ移動するリンクを作成することも可能です。また、「#top」をリンク先に指定すると、ページのトップに移動するリンクを設置できます。

```
<nav>                                                     HTML
  <h1>メニュー</h1>
  <p>クリックすると、項目の内容へ移動します。</p>
  <li><a href="#cappuccino">カプチーノ</a></li>
  <li><a href="#cafeaulait">カフェオレ</a></li>
</nav>

<section>
  <h1 id="cappuccino">カプチーノ</h1>
</section>
<section>
  <h1 id="cafeaulait">カフェオレ</h1>
</section>
```

em要素

強調したいテキストを表す

<em> ~ </em>
エンファシス

em要素は、意味的な強調を表します。文章内で特に強調したいテキストに使用します。入れ子にして、強調の度合いを表すことも可能です。多くのブラウザーではイタリック体、または斜体で表示されます。

カテゴリー	パルパブルコンテンツ／フレージングコンテンツ／フローコンテンツ
コンテンツモデル	フレージングコンテンツ
使用できる文脈	フレージングコンテンツが期待される場所

使用できる属性　グローバル属性（P.198）

以下の例では、最初の段落では「サッカー」が好きであることを強調しています。次の段落では「好きだ！」をem要素でマークアップすることで文章のニュアンスを変えて、「好き」であることを強調しています。

```html
<p>
  私は<em>サッカー</em>が好きだ！
</p>
<p>
  私はサッカーが<em>好き</em>だ！
</p>
```

🔥 Firefox

強調したテキストが斜体で表示される

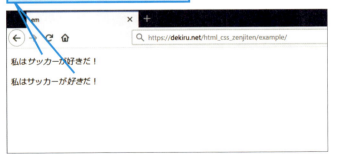

strong要素

重要なテキストを表す

～

strong要素は、重要性、深刻性、緊急性が高いテキストを表します。入れ子にして、重要性などの度合いを上げられます。多くのブラウザーでは太字で表示されます。

カテゴリー	パルパブルコンテンツ／フレージングコンテンツ／フローコンテンツ
コンテンツモデル	フレージングコンテンツ
使用できる文脈	フレージングコンテンツが期待される場所

使用できる属性 グローバル属性（P.198）

以下の例では、「注意してください！」が重要であることを表しています。

```
<p>                                                                HTML
  <strong>注意してください！</strong>間違ってダウンロードされる方が増えています。
</p>
```

重要なテキストが太字で表示される

small要素

細目や注釈のテキストを表す

<small> ～ </small>

small要素は、細目や注釈を表します。細目とは、印刷慣習上、小さな文字で表示するテキストです。例えば、欄外注釈や補足、免責事項や著作権表示などの短い文章が該当します。strong要素やem要素によって強調、重要であるとマークアップされたテキストの意味を弱めるものではありません。多くのブラウザーでは、小さいフォントサイズで表示されます。

カテゴリー	パルパブルコンテンツ／フレージングコンテンツ／フローコンテンツ
コンテンツモデル	フレージングコンテンツ
使用できる文脈	フレージングコンテンツが期待される場所

使用できる属性 　グローバル属性（P.198）

以下の例では、フッターに記載する著作権表示をsmall要素でマークアップしています。

```HTML
<footer>
  <p><small>Copyright © 2020 Dekirunet Corp. All rights reserved.
  </small></p>
</footer>
```

著作権情報が小さいフォントで表示される

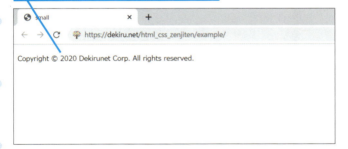

☑ s要素

無効なテキストを表す

`<s> ～ </s>`

s要素は、もう正確ではない、または関連性がなくなった、無効なテキストを表します。なお、文書が編集され、テキストが削除されたことを表したい場合は、del要素（P.109）を使用します。多くのブラウザーでは、取り消し線が引かれたテキストとして表示されます。

カテゴリー	パルパブルコンテンツ／フレージングコンテンツ／フローコンテンツ
コンテンツモデル	フレージングコンテンツ
使用できる文脈	フレージングコンテンツが期待される場所

使用できる属性 グローバル属性（P.198）

以下の例では、セール前の価格を無効なテキストとして表しています。

```html
<p><cite>HTMLリファレンス</cite></p>
<p><s>希望小売価格：1,500円(税込)</s></p>
<p><strong>セール価格：1,300円(税込)</strong></p>
```

無効なテキストに取り消し線が表示される

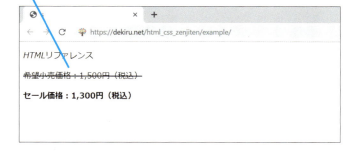

☑ cite要素

作品のタイトルを表す

<cite> ~ </cite>
サイト

cite要素は、書籍、映画、楽曲、演劇、講演など、作品のタイトルを表します。HTML4.01以前は引用元を示すための要素でしたが、HTML Standardの仕様では用途が拡大され、引用元を示すのはもちろん、引用の有無にかかわらず文書内で言及した作品名などにも使用できます。

カテゴリー	パルパブルコンテンツ／フレージングコンテンツ／フローコンテンツ
コンテンツモデル	フレージングコンテンツ
使用できる文脈	フレージングコンテンツが期待される場所

使用できる属性　グローバル属性（P.198）

以下の例では、blockquote要素（P.65）で引用した文章の引用元をcite要素で表しています。

```html
<blockquote cite="urn:isbn:978-4-1010-1001-4">
  <p>
    吾輩は猫である。名前はまだない。
  </p>
  <p>
    <cite>吾輩は猫である（角川文庫）</cite> 夏目漱石 著 より引用
  </p>
```

🦊 Firefox

cite要素の内容は斜体で表示される

以下の例では、ブログの記事へのリンクをマークアップして引用元を表しています。

```html
<p>
  本件については阿部一麿さんが書かれた記事、
  <cite><a href="http://example.com/entry.html">吾輩は猫であるに関する考察</a></cite>が参考になります。
</p>
```

q要素

語句単位での引用を表す

<q 属性="属性値"> 〜 </q>

q要素は、語句単位での引用を表します。HTML Standardの仕様では、q要素の直前と直後に引用符を記述する必要はなく、引用符はブラウザーによって表示されるべきとされています。なお、段落単位での引用を表すには、blockquote要素（P.65）を使います。

カテゴリー	パルパブルコンテンツ／フレージングコンテンツ／フローコンテンツ
コンテンツモデル	フレージングコンテンツ
使用できる文脈	フレージングコンテンツが期待される場所

使用できる属性　グローバル属性（P.198）

cite

引用元がWeb上に公開された文書であれば、そのURLをcite属性の値として使用できます。一般的に販売されている書籍でISBNコードが発行されている場合は、「urn:isbn:ISBNコード（13桁）」の形式で引用元を示すこともできます。

```HTML
<p>
  小説、<cite>我が輩は猫である</cite>は
  <q cite="urn:isbn:978-4-1010-1001-4">吾輩は猫である。名前はまだない。</q>
  の一節で始まる。
</p>
```

q要素の内容はカギ括弧などで囲まれて表示される

☑ dfn要素

定義語を表す

dfn要素は、文書内で定義される定義語を表します。定義語は、その語句を含む段落やセクションでその語句の意味を説明する必要があります。dt要素（P.72）の内容として記述する場合は、後続のdd要素（P.73）で説明されます。さらに、abbr要素やtitle属性（P.202）の使用によって、定義語のルールは以下のように定まります。

- dfn要素がtitle属性を持っている場合、title属性の値が定義語になります。
- dfn要素が内包する唯一の子要素がtitle属性を持ったabbr要素の場合、そのtitle属性の値が定義語になります。

上記のいずれにも当てはまらない場合、dfn要素の内容が定義語になります。

カテゴリー	パルパブルコンテンツ／フレージングコンテンツ／フローコンテンツ
コンテンツモデル	フレージングコンテンツ。ただし、dfn要素を子孫要素に持つことは不可
使用できる文脈	フレージングコンテンツが期待される場所

使用できる属性　グローバル属性（P.198）

dfn要素にtitle属性を指定した場合は、title属性の値が定義語となります。以下の例では「Webサイト」が定義語となります。

```
<p>
  <dfn title="Webサイト">サイト</dfn>とは…
</p>
```

dfn要素にtitle属性を指定しない場合は、マークアップした用語がそのまま定義語となります。以下の例では「サッカー」が定義語となります。

```
<p>
  <dfn>サッカー</dfn>とは…
</p>
```

☑ abbr要素
略称を表す

<abbr>~</abbr>
（アブリヴィエーション）

abbr要素は、略称や頭字語を表します。例えば、「HTML」というテキストをabbr要素でマークアップすることで、それが略称だということを意味付けられます。また、title属性（P.202）を使うことで、略称の正式名称を属性値で指定できます。

カテゴリー	パルパブルコンテンツ／フレージングコンテンツ／フローコンテンツ
コンテンツモデル	フレージングコンテンツ
使用できる文脈	フレージングコンテンツが期待される場所

使用できる属性 グローバル属性（P.198）

実践例 定義語を略称として表す

<dfn><abbr title="正式名称">~</abbr></dfn>

以下の例では、定義語が略称であることをabbr要素で表すとともに、title属性で略称の正式名称を表しています。この例ではabbr要素をdfn要素と組み合わせて利用していますが、abbr要素は本文中などでも利用可能です。

```
                                                              HTML
<dl>
  <dt><dfn><abbr title="HyperText Markup Language">HTML</abbr></dfn></dt>
  <dd>
    <p>Web上の文書を記述するためのマークアップ言語。</p>
  </dd>
</dl>
```

「HTML」を定義語として表す　　多くのブラウザーではabbr要素の内容にマウスポインターを合わせると、正式名称が表示される

ruby要素

ルビを表す

`<ruby>` ～ `</ruby>`

ruby要素を使うと、フレージングコンテンツにルビを振ることができます。ルビとは文章内の任意のテキストに対するふりがな、説明、異なる読み方などの役割を持つテキストを、本文より小さく上部または下部に表示するものです。

カテゴリー	フローコンテンツ／フレージングコンテンツ／パルパブルコンテンツ
コンテンツモデル	以下の組からそれぞれ1つ以上 ・ruby要素を子孫に持たないフレージングコンテンツ、または単一のruby要素 ・1つ以上のrt要素、またはrp要素に続く1つ以上のrt要素の後にrp要素
使用できる文脈	フレージングコンテンツが期待される場所

使用できる属性 グローバル属性（P.198）

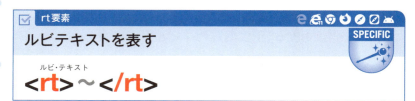

rt要素

ルビテキストを表す

`<rt>` ～ `</rt>`

rt要素はルビテキストを表し、ruby要素の内容となるテキストに与えられるルビ（ふりがな、説明、異なる読み方など）として表示されます。ルビに対応していないブラウザーにおいては、rt要素の内容は本文中にそのまま表示されます。なお、rt要素の終了タグは、直後にrp要素、rt要素が続く場合、もしくは当該要素が親要素から見て最後の子要素となる場合は省略できます。ただし、メンテナンス性が低下するなどの弊害が考えられるため、省略しないほうがいいでしょう。

カテゴリー	なし
コンテンツモデル	フレージングコンテンツ
使用できる文脈	ruby要素の子要素として

使用できる属性 グローバル属性（P.198）

☑ rp要素

ルビテキストを囲む括弧を表す

ルビ・パレンシス
`<rp>`～`</rp>`

rp要素は、ruby要素に対応していないブラウザーにおいて、本文中にそのまま表示されるルビテキストを囲む括弧を表示します。ruby要素の子要素かつrt要素の前後に記述します。

カテゴリー	なし
コンテンツモデル	テキスト
使用できる文脈	ruby要素の子要素、かつrt要素の前後に記述可

使用できる属性　グローバル属性（P.198）

実践例　テキストにルビを振る

`<ruby>`～`<rp>`（`</rp>``<rt>`～`</rt>``<rp>`）`</rp>``</ruby>`

以下はルビを振ったテキストの例です。対応していないブラウザー向けにrp要素を記述し、rt要素の内容が括弧で囲んで表示されるようにしています。

```html
<p>人がいなくなった工作室で<ruby>轆轤<rt>ろくろ</rt></ruby>が
回っている。</p>
<p>夕日の映える公園で<ruby>鞦韆<rp>(</rp><rt>ぶらんこ</rt><rp>)</rp></ruby>
が揺れている。</p>
```

HTML

テキストに対してルビが振られる　　対応ブラウザーではrp要素の内容は表示されない

rb要素

ルビの対象テキストを表す

ルビ・ベース
`<rb> ~ </rb>`

rb要素は、ルビの対象となるテキストを表します。ruby要素内に複数のrt要素が存在する場合に、ルビ対象テキストとルビを関連付けられます。なお、HTML Standardの仕様では、rb要素は定義されていません。

カテゴリー	なし
コンテンツモデル	フレージングコンテンツ
使用できる文脈	ruby要素の子要素として

使用できる属性 グローバル属性（P.198）

rtc要素

ルビテキストのあつまりを表す

ルビ・テキスト・コンテナー
`<rtc> ~ </rtc>`

rtc要素は、ルビテキストコンテナーを表します。ルビテキストコンテナーとはルビテキストのあつまりを指し、1つのルビ対象テキストに対して、複数のルビを適用したい場合に使用できます。なお、HTML Standardの仕様では、rtc要素は定義されていません。

カテゴリー	なし
コンテンツモデル	フレージングコンテンツ、または1つ以上のrt要素
使用できる文脈	ruby要素の子要素として

使用できる属性 グローバル属性（P.198）

以下の例のように記述して、各文字とルビのまとまりをrb、rtc要素で表せます。ただし、対応しているブラウザーはFirefoxのみです。

```html
<ruby>
  <rb>法</rb><rb>華</rb><rb>経</rb>
  <rtc>
    <rt>ほ</rt><rt>け</rt><rt>きょう</rt>
  </rtc>
</ruby>
```

sup、sub要素

上付き・下付きテキストを表す

スーパースクリプト
[~]
サブスクリプト
_~

sup要素は、数式や化学式の添え字などで使用される上付き文字を表示したい場合に、対象となるテキストをマークアップします。sub要素は下付き文字を表示したい場合に、対象となるテキストをマークアップします。

カテゴリー	パルパブルコンテンツ／フレージングコンテンツ／フローコンテンツ
コンテンツモデル	フレージングコンテンツ
使用できる文脈	フレージングコンテンツが期待される場所

使用できる属性　グローバル属性（P.198）

```html
<p>
  ピタゴラスの定理は次の数式で表されます。　a<sup>2</sup> + b<sup>2</sup> = c<sup>2</sup>
</p>
<p>
  エタノールの化学式は　CH<sub>3</sub>CH<sub>2</sub>OHです。
</p>
```

sup要素で記述した数字は上付き文字として表示される

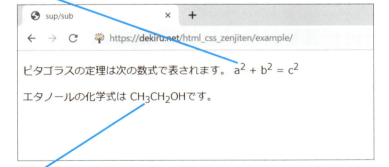

sub要素で記述した数字は下付き文字として表示される

☑ **time要素**

日付や時刻、経過時間を表す

タイム
<time 属性="属性値"> ～ </time>

time要素は、日付や時刻、経過時間などを表します。time要素にdatetime属性を指定しない場合はtime要素の内容が、そのまま値として扱われます。この場合、子要素を持つことはできず、日時を表すテキストはコンピューターによって取り扱える形式である必要があります。

カテゴリー	パルパブルコンテンツ／フレージングコンテンツ／フローコンテンツ
コンテンツモデル	・datetime属性を持つ場合は、フレージングコンテンツ ・datetime属性を持たない場合は、テキスト（ただし、妥当な日付時刻値に限る）
使用できる文脈	フレージングコンテンツが期待される場所

使用できる属性　グローバル属性（P.198）

デート・タイム
datetime

日付や時刻、経過時間のデータを指定します。値にはコンピューターによって取り扱い可能な文字列を指定できます。例えば、日時「2020年2月23日12:34分56秒」であれば以下のように記述します。日付と時刻は「T」で区切って記述します。年月、月日、時刻のみなど、省略形での記述も可能です。

```
<time>2020-02-23T12:34:56</time>
```
HTML

協定世界時で記述する場合は、日本であれば「+9:00」を日時の指定に加えます。

```
<time>2020-02-23T12:34:56+9:00</time>
```
HTML

経過時間を表す場合は、2つの書式があります。1つは、数値に週「w」、日「d」、時間「h」、分「m」、秒「s」の単位を付け、半角スペースで区切って表す書式です。もう1つは「P」に続けて、数値に日「D」の単位を付け、「T」で区切った後に、同じく時間「H」、分「M」、秒「S」を表す書式です。以下の例では2つの書式で「1週間と3日4時間18分3秒」を表しています。時間のみなどの省略形での記述も可能です。

```
<time>1w 3d 4h 18m 3s</time>
<time>P10DT4H18M3S</time>
```
HTML

以下の例では、ブログの記事内に記載した時間の記録と、記事を公開した日時をコンピューターによって読み取り可能な情報としています。

```html
<article>
  <h1>大樽町マラソンで大会新記録を樹立！</h1>
  <p>1着の記録は、<time datetime="3h 32m 14S">3時間32分14秒</time>でした。
  </p>
  <footer>公開日<time datetime="2020-02-16">2020年2月16日</time></footer>
</article>
```

経過時間や日時がコンピューターにも読み取れるデータとして公開される

data要素

さまざまなデータを表す

`<data>` ~ `</data>`

data要素は、さまざまなデータを表します。value属性は必須です。値となるのが日付や時間に関係するデータである場合は、time要素を使いましょう。

カテゴリー	パルパブルコンテンツ／フレージングコンテンツ／フローコンテンツ
コンテンツモデル	フレージングコンテンツ
使用できる文脈	フレージングコンテンツが期待される場所

使用できる属性 グローバル属性（P.198）

value
データを指定します。値はコンピューターによって読み取り可能な形式である必要があります。

以下の例では、本文中に記載している建物の階数を、コンピューターによって読み取り可能な情報としています。

```html
<p>
  このビルは<data value="14">十四</data>階建てです。
  弊社はその<data value="8">八</data>階にオフィスを開設しています。
</p>
```

code要素

コンピューター言語のコードを表す

`<code>` ~ `</code>`
コード

code要素は、コンピューター言語のコードを表します。文書の本文中に記載するプログラムなどのソースコードをマークアップするときに使用します。HTML Standardの仕様では、プログラムの種類に「language-」という接頭辞を付け、class属性で識別名（例えば「class="language-javascript"」）を指定するマークアップ例が提示されています。

カテゴリー	パルパブルコンテンツ／フレージングコンテンツ／フローコンテンツ
コンテンツモデル	フレージングコンテンツ
使用できる文脈	フレージングコンテンツが期待される場所

使用できる属性 グローバル属性（P.198）

var要素

変数を表す

`<var>` ~ `</var>`
バリアブル

var要素は、変数を表します。例えば、プログラムのソースコードにおける変数などに使用します。

カテゴリー	パルパブルコンテンツ／フレージングコンテンツ／フローコンテンツ
コンテンツモデル	フレージングコンテンツ
使用できる文脈	フレージングコンテンツが期待される場所

使用できる属性 グローバル属性（P.198）

実践例 変数を利用しているコードのサンプルを表す

\<code>\<var>~\</var>\</code>

以下の例は、JavaScriptのサンプルコードを表しています。code要素のclass属性でプログラムの種類を明示しています。また、サンプルコード内に出現する変数はvar要素を使って表しています。なお、この例ではコードが長いためpre要素（P.71）を使って入力した内容がそのまま表示されるようにしています。

```html
<pre>                                                    HTML
  <code class="language-javascript">
    (function() {
      var <var>po</var> = document.createElement('script');
      <var>po</var>.type = 'text/javascript';
      <var>po</var>.src = 'sample.js';
      var <var>s</var> = document.getElementsByTagName
      ('script')[0];
      <var>s</var>.parentNode.insertBefore(<var>po</var>,
      <var>s</var>);
    })();
  </code>
</pre>
```

コードとコード内の変数を表している

```
code/var                    ×    +

←  →  C    https://dekiru.net/html_css_zenjiten/example/


ここでは、以下のコードを入力します。


    (function() {
      var po = document.createElement('script');
      po.type = 'text/javascript';
      po.src = 'sample.js';
      var s = document.getElementsByTagName('script')[0];
      s.parentNode.insertBefore(po, s);
    })();
```

できる | 97

samp要素

出力テキストの例を表す

<samp>〜</samp>
（サンプル）

samp要素は、プログラムやコンピューターからの出力テキストの例を表します。

カテゴリー	パルパブルコンテンツ／フレージングコンテンツ／フローコンテンツ
コンテンツモデル	フレージングコンテンツ
使用できる文脈	フレージングコンテンツが期待される場所

使用できる属性 グローバル属性（P.198）

kbd要素

入力テキストを表す

<kbd>〜</kbd>
（キーボード）

kbd要素は、入力テキストを表します。音声コマンドのような入力を表すことも可能です。例えば、<kbd>123</kbd>と記述すれば、入力する、または入力されたテキストを表します。

カテゴリー	パルパブルコンテンツ／フレージングコンテンツ／フローコンテンツ
コンテンツモデル	フレージングコンテンツ
使用できる文脈	フレージングコンテンツが期待される場所

使用できる属性 グローバル属性（P.198）

実践例 コンピューターの操作を表す

<kbd>~</kbd><samp>~</samp>

以下の例は、コンピューターに入力するテキストである「1」は、入力テキストとしてkbd要素を使って表しています。また、コンピューターから出力された内容のテキストは、samp要素を使って表しています。

```
<p>                                                              HTML
  <kbd>1</kbd>を入力したら、メニューの右上に表示されている[<samp>保存する</samp>]をクリックします。
</p>
```

コンピューターの操作における入力・出力テキストを表す

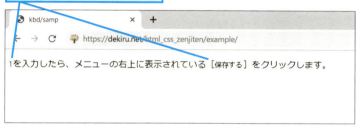

また、以下の例のようにkbd要素をsamp要素に内包すると、入力したテキストが出力結果にそのまま表示される「エコーバック」を表します。

```
<p>                                                              HTML
  <kbd>1</kbd> を入力すると 「<samp><kbd>1</kbd> が選択されました</samp>」と表示されます。
</p>
```

逆に、samp要素をkbd要素に内包すると、出力された内容を入力することを表します。

```
<p>                                                              HTML
  画面に表示される「<kbd><samp>保存する</samp></kbd>」メニューを選択します。
</p>
```

☑ i要素

質が異なるテキストを表す

i要素は、著者の思考、気分、文書内で定義されていない専門用語など、他とは質が異なるテキストを表します。文書の主テキストで使用されている言語とは異なる言語によって用語などが記述される場合は、lang属性によって言語を指定することが望ましいでしょう。また、この要素が示す内容が分かるように、class属性で明示することもできます。多くのブラウザーではイタリック体、または斜体で表示されます。

カテゴリー	パルパブルコンテンツ／フレージングコンテンツ／フローコンテンツ
コンテンツモデル	フレージングコンテンツ
使用できる文脈	フレージングコンテンツが期待される場所

使用できる属性　グローバル属性（P.198）

以下の例では、文書内でdl要素（P.72）やdfn要素（P.88）などによって定義していない専門用語をマークアップし、class属性でそれを示しています。

```
<p>
   昨日の試合は<i class="rule">オフサイド</i>が多い試合だった。
</p>
```
HTML

◎ Firefox

専門用語であるテキストが斜体で表示される

☑ b要素

特別なテキストを表す

`<b> ～ </b>`

b要素は、強調や重要性、引用、用語の定義といった意味ではない、特別なテキストを表します。例えば、文書の概要にあるキーワードや、レビュー記事の中にある製品名、サービス名などが該当します。なお、この要素が示す内容が分かるように、class属性で明示することもできます。多くのブラウザーでは太字で表示されます。

カテゴリー	パルパブルコンテンツ／フレージングコンテンツ／フローコンテンツ
コンテンツモデル	フレージングコンテンツ
使用できる文脈	フレージングコンテンツが期待される場所

使用できる属性　グローバル属性（P.198）

以下の例では、記事の第1文をリード文として表すためにb要素を使い、class属性でそれを示しています。

```html
<article>
  <h1>昇格争いで決めた魅惑のゴール！</h1>
  <p><b class="lead">昨日、リーグ史上に残るゴールを目前で観戦しました。</b></p>
  <!--省略-->
</article>
```

記事のリード文としたテキストが太字で表示される

u要素

テキストをラベル付けする

`<u>` 〜 `</u>`

u要素は、テキストをラベル付けします。例えば、ニュアンスがはっきりと伝わりにくいテキストや、あえて本来の意味とは違う意味で使っているテキスト、あるいはスペルミスなどを表します。多くのブラウザーでは、下線が引かれたテキストとして表示されます。u要素で行われる下線表示は、多くのブラウザーでリンクテキストを表すのに使われる下線と混同されやすいため、使用時には注意が必要です。

カテゴリー	パルパブルコンテンツ／フレージングコンテンツ／フローコンテンツ
コンテンツモデル	フレージングコンテンツ
使用できる文脈	フレージングコンテンツが期待される場所

使用できる属性　グローバル属性（P.198）

以下の例では、通常の意味とは異なる用語として「レモン」をマークアップしています。

```html
<p>
以上、説明してきたように「<u>レモン</u>市場」においては、本来的な市場原理が機能しない。
</p>
```

通常の意味とは異なることを伝えたい
テキストに下線が表示される

mark要素

ハイライトされたテキストを表す

<mark>〜</mark>
マーク

mark要素は、ハイライトされたテキストを表します。文章の中で特に目立たせたいテキストを示す要素で、重要性などの意味は持ちません。例えば、引用文の中で特に言及したい部分を示す場合に使用します。多くのブラウザーでは、背景が黄色くハイライトされた状態で表示されます。

カテゴリー	パルパブルコンテンツ／フレージングコンテンツ／フローコンテンツ
コンテンツモデル	フレージングコンテンツ
使用できる文脈	フレージングコンテンツが期待される場所

使用できる属性　グローバル属性（P.198）

以下の例では、引用文で特に目立たせたいテキストをmark要素でマークアップしています。

```html
<blockquote>
  <p>
    今は昔し<mark>薔薇の乱</mark>に目に余る多くの人を幽閉したのはこの塔である。
  </p>
</blockquote>
```

目立たせたいテキストがハイライトで表示される

bdi要素

書字方向が異なるテキストを表す

<bdi> ~ </bdi>
（バイディレクショナル）

bdi要素は、文字列の適切な書字方向が自動的に判別される「双方向アルゴリズム」の適用される範囲を指定します。例えば、日本語の文章に書字方向の異なるアラビア語を混在させるときに、その範囲を指定することで書字方向の誤判断を防げます。なお、この要素に対してdir属性（P.199）が省略された場合は、初期値としてautoが与えられます。

カテゴリー	パルパブルコンテンツ／フレージングコンテンツ／フローコンテンツ
コンテンツモデル	フレージングコンテンツ
使用できる文脈	フレージングコンテンツが期待される場所

使用できる属性 グローバル属性（P.198）

コロン（:）やセミコロン（;）などの記号や英数字は、書字方向が異なる言語間でも同じように使用される場合があります。一方でコンピューターは、本文中の言語の使い分けや単語の切れ目を判断できないので、意図通りにテキストが表示されない場合があります。以下の例では、bdi要素を使って「:3」がアラビア語と同じ右から左への表示になる問題を解消しています。

```html
<ul>
  <li>投稿者 jcranmer: 12件の投稿</li>
  <li>投稿者 hober: 5件の投稿</li>
  <li>投稿者 ناجي : 3件の投稿</li>
</ul>
<ul>
  <li>投稿者 <bdi>jcranmer</bdi>: 12件の投稿</li>
  <li>投稿者 <bdi>hober</bdi>: 5件の投稿</li>
  <li>投稿者 <bdi> ناجي </bdi>: 3件の投稿</li>
</ul>
```

- 投稿者 jcranmer: 12件の投稿
- 投稿者 hober: 5件の投稿
- 投稿者 3 : ناجي件の投稿

書字方向が異なることが判別されず、「:3」が右から左へ記述され「3:」となっている

- 投稿者 jcranmer: 12件の投稿
- 投稿者 hober: 5件の投稿
- 投稿者 ناجي: 3件の投稿

書字方向が明示され、アラビア語の影響を受けない

bdo要素
テキストの書字方向を指定する

bdo要素は、テキストに対して明示的に書字方向を指定します。bdo要素を記述した部分のみ、「双方向アルゴリズム」を上書きすることが可能です。例えば、日本語の文章に書字方向の異なるアラビア語を混在させるときに、対象となるテキストの書字方向を指定することで、意図しない表記になることを防げます。dir属性（P.199）は必須です。

カテゴリー	パルパブルコンテンツ／フレージングコンテンツ／フローコンテンツ
コンテンツモデル	フレージングコンテンツ
使用できる文脈	フレージングコンテンツが期待される場所

使用できる属性　グローバル属性（P.198）

以下の例では、「：○件の投稿」の部分に左から右の書字方向（dir属性値がltr）を指定したbdo要素を記述することで、投稿者の名前がアラビア語でも影響されないようにしています。

```html
<ul>
  <li>投稿者 jcranmer ： 12件の投稿</li>
  <li>投稿者 hober ： 5件の投稿</li>
  <li>投稿者 بابل ： 3件の投稿</li>
</ul>
<ul>
  <li>投稿者 jcranmer <bdo dir="ltr">： 12件の投稿</bdo></li>
  <li>投稿者 hober <bdo dir="ltr">： 5件の投稿</bdo></li>
  <li>投稿者 بابل <bdo dir="ltr">： 3件の投稿</bdo></li>
</ul>
```

アラビア語の書字方向の影響を受け、「：3」が右から左へ記述され「3：」となっている

「：～件」までの書字方向を指定したため、アラビア語の影響を受けない

span要素

フレーズをグループ化する

`<span>` ~ `</span>`

span要素は特定の意味を持ちませんが、class、lang、dir属性といったグローバル属性と組み合わせることで、内包するフレーズをグループ化できます。ブロック単位で同様の役割を持つ要素としてdiv要素(P.77)があります。

カテゴリー	パルパブルコンテンツ／フレージングコンテンツ／フローコンテンツ
コンテンツモデル	フレージングコンテンツ
使用できる文脈	フレージングコンテンツが期待される場所

使用できる属性　グローバル属性（P.198）

```html
<p>
  <span class="place">渋谷駅</span>から玉川通りを西に向かうと、
  <span class="place">道玄坂上</span>の交差点にたどり着きますが、
  その角にコンビニエンスストア、<span class="shop">サンプルマート道玄坂上店</span>が見えてきます。
</p>
```

```css
.place {color: red;}
.shop {color: blue;}
```

グループにしたフレーズにはCSSを一括で設定できる

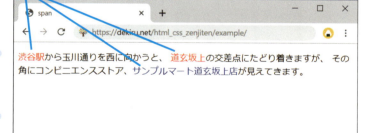

br要素

改行を表す

ライン・ブレーク
`<br>`

br要素は、改行を表します。詩や住所など、改行を伴って表示することが妥当であり、かつ行によって段落分けが発生しない場合に使用できます。

カテゴリー	フレージングコンテンツ／フローコンテンツ
コンテンツモデル	空
使用できる文脈	フレージングコンテンツが期待される場所

使用できる属性　グローバル属性（P.198）

```html
<p>
  〒100-8111
  東京都
  千代田区千代田1
</p>
<p>
  〒100-8111<br>
  東京都<br>
  千代田区千代田1
</p>
```

ソースコードでの改行は半角スペースの扱いとなる

br要素によって改行が挿入される

ポイント

- 段落間の余白を多めに確保したり、文章の途中に不要な改行を入れたりするなど、レイアウトを目的としてbr要素を使うことはできません。

wbr要素

折り返し可能な箇所を指定する

 USEFUL

ワード・ブレーク・オポチュニティー
<wbr>

wbr要素は、テキストの折り返しが可能な箇所を指定します。通常、テキストがブラウザーの表示領域の幅に達すると、そこで折り返して表示されます。しかし、英単語は途中での折り返しが禁止されているため、長い英単語は表示領域の幅を超えても折り返されません。このような場合、単語内にwbr要素を記述することで、その場所での折り返しを許可します。ただし、wbr要素は折り返しを許可するだけなので、指定した位置で実際に折り返しが発生するかは、表示領域の幅やテキストの分量、文字サイズなどに依存します。

カテゴリー	フレージングコンテンツ／フローコンテンツ
コンテンツモデル	空
使用できる文脈	フレージングコンテンツが期待される場所

使用できる属性 グローバル属性（P.198）

```html
<p>
  古代ギリシアの戯曲家アリストパネスによる<cite>女の議会</cite>には、
  "Lopadotemachoselachogaleokranioleipsanodrimhypotrim<wbr>
  matosilphioparaomelitokatakechymenokichlepikossyphophat<wbr>
  toperisteralektryonoptekephalliokigklopeleiolagoio-<wbr>
  siraiobaphetraganopterygon"という料理が登場する。
</p>
```

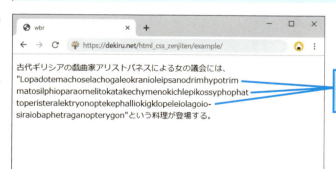

英単語がwbr要素の位置で改行される

ins、del要素

追記、削除されたテキストを表す

`<ins 属性="属性値"> ~ </ins>`
`<del 属性="属性値"> ~ </del>`

ins要素は、文書に後から挿入・追記されたテキストを表します。del要素は、文書から削除されたテキストを表します。

カテゴリー	パルパブルコンテンツ（ins要素のみ）／フレージングコンテンツ／フローコンテンツ
コンテンツモデル	トランスペアレントコンテンツ
使用できる文脈	フレージングコンテンツが期待される場所

使用できる属性　グローバル属性（P.198）

cite
テキストの追加、削除が他のリソースを根拠に行われた場合に、URLを指定できます。

datetime
テキストが追加、削除された日時を表します。値には、コンピュータによって取り扱い可能な日時を表す文字列（P.94）を指定できます。

```html
<h1>大樽町カフェProject ToDoリスト</h1>
<ul>
  <li>ディナープランの創出</li>
  <li><del datetime="2019-11-14T22:05+09:00">テラスの雨天対応</del>
  </li>
  <li><del>チェーン展開の検討</del></li>
  <li><ins cite="http://www.example.com">冬期、インフルエンザ対策</ins>
  </li>
  <li><ins datetime="2020-02-08">春の新メニュー施策</ins></li>
</ul>
```

del要素の内容には取り消し線が、ins要素の内容には下線が引かれる

☑ picture要素

レスポンシブ・イメージを実現する

ピクチャー
\<picture\> ~ \</picture\>

picture要素は、レスポンシブ・イメージを実現するための要素です。内包されたimg要素
（P.114）とsource要素を組み合わせて、複数のイメージソースを出し分けられます。

カテゴリー	エンベッディッドコンテンツ／フレージングコンテンツ／フローコンテンツ
コンテンツモデル	0個以上のsource要素に続いて、1つのimg要素。任意でスクリプトサポート要素(script要素およびtemplate要素)
使用できる文脈	エンベッディッドコンテンツが期待される場所

使用できる属性 グローバル属性（P.198）

☑ source要素

選択可能なファイルを複数指定する

ソース
\<source 属性="属性値"\>

source要素は、audio要素（P.124）、video要素（P.122）、picture要素に対して、選択
可能なファイルを複数指定します。複数のファイルを用意することで、閲覧者の環境
に合わせて適切なファイルが選択されます。

カテゴリー	なし
コンテンツモデル	空
使用できる文脈	・audio要素またはvideo要素の子要素として。ただし、すべてのフローコンテンツやtrack要素より前 ・picture要素の子要素として。ただし、img要素の前

使用できる属性 グローバル属性（P.198）

ソース
src

文書内に埋め込む音声・動画ファイルのURLを指定します。なお、picture要素内で使用する場合、src属性は使用できません。

タイプ
type

リンク先のMIMEタイプ（P.523）を指定します。

ソースセット
srcset

img要素（P.114）と同様に、複数のイメージソースを指定できます。picture要素内で使用する場合、srcset属性は必須となります。

メディア
media

リンク先の文書や読み込む外部リソースがどのメディアに適用するのかを指定します。media属性の値は、妥当なメディアクエリ（P.509）である必要があります。

サイズス
sizes

画像ファイルなどのサイズを指定します。picture要素内で使用する場合、複数のイメージソースを出し分けるために指定します。source要素、img要素におけるsizes属性で指定できる値のルールは以下の通りです。

・1、2の各組をカンマ区切りで1個以上
　　1. A、Bの組み合わせが0組以上（両方の場合は空白文字で区切って記述）
　　　　A.メディアクエリ
　　　　B.画像の表示サイズ値
　　2. 画像の表示サイズ値

picture要素内において、複数のイメージソースを指定するために使用されるsource要素では、このsizes属性に加えて、srcset属性やmedia属性を組み合わせて指定することで、デバイスピクセル比、ビューポート、画面サイズなどに応じた、複数のイメージソースを出し分けることが可能になります。

以下の例では、audio要素で読み込む音声ファイルを3種類のフォーマットで提供しています。閲覧者の環境に合わせて再生可能なファイルが表示されます。

```html
<audio controls="controls">
  <source src="sample.ogg" type="audio/ogg">
  <source src="sample.wav" type="audio/wave">
  <source src="sample.mp4" type="audio/mp4">
  <!--省略-->
</audio>
```

次のページに続く

できる 111

実践例 複数のイメージソースを出し分ける

<picture><source>~</picture>

以下の例では、source要素にsrcset属性を指定することで、閲覧するデバイスのピクセル比、ビューポート、画面サイズなどに応じて、指定した画像が表示されます。

```html
<picture>                                                    HTML
  <source srcset="sample-x1.5.png 1.5x, sample-x2.png 2x">
  <img alt="画像の説明" src="sample.png">
</picture>
```

以下の例では、sizes属性によってビューポートの幅が30em以下の場合は100vw、50em以下の場合は50vw、それ以外の場合はcalc(33% - 100px)というサイズが画像に適用されるように設定しています。sizes属性はさらに細かく指定することも可能です。

```html
<picture>                                                    HTML
  <source sizes="(max-width: 30em) 100vw,
                 (max-width: 50em) 50vw,
                 calc(33% - 100px)"
        srcset="sample-x1.5.png 1.5x,
                sample-x2.png 2x"
  >
  <img alt="画像の説明" src="sample.png">
</picture>
```

embed要素

アプリケーションやコンテンツを埋め込む

<embed 属性="属性値">

embed要素は、外部のアプリケーションやインタラクティブコンテンツを埋め込むための要素です。Flashなど、プラグインが必要な非HTMLコンテンツの埋め込みに使用されます。embed要素ではHTMLの属性の他に、プラグインが定めた属性によって各種パラメーターを付与できます。

カテゴリー	インタラクティブコンテンツ／エンベッディッドコンテンツ／パルパブルコンテンツ／フレージングコンテンツ／フローコンテンツ
コンテンツモデル	空
使用できる文脈	エンベッディッドコンテンツが期待される場所

使用できる属性　グローバル属性（P.198）

src
文書内に埋め込むスクリプトのURLを指定します。

type
埋め込まれる外部リソースのMIMEタイプ（P.523）を指定します。

width, height
アプリケーションやコンテンツの幅と高さを指定します。値には正の整数を指定する必要があります。

以下の例では、Windows Media Video形式の動画ファイルをembed要素で埋め込んでいます。

```
<embed src="sample.wmv"                                              HTML
       width="400"
       height="200"
       type="video/x-ms-wmv">
```

img要素

画像を埋め込む

`<img 属性="属性値">`

img要素は、文書に画像を埋め込みます。

カテゴリー	インタラクティブコンテンツ(usemap属性を持つ場合)／エンベッディッドコンテンツ／パルパブルコンテンツ／フォーム関連要素／フレージングコンテンツ／フローコンテンツ
コンテンツモデル	空
使用できる文脈	エンベッディッドコンテンツが期待される場所

使用できる属性　グローバル属性（P.198）

alt
画像が表示できなかった場合に利用される代替テキストを指定します。文書の文脈において特に意味を持たない画像などでは省略できます。代替テキストは、単に画像のタイトルを入れるのではなく、その画像が表す内容を文章として説明するように厳密に定義されています。

src
文書内に埋め込む画像のURLを指定します。src属性は必須です。埋め込めるファイルは画像ファイル（PNG、GIF、アニメーションGIF、JPEG、SVG、WebPなど）のみです。

srcset
複数のイメージソースを指定して、ディスプレイサイズやデバイスピクセル比に応じて代替画像を出力します。候補となる画像のURLに合わせて、表示する条件を半角スペース区切って指定します。各条件は数値に画面の幅「w」、高さ「h」、デバイスピクセル比「x」の単位を付けて任意に指定します。また、画像の候補はカンマ(,)で区切って複数個を指定できます。

以下の例では、通常はsrc属性に指定された「sample.png」、デバイスピクセル比が「1.5」の環境では「sample-x1.5.png」、デバイスピクセル比が「2」の環境では「sample-x2.png」が表示されます。

```html
<img alt="大樽町カフェから臨む大山脈" src="sample.png"
    srcset="sample-1.5x.png 1.5x, sample-2x.png 2x">
```

sizez
画像ファイルなどのサイズを指定します。img要素におけるsizes属性で指定できる値はsource要素（P.110）を参照してください。

crossorigin
クロス・オリジン

CORS（Cross-Origin Resource Sharing ／クロスドメイン通信）を設定する属性です。サードパーティーから読み込んだ画像を、canvas要素（P.190）で利用できるようにします。以下の値を指定でき、値が空、もしくは不正な場合はanonymousが指定されたものとして扱われます。

anonymous　CookieやクライアントサイドのSSL証明書、HTTP認証などのユーザー認証情報は不要です。

use-credentials　ユーザー認証情報を求めます。

usemap
ユーズ・マップ

画像をクライアントサイド（リンクの情報をブラウザーで処理する）クリッカブルマップとして扱う場合に、その対象となるmap要素（P.128）に指定されたname属性値を指定します。

ismap
イズ・マップ

画像をサーバーサイド（リンクの情報をサーバーで処理する）クリッカブルマップとして扱う場合に指定します。a要素のhref属性に、クリックされた座標を基に処理をするプログラムへのURLなどを指定したうえで、ismap属性を指定したimg要素を配置することで、サーバーサイドクリッカブルマップを実行します。ismap属性は論理属性（P.194）です。

width, height
ウィズ　　ハイト

画像の幅と高さを指定します。値には正の整数を指定する必要があります。

referrerpolicy
リファラーポリシー

リンク先にアクセスする際、あるいは画像など外部リソースをリクエストする際にリファラー（アクセス元のURL情報）を送信するか否か（リファラーポリシー）を指定します。値はlink要素（P.45）を参照してください。

decording
デコーディング

ブラウザーに画像デコードのヒントを提供します。画像を同期的にデコードするように指定すると、ブラウザーは読み込んだ順序で画像をデコードしていくため、続くコンテンツの表示がそれを待つ間、遅れる可能性があります。例えば、文書内で補足的に使われている画像、本文とあまり関係がない画像などに指定して、Webページが表示される体感速度を向上させることが可能です。

auto　デフォルト値。デコード方式を指定しません。

sync　他のコンテンツと画像を同期的にデコードします。

async　他のコンテンツと画像を非同期的にデコードします。

次のページに続く

以下の例では、img要素を用いて文書に画像を埋め込んでいます。alt属性には画像の内容が伝わる代替テキストを指定しましょう。

```HTML
<p>大樽町の観光スポットといえば、こちらの庭園ですね。</p>
<p>
  <img src="ohtal_garden.jpg" width="500" height="300"
  alt="大樽庭園の写真です。この日は観光日和でした。">
</p>
```

img要素によって画像が表示される

width属性、height属性を使って画像の幅と高さを指定している

ポイント

- 本書執筆時点ではChromeの独自実装ですが、img要素およびiframe要素で使用可能なloading属性の策定も行われています。「lazy」または「eager」が値として指定可能です。loading="lazy"と指定すると、JavaScriptを使用しないブラウザーネイティブ実装の遅延読み込みを可能にします。前のページで解説したdecording属性と同様に、Webページが表示される体感速度を向上させることを目的としています。

☑ iframe要素

他のHTML文書を埋め込む

POPULAR

アイフレーム
`<iframe 属性="属性値"> ～ </iframe>`

iframe要素は、入れ子になったブラウジングコンテキスト（P.197）を表します。文書内に他のHTML文書を埋め込むことができます。

カテゴリー	インタラクティブコンテンツ／エンベッディッドコンテンツ／パルパブルコンテンツ／フレージングコンテンツ／フローコンテンツ
コンテンツモデル	空
使用できる文脈	エンベッディッドコンテンツが期待される場所

使用できる属性 グローバル属性（P.198）

ソース
src

文書内に埋め込む他のHTML文書のURLを指定します。src属性が指定されている場合、その値に空白文字列は認められず、かつ妥当なURLが指定される必要があります。itemprop属性（P.200）がiframe要素に指定されている場合、src属性は必ず指定します。

ソース・ドキュメント
srcdoc

文書内に埋め込むHTML文書の内容を指定します。つまり、表示したいHTMLを値として直接入力します。入力する際の記述方法は仕様によって厳密に定義されていますが、実際にはbody要素の内容のみ記述すれば大丈夫です。ただし、srcdoc属性値に入る「"」および「&」は、文字参照として「"」「&」とそれぞれ記述する必要があります。なお、src属性とsrcdoc属性が両方とも指定されている場合、srcdoc属性の内容が優先的に読み込まれます。

ネーム
name

埋め込まれた文書に名前を付与します。この名前を使用して、JavaScriptから要素にアクセスしたり、付与した名前をリンクのターゲットに使用したりできます。

サンドボックス
sandbox

iframe要素によって埋め込まれたHTML文書に制限をかけます。sandbox属性を指定したうえで値を空にすると、すべての制約を適用します。あるいは、次のページにある値を指定して、制限をコントロールすることができます。これらの値は、半角スペースで区切ることで複数指定することが可能です。

次のページに続く ＞

allow-forms	埋め込まれた文書からのフォーム送信を有効にします。
allow-modals	埋め込まれた文書からモーダルウィンドウを開くことを可能にします。
allow-orientation-lock	埋め込まれた文書がスクリーンの方向をロック可能にします。
allow-pointer-lock	埋め込まれた文書がPointer Lock APIを使用可能にします。
allow-popups	埋め込まれた文書からのポップアップを有効にします。
allow-popups-to-escape-sandbox	sandbox属性が付与された文書が新しいウィンドウを開いたとき、サンドボックスが継承されないようにします。
allow-presentation	埋め込まれた文書がプレゼンテーションセッションを開始できるようにします。
aallow-same-origin	埋め込まれた文書を固有のオリジンとはせず、親文書と同じオリジンを持つものとします。
allow-scripts	埋め込まれた文書からのスクリプト実行を有効にします。
allow-top-navigation	埋め込まれた文書から別のブラウジングコンテキストを指しているリンクを有効にします。
allow-top-navigation-by-user-activation	埋め込まれた文書が最上位のブラウジングコンテキストに移動できるようにします。ただし、ユーザーの操作によって開始されたものに限ります。

アロウ
allow

ブラウザーにおける特定の機能やAPIを有効化、あるいは無効化したり、動作を変更したりできます。Feature Policyによって使用できる値が定められており、以下が代表例です。値は「;」で区切ることで複数指定できます。なお、値の中にはブラウザー対応がされていないものも多く含まれています。

autoplay	iframeによって埋め込まれた動画が自動的に再生するようにします。
encrypted-media	Encrypted Media Extensions API（EME／暗号化メディア拡張）の使用を許可します。
fullscreen	fullscreen APIの使用（フルスクリーン表示）を許可します。
geolocation	Geolocation APIの使用を許可し、ユーザーの位置情報を使用可能にします。
payment	Payment Request APIの使用を許可し、ユーザーに簡単・高速な決済を提供します。
picture-in-picture	Picture-in-Pictureモードでビデオを再生可能にします。

アロウ・フルスクリーン
allowfullscreen

埋め込まれたリソースのフルスクリーン表示を許可するかを指定します。ただし、この属性とallowpaymentrequest属性の用途を同時に満たすallow属性が定義されており、対応するブラウザーにおいては、allow="fullscreen"と指定することで同様の効果となります。allowfullscreen属性は論理属性です。

allowpaymentrequest
簡単・高速な決済を実現するPayment Request APIの使用を許可するかを指定します。ただし、この属性とallowfullscreen属性の用途を同時に満たすallow属性が定義されており、対応するブラウザーにおいては、allow="payment"と指定することで同様の効果となります。allowpaymentrequest属性は論理属性です。

width, height
埋め込まれた文書の幅と高さを指定します。値には正の整数を指定する必要があります。

以下の例では、YouTubeにアップロードされた動画をiframe要素で埋め込んでいます。

```
<h1>OneNote使い方解説動画</h1>
<p>
  <iframe width="530" height="300" src="https://www.youtube.com/
  embed/s5CEXN-AUq0" allow="accelerometer; autoplay; encrypted-
  media; gyroscope; picture-in-picture" allowfullscreen></iframe>
</p>
```

YouTubeの動画が埋め込まれて表示される

ポイント

- iframe要素を用いて他に用意しておいた広告用のWebページを表示させる場合は、以下のように記述します。

```
<aside>
  <h1>広告</h1>
  <iframe src="ad.html" width="300" height="300"></iframe>
</aside>
```

HTML

- XML構文では、srcdoc属性に入るマークアップもXMLとして妥当な構文にする必要があります。終了タグを省略したりすることはできません。タグを囲む「<」「>」も文字参照として「<」「>」と記述する必要があります。

☑ object要素

埋め込まれた外部リソースを表す

POPULAR

オブジェクト
<object 属性="属性値"> ～ </object>

object要素は、埋め込まれた外部リソースを表します。画像、動画、Flashなどのプラグインが必要な外部リソース、他のHTML文書など、さまざまな外部リソースを文書に埋め込むことが可能です。また、object要素は入れ子になったブラウジングコンテキスト（P.197）としても扱われます。なお、object要素の内容は、埋め込まれる外部リソースに与えるパラメーター、および対応していない環境への代替コンテンツとなります。

カテゴリー	インタラクティブコンテンツ（要素がusemap属性を持つ場合）／エンベッディッドコンテンツ／サブミット可能なフォーム関連要素／パルパブルコンテンツ／フォーム関連要素／フレージングコンテンツ／フローコンテンツ／リスト可能なフォーム関連要素
コンテンツモデル	0個以上のparam要素に続いて、トランスペアレントコンテンツ
使用できる文脈	エンベッディッドコンテンツが期待される場所

使用できる属性　グローバル属性（P.198）

データ
data

object要素によって埋め込む外部リソースのURLを指定します。data属性またはtype属性のいずれか一方は必須です。

タイプ
type

埋め込まれる外部リソースのMIMEタイプ（P.523）を指定します。

ネーム
name

埋め込まれる外部リソースに名前を付与します。

ユーズ・マップ
usemap

埋め込まれた外部リソースをクライアントサイドクリッカブルマップとして扱う場合、その対象となるmap要素（P.128）と指定されたname属性値を指定します。

フォーム
form

任意のform要素に付与したid属性値（P.199）を指定することで、そのフォームとform属性を持つ入力コントロールなどを関連付けることができます。

ウィズ　ハイト
width, height

外部リソースの幅と高さを指定します。値には正の整数を指定する必要があります。

120 できる

param要素

外部リソースが利用するパラメーターを与える

<param 属性="属性値">

param要素は、object要素によって埋め込まれる外部リソースが利用するパラメーターを与えます。param要素自身が何かを表すことはありません。

カテゴリー	なし
コンテンツモデル	空
使用できる文脈	object要素の子要素として。ただし、フローコンテンツの前に記述する

使用できる属性　グローバル属性（P.198）

name
必須属性です。パラメーター名を指定します。

value
必須属性です。パラメーターの値を指定します。

実践例　Flashコンテンツを埋め込む

<object><param>~</param></object>

以下は、Flashの埋め込みなどでよく利用される例です。object要素とparam要素で埋め込んだFlashが再生できない場合、内包されたembed要素（P.113）が代替コンテンツとして表示されるため、閲覧者がFlashを再生できる可能性が高まります。

```html
<object width="400" height="200">
  <param name="allowScriptAccess" value="sameDomain">
  <param name="movie" value="sample.swf">
  <param name="quality" value="autolow">
  <embed src="sample.swf" width="400" height="200"
  type="application/x-shockwave-flash">
  <p>Flashプレーヤーが有効な場合、ここにはサンプル動画が再生されます。</p>
</object>
```

☑ video要素

動画ファイルを埋め込む

ビデオ
`<video 属性="属性値"> ~ </video>`

video要素は、文書内に動画ファイルを埋め込みます。プラグインを必要とせず、ブラウザーの基本機能のみで動画の再生を可能にします。video要素の内容は、video要素に対応していない環境への代替コンテンツになります。

カテゴリー	インタラクティブコンテンツ（controls属性を持つ場合）／エンベッディッドコンテンツ／パルパブルコンテンツ／フレージングコンテンツ／フローコンテンツ
コンテンツモデル	・src属性を持つ場合は、0個以上のtrack要素に続きトランスペアレントコンテンツ ・src属性を持たない場合は、0個以上のsource要素、0個以上のtrack要素に続きトランスペアレントコンテンツ ただし、上記どちらの場合でも他のaudio要素やvideo要素を子孫要素に持つことは不可
使用できる文脈	エンベッディッドコンテンツが期待される場所

使用できる属性　グローバル属性（P.198）

ソース
src

文書内に埋め込む動画ファイルのURLを指定します。

クロス・オリジン
crossorigin

CORS（Cross-Origin Resource Sharing／クロスドメイン通信）を設定する属性です。サードパーティーから読み込んだ動画を、canvas要素（P.190）で利用できるようにします。以下の値を指定でき、値が空、もしくは不正な場合はanonymousが指定されたものとして扱われます。

anonymous	CookieやクライアントサイドのSSL証明書、HTTP認証などのユーザー認証情報は不要です。
use-credentials	ユーザー認証情報を求めます。

ポスター
poster

動画を再生できない場合や再生の準備が整うまでに表示する画像のURLを指定します。

プレ・ロード
preload

再生するファイルを事前に読み込んでおくかを指定します。この属性の取り扱いはブラウザーによって異なり、指定した通りの挙動となるかは分かりません。なお、autoplay属性が同時に指定されている場合は、この属性の指定は無視されます。

none	動画が必ず再生されるとは限らない、または不要なトラフィックを避けたいといった意思をブラウザーに伝えます。不要な読み込みを避けられるかもしれません。
metadata	そのリソースのメタデータ（再生時間などの情報）だけは先に取得しておくことをブラウザーに勧めます。

| auto | トラフィックなどは気にせず、閲覧者のニーズを優先してリソース全体をダウンロードを開始していいとブラウザーに伝えます。値が空の場合はこの扱いとなります。 |

autoplay
読み込んだファイルを自動的に再生します。autoplay属性は論理属性(P.194)です。

playsinline
video要素によって埋め込まれた映像を「インライン」で再生するように指定します。playsinline属性は論理属性です。

loop
エンドレス再生を行うように求めます。loop属性は論理属性です。

muted
video要素に指定すると、ミュートした状態で再生します。muted属性は論理属性です。

controls
動画ファイルの再生をコントロールするインターフェースを表示させます。この表示はブラウザーに依存します。controls属性は論理属性です。

width, height
動画ファイルの幅と高さを指定します。値には正の整数を指定する必要があります。

```html
<video src="skyscraper.mp4" controls poster="skyscraper.jpg">  HTML
  <p>
    <a href="skyscraper.mp4" type="video/mp4">ファイルのダウンロードはこ
    ちら(MP4 / 1.2MB)</a>
  </p>
</video>
```

動画が表示され、再生できる

ブラウザーが対応していない場合は、代替メッセージとダウンロードリンクが表示される

☑ audio要素

音声ファイルを埋め込む

オーディオ
\<audio 属性="属性値">〜\</audio>

audio要素は、文書内に音声ファイルを埋め込みます。プラグインを必要とせず、ブラウザーの基本機能のみで音声の再生を可能にします。audio要素の内容は、audio要素に対応していない環境への代替コンテンツになります。

カテゴリー	インタラクティブコンテンツ(controls属性を持つ場合)／エンベッディッドコンテンツ／パルパブルコンテンツ(controls属性を持つ場合)／フレージングコンテンツ／フローコンテンツ
コンテンツモデル	・src属性を持つ場合は、0個以上のtrack要素に続きトランスペアレントコンテンツ ・src属性を持たない場合は、0個以上のsource要素、0個以上のtrack要素に続きトランスペアレントコンテンツ ただし、上記どちらの場合でも他のaudio要素やvideo要素を子孫要素に持つことは不可
使用できる文脈	エンベッディッドコンテンツが期待される場所

使用できる属性　グローバル属性(P.198)

ソース
src

文書内に埋め込む音声ファイルのURLを指定します。

クロス・オリジン
crossorigin

CORS(Cross-Origin Resource Sharing／クロスドメイン通信)を設定する属性です。サードパーティーから読み込んだ音声を、canvas要素(P.190)で利用できるようにします。以下の値を指定でき、値が空、もしくは不正な場合はanonymousが指定されたものとして扱われます。

anonymous　CookieやクライアントサイドのSSL証明書、HTTP認証などのユーザー認証情報は不要です。

use-credentials　ユーザー認証情報を求めます。

プレ・ロード
preload

再生するファイルを事前に読み込んでおくかを指定します。この属性の取り扱いはブラウザーによって異なり、指定した通りの挙動となるかは分かりません。なお、autoplay属性が同時に指定されている場合は、この属性の指定は無視されます。

none　音声が必ず再生されるとは限らない、または不要なトラフィックを避けたいといった意思をブラウザーに伝えます。不要な読み込みを避けられるかもしれません。

metadata　そのリソースのメタデータ(再生時間などの情報)だけは先に取得しておくことをブラウザーに勧めます。

auto　トラフィックなどは気にせず、閲覧者のニーズを優先してリソース全体をダウンロードを開始していいとブラウザーに伝えます。値が空の場合はこの扱いとなります。

124　できる

autoplay
読み込んだファイルを自動的に再生します。autoplay属性は論理属性（P.194）です。

loop
エンドレス再生を行うように指定します。loop属性は論理属性です。

muted
ミュートした状態で再生します。muted属性は論理属性です。

controls
音声ファイルの再生をコントロールするインターフェースを表示させます。この表示はブラウザーに依存します。controls属性は論理属性です。

```html
<audio src="sample.mp3" controls>
  <p>
    <a href="sample.mp3" type="audio/mp3">ファイルのダウンロードはこちら
    (MP3 / 1.2MB)</a>
  </p>
</audio>
```

audio要素のcontrols属性によって音声の再生用コントロールが表示され、音声を再生できる

ブラウザーが対応していない場合は、代替メッセージとダウンロードリンクが表示される

track要素

テキストトラックを埋め込む

\<track 属性="属性値"\>

track要素は、音声・動画ファイルに同期する外部のテキストトラックを埋め込みます。1つのaudio、video要素内に複数のtrack要素を記述できますが、以下の条件をすべて満たす場合は、1つのaudio、video要素内に1つしか記述できません。

- 同じaudio、video要素を親に持つ2つ以上のtrack要素において、kind属性値が同じ。
- srclang属性が指定されていない、または同じ言語が指定されている。
- label属性が指定されていない、または同じラベルが与えられている。

カテゴリー	なし
コンテンツモデル	空
使用できる文脈	audio、video要素の子要素として。ただし、あらゆるフローコンテンツより前

使用できる属性　グローバル属性（P.198）

kind

テキストトラックの種類を指定します。指定できる値は以下の通りです。

- **subtitles**　外国語の字幕を表します。この値が初期値です。
- **captions**　音声が利用できない場合に対するテキストトラックを表します。
- **descriptions**　動画の内容をテキストで説明したものを表します。
- **chapters**　チャプター（場面ごと）のタイトルを表します。
- **metadata**　クライアントサイドスクリプトから利用する目的のテキストトラックを表します。このテキストトラックは画面に表示されません。

src

動画に埋め込むテキストトラックのURLを指定します。

srclang

テキストトラックの言語を指定します。指定できる値はlang属性（P.201）と同様です。kind属性の値がsubtitlesの場合、この属性による言語の指定は必須です。

label

閲覧者に表示するコマンドやテキストトラックのラベルを指定します。

default

デフォルトのテキストトラックであることを表します。1つのaudio、video要素内に、この属性が指定されたテキストトラックは複数存在してはいけません。default属性は論理属性（P.194）です。

実践例　動画に字幕を表示する

<video><track kind="subtitles" src="*.vtt"></video>

以下の例ではkind="subtitles"を指定して、動画に字幕を入れています。テキストトラックは、時系列に沿ってテキストを表示できるテキストフォーマットであるWebVTT (Web Video Text Track)を利用し、src属性でファイルを指定します。その他の属性は必要に応じて指定します。WebVTTファイルの内容は、以下のようなテキストになっています。字幕の表示を開始・終了する時間を「HH:MM:SS.000」の形式で指定し、「-->」で時間の範囲を指定します。表示する字幕は、指定した表示時間の次の行に入力します。ファイルの拡張子は「.vtt」となりますが、ファイル自体はテキストエディターで編集できます。なお、WebVTTファイルはローカル環境では読み込めません。

```
<video src="skyscraper.mp4" controls width="500">                HTML
  <track kind="subtitles" src="skyscraper.jp.vtt" srclang="ja"
  label="日本語" default>
  <p><a href="skyscraper.mp4" type="video/mp4">ファイルのダウンロードはこちら(MP4 / 1.2MB)</a></p>
</video>
```

```
WEBVTT                                                          WEBVTT

00:00:00.200 --> 00:00:05.000
22階建て高層ビルから臨める夜景です。

00:00:05.000 --> 00:00:20.000
左手に東京スカイツリーが輝いています。

00:00:20.000 --> 00:00:40.000
撮影した日は満月の一歩手前でした。
```

VTTファイルが読み込まれてキャプションが表示される

map要素

クリッカブルマップを表す

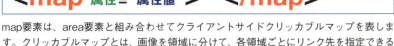

`<map 属性="属性値"> 〜 </map>`

map要素は、area要素と組み合わせてクライアントサイドクリッカブルマップを表します。クリッカブルマップとは、画像を領域に分けて、各領域ごとにリンク先を指定できる仕組みです。

カテゴリー	パルパブルコンテンツ／フレージングコンテンツ／フローコンテンツ
コンテンツモデル	トランスペアレントコンテンツ
使用できる文脈	フレージングコンテンツが期待される場所

使用できる属性　グローバル属性（P.198）

name

クリッカブルマップに名前を付与する必須属性です。この名前をimg要素（P.114）やobject要素（P.120）のusemap属性で指定することで、これらの要素をクリッカブルマップと関連付けます。文書内の他のmap要素に付与された名前と重複してはいけないほか、id属性（P.199）を同時に指定する場合は、name属性値と同じ値を指定する必要があります。

---

area要素

クリッカブルマップにおける領域を指定する

`<area 属性="属性値">`

area要素は、クライアントサイドクリッカブルマップにおける領域を指定します。

カテゴリー	フレージングコンテンツ／フローコンテンツ
コンテンツモデル	空
使用できる文脈	フレージングコンテンツが期待される場所。ただしmap要素内でのみ使用可

使用できる属性　グローバル属性（P.198）

alt

href属性で関連付けられたURLに関する代替テキストを指定します。href属性が指定された場合は必須です。ただし、同一のmap要素内に、同じURLが指定されたhref要素をもつ別のarea要素が存在し、そこに適切なalt属性が指定されている場合は省略できます。

coords
コーディネート

リンクする領域の座標を指定します。座標は1つの点につき、X軸、Y軸の座標のセットで表します。指定すべき座標の数は以下のように、shape属性の値に従います。また、座標の基点は画像の左上隅です。

shape属性値	coords属性に指定する値の数
circle	3つ（中心点のX座標，中心点のY座標，半径）
default	属性値の指定は不可
poly	6つ以上の偶数個の整数（X1,Y1,X2,Y2,X3,Y3,...,Xn,Yn）
rect	4つの整数（領域左上のX座標,Y座標,領域右下のX座標,Y座標）

shape
シェープ

画像内でリンクする領域の形状を指定します。指定できる値は以下の通りです。省略された場合はrectが指定されたものとして扱われます。

circle 円形

default 画像全体

poly 多角形

rect 長方形（初期値）

href
ハイパー・リファレンス

移動先をURLで指定して、area要素の領域をハイパーリンクとします。また、href属性を指定しない場合は、この要素で指定された領域はクリックできない領域となります。この場合は、alt、target、rel、media、hreflang、typeの各属性も省略する必要があります。

target
ターゲット

リンクアンカーの表示先を指定します。値には任意の名前か、以下のキーワードを指定できます。

_blank リンクは新しいブラウジングコンテキスト（P.197）に展開されます。

_parent リンクは現在のブラウジングコンテキストの1つ上位のブラウジングコンテキストを対象に展開されます。

_self リンクは現在のブラウジングコンテキストに展開されます。

_top リンクは現在のブラウジングコンテキストの最上位のブラウジングコンテキストを対象に展開されます。

download
ダウンロード

ブラウザーに対し、リンク先をダウンロードすることを表します。値を指定した場合、ダウンロード時のデフォルトのファイル名として使用されます。

次のページに続く

129

ping
ビング

指定されたURLに対してPOSTリクエストをバックグラウンドで送信します。通常はトラッキング用途で使用されます。トラッキングのために本来のリンク先の間にトラッキング用ページを挟んでからリダイレクトするような処理は一般的に行われますが、ping属性を使用することでリダイレクト処理を省略でき、ユーザーの体感速度を向上させるなどの効果があります。

rel
リレーション

現在の文書からみた、リンク先となるリソースの位置付けを表します。HTML Standardの仕様で定義されている値のうち、area要素で使用できる値は以下の通りです。半角スペースで区切って、複数の値を指定できます。link要素(P.45)の解説も参照してください。

alternate	代替文書(フィード、別言語版、別フォーマット版など)を表します。
author	著者情報を表します。
external	外部サイトへのリンクであることを表します。
help	ヘルプへのリンクを表します。
license	ライセンス文書を表します。
next	連続した文書における次の文書を表します。
nofollow	重要でないリンクを表します。
noopener	target属性を持つリンクを開く際、Window.openerプロパティを設定しません。
noreferrer	ユーザーがリンクを移動する際、リファラーを送信しません。
opener	target属性を持つリンクを開く際、Window.openerプロパティを設定します。
prev	連続した文書における前の文書を表します。
search	検索機能を表します。
tag	文書に指定されたタグのページを表します。

referrerpolicy
リファラーポリシー

リンク先にアクセスする際、あるいは画像など外部リソースをリクエストする際にリファラー（アクセス元のURL情報）を送信するか否か（リファラーポリシー）を指定します。値はlink要素(P.45)を参照してください。

実践例　クリッカブルマップを作成する

```
<img src="画像のURL" usemap="#マップ名">
<map name="マップ名">
<area shape="形状" coords="座標" href="リンク先の
URL"></map>
```

以下の例では、一都三県のボタンがある1つの画像を利用したクリッカブルマップを作成しています。利用する画像をimg要素で指定したら、usemap属性に接頭辞のハッシュマーク（#）を付けたマップ名を指定します。マップ名は、map要素のname属性で指定した値です。これでmap要素とimg要素が関連付けられます。

さらに、area要素のshape属性、coords属性で領域の形、座標を指定し、href属性でリンク先を指定します。例では、shape="rect"とcoords属性による4点の座標を領域に指定することで、四角形のボタンがリンクとしてクリックできます。

```html
<figure>
  <figcaption>エリア選択マップ</figcaption>
  <img src="map.png" usemap="#map" alt="一都三県の地図。エリアをクリックすると、エリア内の店舗一覧に移動します。埼玉県は現在営業所がありません。">
  <map name="map">
    <area shape="rect" coords="0,0,149,86">
    <area shape="rect" coords="0,88,149,173" href="tokyo.html" alt="東京エリアの店舗一覧">
    <area shape="rect" coords="0,175,149,260" href="kanagawa.html" alt="神奈川エリアの店舗一覧">
    <area shape="rect" coords="151,88,300,173" href="chiba.html" alt=" 千葉エリアの店舗一覧">
  </map>
</figure>
```

指定した領域ごとに別々のページにリンクしている

☑ **table要素**

表組みを表す

<table 属性="属性値"> ~ </table>
テーブル

table要素は、表組み（テーブル）を表します。レイアウト目的で使用してはいけません。

カテゴリー	パルパブルコンテンツ／フローコンテンツ
コンテンツモデル	以下の順番で記述可 1. 任意でcaption要素 2. 0個以上のcolgroup要素 3. 任意でthead要素 4. 0個以上のtbody要素、または1個以上のtr要素 5. 任意で1つのtfoot要素 6. 任意で1つ以上のスクリプトサポート要素と混合される
使用できる文脈	フローコンテンツが期待される場所

使用できる属性 グローバル属性（P.198）

☑ **caption要素**

表組みのタイトルを表す

<caption> ~ </caption>
キャプション

caption要素は、表組みのタイトルを表します。table要素を除くフローコンテンツを内包できます。つまり、タイトルだけでなく表組みに関する説明なども記述可能です。

カテゴリー	なし
コンテンツモデル	フローコンテンツ。ただし、table要素を子孫要素に持つことは不可
使用できる文脈	table要素の最初の子要素として

使用できる属性 グローバル属性（P.198）

```html
<table>                                                        HTML
  <caption>
    <p><strong>1年1組 生徒名簿</strong></p>
    <p>この表は1年1組の生徒名簿です。列1に出席番号、列2に氏名が入り、生徒1名につき1
    行となります。</p>
  </caption>
  <!--省略-->
</table>
```

tr要素

表組みの行を表す

テーブル・ロウ
<tr> ～ </tr>

tr要素は、表組みにおける行を表します。

カテゴリー	なし
コンテンツモデル	0個以上のtd要素またはth要素、およびスクリプトサポート要素
使用できる文脈	・thead要素の子要素として ・tbody要素の子要素として ・tfoot要素の子要素として ・table要素の子要素として。 ただし、caption、colgroup、thead要素より後ろ、かつtable要素の子要素となるtbody要素が1つもない場合に限る

使用できる属性 グローバル属性（P.198）

td要素

表組みのセルを表す

テーブル・データ・セル
<td 属性="属性値"> ～ </td>

td要素は、表組みにおけるセルを表します。

カテゴリー	セクショニングルート
コンテンツモデル	フローコンテンツ
使用できる文脈	tr要素の子要素として

使用できる属性 グローバル属性（P.198）

カラム・スパン
colspan
結合する列数を指定して、複数の列を結合します。値は正の整数のみ指定できます。

ロウ・スパン
rowspan
結合する行数を指定して、複数の行を結合します。値は「0」または正の整数を指定できます。「0」を指定した場合、そのセルが属する行グループの最後の行まで結合します。

ヘッダーズ
headers
th要素（P.135）に与えたid属性値（P.199）を指定することで、セルと見出しセルを関連付けます。値は半角スペースで区切って複数指定できます。

実践例 表を作成する

`<table><tr><td>`~`<td></tr></table>`

以下の例では7行×4列の表を作成しています。見出しとなる「年代」のセルを2行分結合するためにrowspan="2"を、「人口」のセルを3列分結合するためにcolspan="3"を指定しています。表の2行目となるtr要素内の1列目には結合した「年代」のセルが入るので、この行のtd要素は3つ（3列分）だけになります。

```html
<table>
  <caption>大樽町 生産年齢人口</caption>
  <tr>
    <td rowspan="2">年代</td><td colspan="3">人口</td>
  </tr>
  <tr>
    <td>男性</td><td>女性</td><td>合計</td>
  </tr>
  <tr>
    <td>15歳-24歳</td><td>1,998</td><td>1,880</td><td>3,878</td>
  </tr>
  <tr>
    <td>25歳-34歳</td><td>2,959</td><td>2,977</td><td>5,936</td>
  </tr>
  <tr>
    <td>35歳-44歳</td><td>4,188</td><td>3,796</td><td>7,984</td>
  </tr>
  <tr>
    <td>45歳-54歳</td><td>2,254</td><td>1,985</td><td>4,239</td>
  </tr>
  <tr>
    <td>55歳-64歳</td><td>2,730</td><td>2,973</td><td>5,703</td>
  </tr>
</table>
```

5行×4列の表が作成される

多くのブラウザーのデフォルトスタイルでは表組みに枠線は付かないため、CSSで指定する

☑ th要素

表組みの見出しセルを表す

テーブル・ヘッダー・セル
<th 属性="属性値"> ~ </th>

th要素は、表組みにおける見出しセルを表します。通常のセルを表すtd要素（P.133）と組み合わせたり、colspan属性やrowspan属性を指定することで複数列、または複数行を結合したセルを作成したりでき、複雑な表組みも表せます。

カテゴリー	なし
コンテンツモデル	フローコンテンツ。ただし、header、footer要素、セクショニングコンテンツ、ヘッディングコンテンツを子孫要素に持つことは不可
使用できる文脈	tr要素の子要素として

使用できる属性 グローバル属性（P.198）

カラム・スパン
colspan

結合する列数を指定して、複数の列を結合します。値は正の整数のみ指定できます。

ロウ・スパン
rowspan

結合する行数を指定して、複数の行を結合します。値は「0」または正の整数を指定できます。「0」を指定した場合、そのセルが属する行グループの最後の行まで結合します。

ヘッダーズ
headers

見出しセルに与えたid属性値（P.199）を指定することで、見出しセル同士を関連付けます。値は半角スペースで区切って複数指定できます。

スコープ
scope

見出しセルがどの方向のセルに対応するのかを以下のキーワードで指定します。

col	見出しセルが属する列の下方向のセルに対応します。
row	見出しセルが属する行の、該当するセル以降のセルすべてに対応します。
colgroup	見出しセルが属する列グループの該当するセル以降のセルすべてに対応します。
rowgroup	見出しセルが属する行グループの該当するセル以降のセルすべてに対応します。
auto	文脈によって自動的に判断されます（初期値）。

アブリヴィエーション
abbr

見出しセルに入っているテキストの省略形を指定します。見出しセルの内容を短く表す名称を指定する必要があります。

できる | 135

colgroup要素

表組みの列グループを表す

<colgroup 属性="属性値"> ～ </colgroup>

colgroup要素は、表組みの列グループを表します。列に対してclass名を与えることが可能で、これをセレクターにしてCSSを適用できます。

カテゴリー	なし
コンテンツモデル	・span属性が存在する場合のコンテンツモデルは空 ・span属性が存在しない場合は0個以上のcol要素、およびtemplate要素
使用できる文脈	table要素の子要素として。ただし、caption要素より後ろ、かつthead、tbody、tfoot、tr要素より前に記述

使用できる属性　グローバル属性（P.198）

span

colgroup要素内にcol要素が1つもない場合に、グループの対象となる列数を指定できます。値は正の整数で指定します。

col要素

表組みの列を表す

<col 属性="属性値">

col要素は、表組みの列を表します。

カテゴリー	なし
コンテンツモデル	空
使用できる文脈	span属性を持たないcolgroup要素の子として

使用できる属性　グローバル属性（P.198）

span

グループの対象となる列数を指定します。値は正の整数で指定します。

実践例 列グループを定義した表を作成する

`<colgroup class="グループ名" span="列数">`
`<col class="グループ名" span="列数"></colgroup>`

以下の例では、生徒名簿の各列を「出席番号」の列グループと、「姓」「名」「性別」の列グループとして定義しています。前者の列グループはspan属性を指定しているので、col要素は含まず空要素になります。一方、後者の列グループでは、col要素を使うことで「姓」「名」の2列と「性別」の列を区別しています。こうすることで列グループごとにCSSを適用できます。

```html
<table>
  <caption>出席名簿</caption>
  <colgroup class="no" span="1">
  <colgroup>
    <col class="name" span="2">
    <col class="gender" span="1">
  </colgroup>
  <thead>
    <tr>
      <th>出席番号</th><th>姓</th><th>名</th><th>性別</th>
    </tr>
  </thead>
  <tbody>
    <!--省略-->
  </tbody>
</table>
```

```css
table, td, th {border: solid 1px;}
.no {background-color: #ffe8fa;}
.name {background-color: #f0ffd9}
.gender {background-color: #e8faff}
```

colgroup、col要素で指定した列グループにclass名を付け、CSSを適用している

☑ tbody要素

表組みの本体部分の行グループを表す

テーブル・ボディ
\<tbody\> ~ \</tbody\>

tbody要素は、表組みにおける本体部分の行グループを表します。

カテゴリー	なし
コンテンツモデル	0個以上のtr要素、およびスクリプトサポート要素
使用できる文脈	table要素の子要素として。ただし、caption、colgroup、thead要素より後ろ、かつtable要素の子要素となるtr要素が1つもない場合に限る

使用できる属性 グローバル属性（P.198）

☑ thead要素

表組みのヘッダー部分の行グループを表す

テーブル・ヘッダー
\<thead\> ~ \</thead\>

thead要素は、表組みにおけるヘッダー部分の行グループを表します。

カテゴリー	なし
コンテンツモデル	0個以上のtr要素、およびスクリプトサポート要素
使用できる文脈	table要素の子要素として1つのみ記述可。ただし、caption、colgroup要素より後ろ、かつtbody、tfoot、tr要素より前に位置し、table要素の子要素となるthead要素が他にない場合に限る

使用できる属性 グローバル属性（P.198）

138

tfoot要素

表組みのフッター部分の行グループを表す

<tfoot>～</tfoot>
テーブル・フッター

tfoot要素は、表組みにおけるフッター部分の行グループを表します。

カテゴリー	なし
コンテンツモデル	0個以上のtr要素、およびスクリプトサポート要素
使用できる文脈	table要素の子要素として。ただし、caption、colgroup、tbody、tr要素より後ろに位置し、table要素の子要素となるtfoot要素が他にない場合に限る

使用できる属性 グローバル属性（P.198）

実践例 行グループを定義して表を作成する

<thead>～</thead><tbody>～</tbody><tfoot>～</tfoot>

以下の例では、thead、tbody、tfoot要素で行グループを定義しています。また、見出しとなるセルはth要素で表しています。

```html
<table>
<thead>
  <tr><th>月</th><th>大人</th><th>子供</th><th>合計</th></tr>
</thead>
<tbody>
  <!--省略-->
</tbody>
<tfoot>
  <tr><th>合計</th><td>7,065</td><td>1,076</td><td>8,141</td></tr>
</tfoot>
</table>
```

```css
table, td, th {border: solid 1px;}
```

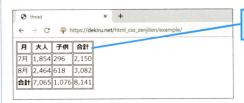

見出しセルは太字・中央揃えで表示される

☑ **form要素**　　　　　　　　　　　　　🌐🌐🌐🌐🌐🌐🖥

フォームを表す

POPULAR

\<form 属性="属性値"> ~ \</form>

form要素は、フォームを表します。閲覧者が情報を入力できる入力コントロール（入力欄）となる要素を配置して、入力された情報などをサーバーに送信できます。

カテゴリー	パルパブルコンテンツ／フローコンテンツ
コンテンツモデル	フローコンテンツ。ただし、form要素を子孫要素に持つことは不可
使用できる文脈	フローコンテンツが期待される場所

使用できる属性　**グローバル属性（P.198）**

アクセプト・キャラクター・セット
accept-charset

フォームで送信可能な文字コードを指定します。半角スペースで区切って複数の値を指定できます。

アクション
action

入力されたデータの送信先をURLで指定します。サーバー側でデータを受け取るプログラムを指定するのが一般的です。

オート・コンプリート
autocomplete

オートコンプリートの可否を以下の2つの値で指定できます。

on　オートコンプリートを行います（初期値）。

off　オートコンプリートを行いません。

エンコード・タイプ
enctype

フォームが送信するデータの形式を以下の値で指定できます。

application/x-www-form-urlencoded	データはURLエンコードされて送信されます（初期値）。
multipart/form-data	データはマルチパートデータとして送信されます。ファイルを送信（P.163）する際に必ず指定します。
text/plain	データはプレーンテキストとして送信されます。

メソッド
method

データを送信する方式を以下の値で指定できます。

get　送信されるデータは、action属性で指定されたURLにクエリ文字列として付加された状態で送信されます（初期値）。

post　送信されるデータは本文として送信されます。大きなデータを送信するのに向いています。通常、サーバー側のプログラムで受け取るデータはこのpostメソッドを使用します。

name
フォームに名前を付与します。

novalidate
入力データの検証可否を指定します。この属性が指定された場合、フォーム送信の際のデータ検証を行いません。novalidate属性は論理属性(P.194)です。

target
データ送信後の応答画面を表示する対象を指定します。指定できる値はbase要素(P.44)を参照してください。

rel
現在の文書からみた、リンク先となるリソースの位置づけを以下の値で指定します。link要素(P.45)の解説も参照してください。

| external | 外部サイトへのリンクであることを表します。 |
| help | ヘルプへのリンクを表します。 |

実践例 キーワードによる検索フォームを作成する

<form method="get">
<input type="search"><input type="submit"></form>

以下の例は、キーワードによる検索フォームの基本的な構造です。まず、閲覧者がキーワードを入力するための入力欄には、input要素(P.142)のtype="search"を利用します。次に、入力されたキーワードをデータとして送信するためには、input要素のtype="submit"を利用します。これら2つの要素をfrom要素で内包することで、フォームを表しています。

```html
<form method="get" action="cgi-bin/example.cgi">
  <input type="search" name="search" value="" placeholder="検索キーワードを入力">
  <input type="submit" name="submit" value="検索">
</form>
```

キーワードの入力欄と送信ボタンが設置された検索フォームが作成される

☑ **input要素**

入力コントロールを表示する

POPULAR

インプット
<input 属性="属性値">

input要素は、フォームにおける入力コントロール（入力欄）を表します。type属性の値に入力コントロールの種別を指定することで、さまざまな入力コントロールを表示できます。

カテゴリー	フローコンテンツ／フレージングコンテンツ ・type属性値がhiddenでない場合 インタラクティブコンテンツ／パルパブルコンテンツ／リスト、ラベル付け、サブミット、リセット可能なフォーム関連要素／自動大文字化継承フォーム関連要素／フォーム関連要素 ・type属性値がhiddenの場合 リスト、ラベル付け、リセット可能なフォーム関連要素／自動大文字化継承フォーム関連要素／フォーム関連要素
コンテンツモデル	空
使用できる文脈	フレージングコンテンツが期待される場所

使用できる属性 グローバル属性（P.198）

アクセプト
accept

サーバーが受け取ることが可能なファイルの種別を指定します。値には、MIMEタイプ（P.523）または拡張子を指定できます。複数の値をカンマ（,）で区切って指定することも可能です。

オルタナティブ
alt

ボタン画像の代替テキストを指定します。

オート・コンプリート
autocomplete

オートコンプリートの可否を以下の2つの値で指定できます。

on オートコンプリートを行います（初期値）。

off オートコンプリートを行いません。

チェックト
checked

指定された項目をあらかじめ選択した状態にします。checked属性は論理属性です。

ディレクショナリティ・ネーム
dirname

送信するデータの書字方向に関するクエリ値のクエリ名を指定します。

ディスエーブルド
disabled

フォームの入力コントロールを無効にします。disabled属性は論理属性です。

form

任意のform要素に付与したid属性値を指定することで、そのフォームとこの属性を持つ入力コントロールを関連付けできます。

formaction

この属性を持つ入力コントロールが関連付けられているform要素のaction属性値（P.140）を上書きできます。

formenctype

この属性を持つ入力コントロールが関連付けられているform要素のenctype属性値（P.140）を上書きできます。

formmethod

この属性を持つ入力コントロールが関連付けられているform要素のmethod属性値（P.140）を上書きできます。

formnovalidate

この属性を持つ入力コントロールが関連付けられているform要素のnovalidate属性値（P.141）を上書きできます。

formtarget

この属性を持つ入力コントロールが関連付けられているform要素のtarget属性値（P.141）を上書きできます。

list

入力コントロールにデータが入力されるときに表示する入力候補リストを指定します。入力候補リストは、同一文書内に記述したdatalist要素（P.174）で定義し、list属性の値は対象としたいdatalist要素に付与したid属性の値を指定します。

max, min

入力コントロールに対して入力可能な値の最大・最小値を指定します。

maxlength, minlength

入力コントロールに入力可能な文字列の最大・最小文字数を指定します。この属性を指定することで、「○文字以内」「○文字以上」という入力制限を付けることができます。

multiple

選択肢の複数選択を可能にします。select要素（P.171）の選択肢やアップロードするファイルを Ctrl キーなどを押しながらクリックすることで、複数の対象を選択できます。multiple属性は論理属性です。

次のページに続く

143

name
ネーム

データが送信される際のクエリ名を指定します。

pattern
パターン

入力された内容が正しいかを、JavaScriptの正規表現によって検証します。この正規表現は完全一致のみになります。ただし、以下の条件において、この属性は無視されて検証は行われません。

・ 関連付けられたform要素にnovalidate属性が付与され、入力内容の検証が無効になっている
・ 同じ入力コントロールにdisabled属性、またはreadonly属性が付与されている

placeholder
プレースホルダー

入力コントロールにあらかじめ表示されるダミーテキスト（プレースホルダー）を指定します。値には改行コードを含むことはできません。プレースホルダーは「入力ための短いヒント」を表します。入力欄のラベルとして使用してはいけません。より長いヒントや入力方法に関する助言などは、title属性などを用いて付与するほうがよいでしょう。

readonly
リード・オンリー

フォームの入力コントロールを閲覧者が編集できないように指定します。readonly属性が指定されると、閲覧者は入力コントロールの値を変更できなくなりますが、フォーム送信時に値は送信されます。また、この属性が指定されたinput要素は、pattern属性による入力内容の検証対象から除外されます。

required
レクワイアド

入力コントロールへのデータ入力や選択を必須とします。この属性が指定された入力コントロールに値がない場合、対応するブラウザーではフォームの送信が行われません。ただし、以下の条件において、この属性は無視されます。required属性は論理属性です。

・ 関連付けられたform要素にnovalidate属性が指定されている、または送信ボタンにformnovalidate属性が指定され、入力内容の検証が無効になっている
・ 同じ入力コントロール要素にdisabled属性、またはreadonly属性が付与されている

size
サイズ

ブラウザーが入力コントロールを表示する際のサイズ（文字数）を指定します。1以上の正の整数を値として入力でき、指定した文字数分を初期状態で表示できるように入力コントロールのサイズが調整されます。

src
ソース

入力コントロールに埋め込む画像やスクリプトなど、外部リソースのURLを指定します。

step
ステップ

入力コントロールに対して入力可能な値の最小単位を指定します。例えば、input type="number"で数値を入力するとき、step="5"と指定すれば、5の倍数となる数値しか入力できなくなります。

type
タイプ

値として以下のキーワードを指定することで、入力コントロールの種別を指定します。

属性値	入力コントロールの機能	解説ページ
hidden	閲覧者には表示しないデータ	P.146
text	1行テキストの入力欄(初期値)	P.147
search	検索キーワードの入力欄	P.148
tel	電話番号の入力欄	P.149
url	URLの入力欄	P.150
email	メールアドレスの入力欄	P.151
password	パスワードの入力欄	P.152
date	日付の入力欄	P.153
month	月の入力欄	P.154
week	週の入力欄	P.155
time	時間の入力欄	P.156
datetime-local	日時の入力欄	P.157
number	数値の入力欄	P.158
range	数値の入力欄(厳密でない大まかな数値)	P.159
color	RGBカラーの入力欄	P.160
checkbox	チェックボックス(複数選択可能)	P.161
radio	ラジオボタン(1つだけ選択可能)	P.162
file	送信するファイルの選択	P.163
submit	送信ボタン	P.164
image	画像形式の送信ボタン	P.165
reset	入力内容のリセットボタン	P.166
button	スクリプト言語起動用のボタン	P.167

value
バリュー

入力コントロールの初期値を指定します。フォームが送信される際、type属性値がhiddenの場合やreadonly属性が指定されている場合は、この値がそのまま送信されます。閲覧者が初期値を変更した場合は、変更後の値が送信されます。type属性値がcheckboxまたはradioの場合は、選択された項目に指定されたvalue属性の値が送信されます。指定されていない場合は、空の値が送信されます。また、type属性値がsubmit、image、reset、buttonの場合は、value属性の値が表示されるボタン名となります。

width, height
ウィズ　ハイト

入力コントロールの幅と高さを指定します。値は正の整数のみ指定できます。

input要素

閲覧者には表示しないデータを表す

`<input type="hidden">`

type属性にhiddenが指定されたinput要素は、閲覧者に表示されずに送信されるデータとなります。入力された内容に関係なく、必ず送信するクエリ値を指定するなどの用途で利用できます。ただし、HTMLソース上で見ることはできるため、部外者に見られてはいけない値の送信には適しません。

使用できる属性

input要素(P.142～145)で解説した以下の属性を同時に使用できます。

autocomplete, disabled, form, name, value

以下の例では、入力された商品コードの情報と併せて、type="hidden"のname属性の値に指定したクエリ名であるproduct-groupと、value属性の値に指定したクエリ値であるproduct-codeが送信されるようになっています。多くの場合、hiddenによって送信されるデータは、同時に送信される閲覧者の入力したデータと関連付けられて、プログラムで管理するためのタグとして機能します。

```html
<form action="cgi-bin/example.cgi" method="post">
  <p>商品コードを入力する</p>
  <input type="hidden" name="product-group" value="product-code">
  <input type="text" name="text">
  <input type="submit" name="submit" value="送信">
  <p>入力内容をリセットする</p>
  <input type="reset" name="reset" value="入力内容を消去">
</form>
```

> type="hidden"の内容は表示されない

> type="hidden"と併せて指定したname、value属性の値が送信される

input要素

1行のテキスト入力欄を設置する

type属性にtextが指定されたinput要素は、1行のテキスト入力欄となります。なお、input要素でtype属性が省略された場合や、type属性値が省略された場合、ブラウザーが指定したtype属性値に対応していない場合も、この値が指定されたものとして扱われます。

使用できる属性

input要素(P.142〜145)で解説した以下の属性を同時に使用できます。value属性に指定した値は、最初から入力された状態で表示されます。

autocomplete, dirname, disabled, form, list, maxlength, minlength, name, pattern, placeholder, readonly, required, size, value

以下の例では、1行のテキスト入力欄を設置しています。size属性で入力欄のサイズ(文字数)を、placeholder属性でダミーテキスト(プレースホルダー)を指定しています。

```html
<form action="cgi-bin/example.cgi" method="post">
  <p>一言のご意見やご感想をお聞かせください。</p>
  <input type="text" name="opinion" size="50" placeholder="ご意見・ご感想を入力">
  <input type="submit" name="submit" value="送信">
</form>
```

テキスト入力欄が設置される

☑ input要素

検索キーワードの入力欄を設置する

\<input type="search"\>

type属性にsearchが指定されたinput要素は、検索のための入力欄となります。対応するブラウザーでは、入力欄が検索フォーム専用の見た目になる場合があります。

使用できる属性

input要素（P.142～145）で解説した以下の属性を同時に使用できます。

autocomplete, dirname, disabled, form, list, maxlength, minlength, name, pattern, placeholder, readonly, required, size, value

以下の例では、検索キーワードの入力欄を設置しています。placeholder属性でダミーテキスト（プレースホルダー）を指定しています。

```html
<form action="cgi-bin/example.cgi" method="post">
  <p>検索したいキーワードを入力してください。</p>
  <input type="search" name="search" placeholder="キーワードを入力">
  <input type="submit" name="submit" value="検索">
</form>
```

🌐 Google Chrome

検索キーワードの入力欄が設置される

🧭 Safari (iOS)

入力中は[確定]ボタンが[検索]ボタンに切り替わる

☑ input要素

電話番号の入力欄を設置する

type属性にtelが指定されたinput要素は、電話番号の入力欄となります。スマートフォンでは、自動的に数字キーボードが表示されます。

使用できる属性

input要素（P.142〜145）で解説した以下の属性を同時に使用できます。

autocomplete, disabled, form, list, maxlength, minlength, name, pattern, placeholder, readonly, required, size, value

以下の例では、電話番号の入力欄を設置しています。autofocus属性を指定することで、Webページが表示されたときにカーソルが入力欄にフォーカスされた状態になるように指定しています。

```html
<form action="cgi-bin/example.cgi" method="post">
  <p>電話番号：</p>
  <input type="tel" name="tel" autofocus>
  <input type="submit" name="submit" value="送信">
</form>
```

🌐 Google Chrome

電話番号の入力欄が設置される

🧭 Safari (iOS)

入力中は自動的に数字キーボードが表示される

☑ input要素

URLの入力欄を設置する

type属性にurlが指定されたinput要素は、URLの入力欄となります。対応しているブラウザーでは、URLとして適切ではない入力が送信されようとした場合、エラーが返されます。

使用できる属性

input要素（P.142～145）で解説した以下の属性を同時に使用できます。

autocomplete, disabled, form, list, maxlength, minlength, name, pattern, placeholder, readonly, required, size, value

以下の例では、URLの入力欄を設置しています。size属性で入力欄のサイズ（文字数）を指定し、value属性であらかじめ「https://」が入力された状態に指定しています。

```html
<form action="cgi-bin/example.cgi" method="post">
  <p>URL：</p>
  <input type="url" name="url" size="30" value="https://">
  <input type="submit" name="submit" value="送信">
</form>
```

◎ Google Chrome

URLの入力欄が設置される

◎ Safari (iOS)

入力中は自動的にURL入力用のキーボードが表示される

input要素

メールアドレスの入力欄を設置する

`<input type="email">`
インプット　タイプ　イーメール

type属性にemailが指定されたinput要素は、メールアドレスの入力欄となります。対応しているブラウザーでは、メールアドレスとして適切ではない入力が送信されようとした場合、エラーが返されます。

使用できる属性

input要素（P.142～145）で解説した以下の属性を同時に使用できます。

autocomplete, disabled, form, list, maxlength, minlength, multiple, name, pattern, placeholder, readonly, required, size, value

以下の例では、メールアドレスの入力欄を設置しています。mutiple属性を指定し、カンマ(,)で区切って複数のメールアドレスを入力できるようにしています。

```html
<form action="cgi-bin/example.cgi" method="post">
  <p>E-mail：</p>
  <input type="email" name="email" multiple>
  <input type="submit" name="submit" value="登録">
</form>
```

Google Chrome

メールアドレスの入力欄が設置される

Safari (iOS)

入力中は自動的にメールアドレス入力用のキーボードが表示される

☑ input要素

パスワードの入力欄を設置する

POPULAR

<input type="password">

type属性にpasswordが指定されたinput要素は、パスワードの入力欄となります。通常、入力内容は「●」などの伏せ字で置き換えられ、画面上では見られないようになります。

使用できる属性

input要素（P.142～145）で解説した以下の属性を同時に使用できます。

autocomplete, disabled, form, maxlength, minlength, name, pattern, placeholder, readonly, required, size, value

以下の例では、パスワードの入力欄を設置しています。

```html
<form action="cgi-bin/example.cgi" method="post">         HTML
  <p>パスワードを入力する</p>
  <input type="password" name="password">
  <input type="submit" name="search" value="送信">
</form>
```

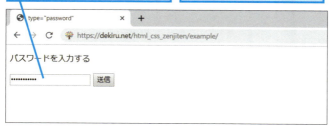

パスワードの入力欄が設置される　入力した内容は伏せ字になる

input要素

日付の入力欄を設置する

type属性にdateが指定されたinput要素は、日付（年月日）の入力欄となります。対応するブラウザーではカレンダーのユーザーインターフェースが表示され、年月日を選択できます。値は「yyyy-mm-dd」（2020-02-19）という形式で送信されます。

使用できる属性

input要素（P.142〜145）で解説した以下の属性を同時に使用できます。選択できる日付の単位はstep属性で指定でき、初期値は「1」です。

autocomplete, disabled, form, list, max, min, name, readonly, required, step, value

以下の例では、日付の入力欄を設置しています。

```html
<form action="cgi-bin/example.cgi" method="post">
  <p>日付を指定する：</p>
  <input type="date" name="date">
  <input type="submit" name="submit" value="登録">
</form>
```

Google Chrome

入力欄をクリックすると、カレンダー型の選択メニューが表示される

Safari (iOS)

入力欄をタップすると、年月日の選択パネルが表示される

☑ input要素

月の入力欄を設置する

type属性にmonthが指定されたinput要素は、月(年月)の入力欄となります。対応するブラウザーではカレンダーのユーザーインタフェースが表示され、そこから月を選択できます。値は「yyyy-mm」(2020-02)という形式で送信されます。

使用できる属性

input要素(P.142～145)で解説した以下の属性を同時に使用できます。選択できる月の単位はstep属性で指定でき、初期値は「1」です。

autocomplete, disabled, form, list, max, min, name, readonly, required, step, value

以下の例では、月の入力欄を設置しています。ChromeやSafari (iOS)などが対応しており、以下のような画面が表示されます。

```html
<form action="cgi-bin/example.cgi" method="post">
  <p>月を指定する：</p>
  <input type="month" name="month">
  <input type="submit" name="submit" value="登録">
</form>
```

🌐 Google Chrome

入力欄をクリックすると、カレンダー型の選択メニューが表示される

🧭 Safari (iOS)

入力欄をタップすると、年月の選択パネルが表示される

☑ input要素

週の入力欄を設置する

<input type="week">

type属性にweekが指定されたinput要素は、週の入力欄となります。対応するブラウザーではカレンダーのユーザーインターフェースが表示され、年と週を選択できます。値は「yyyy-Www」という形式で送信されます。wwは1年の最初の週から数えた数値で、「2020-W09」の場合、2020年2月24日～3月1日を指します。

使用できる属性

input要素（P.142～145）で解説した以下の属性を同時に使用できます。選択できる週の単位はstep属性で指定でき、初期値は「1」です。

autocomplete, disabled, form, list, max, min, name, readonly, required, step, value

以下の例では、週の入力欄を設置しています。ChromeやSafari（iOS）などが対応しており、以下のような画面が表示されます。

```html
<form action="cgi-bin/example.cgi" method="post">
  <p>週を指定する：</p>
  <input type="week" name="week">
  <input type="submit" name="submit" value="登録">
</form>
```

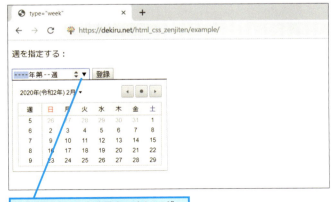

入力欄をクリックすると、カレンダー型の選択メニューが表示される

時刻の入力欄を設置する

type属性にtimeが指定されたinput要素は、時刻の入力欄となります。対応するブラウザーでは、時刻を選択できるユーザーインターフェースが表示されます。値は「hh:mm:ss」(14:05:34)という形式で送信されます。

使用できる属性

input要素（P.142～145）で解説した以下の属性を同時に指定できます。選択できる時刻の単位はstep属性で指定でき、初期値は「60秒」です。

autocomplete, disabled, form, list, max, min, name, readonly, required, step, value

以下の例では、時刻の入力欄を設置しています。ChromeやSafari（iOS）などが対応しており、以下のような画面が表示されます。

```html
<form action="cgi-bin/example.cgi" method="post">
  <p>時刻を指定する：</p>
  <input type=" time" name="time" step="10">
  <input type="submit" name="submit" value="登録">
</form>
```

Google Chrome

時刻の入力欄が設置される

Safari (iOS)

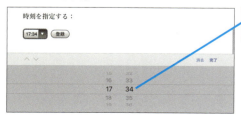

入力欄をタップすると、時刻の選択パネルが表示される

日時の入力欄を設置する

<input type="datetime-local">

type属性にdatetime-localが指定されたinput要素は、日時（年月日と時刻）の入力欄となります。閲覧者が入力した時間は、現地時間で「yyyy-mm-ddThh:mm:ss」（2020-02-17T14:05:34）という形式で送信されます。

使用できる属性

input要素（P.142～145）で解説した以下の属性を同時に使用できます。

autocomplete, disabled, form, list, max, min, name, readonly, required, step, value

以下の例では、日時の入力欄を設置しています。ChromeやSafari（iOS）などが対応しており、以下のような画面が表示されます。

```html
<form action="cgi-bin/example.cgi" method="post">
  <p>日時を指定する：</p>
  <input type="datetime-local" name="datetime">
</form>
```

Google Chrome

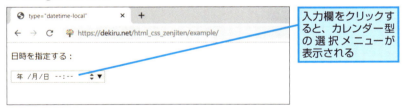

入力欄をクリックすると、カレンダー型の選択メニューが表示される

Safari（iOS）

入力欄をタップすると、日付と時刻の選択パネルが表示される

input要素

数値の入力欄を設置する

<input type="number">

type属性にnumberが指定されたinput要素は、数値の入力欄となります。対応しているブラウザーでは、数値以外の入力が送信されようとした場合、エラーを返します。

使用できる属性

input要素（P.142～145）で解説した以下の属性を同時に使用できます。選択できる数値の単位はstep属性で指定でき、初期値は「1」です。

**autocomplete, disabled, form, list, max, min, name,
placeholder, readonly, required, step, value**

以下の例では、数値の入力欄を設置しています。min属性とmax属性で入力できる数値の範囲を指定しています。

```html
<form action="cgi-bin/example.cgi" method="post">
  <p>必要な数量を指定してください(最大で9個まで)：</p>
  <input type="number" name="number" min="1" max="9">
  <input type="submit" name="submit" value="登録">
</form>
```

数値の入力欄が設置される

既定の数値以外を入力すると、エラーが表示される

☑ input要素

大まかな数値の入力欄を設置する

type属性にrangeが指定されたinput要素は、数値の入力欄となります。ただし、それほど厳密ではない、大まかな数値の入力欄です。対応するブラウザーでは多くの場合、閲覧者が操作できるスライダー形式のユーザーインターフェースが表示されます。

使用できる属性

input要素（P.142～145）で解説した以下の属性を同時に使用できます。min属性の初期値は「0」、max属性の初期値は「100」です。選択できる数値の単位はstep属性で指定でき、初期値は「1」です。

オート・コンプリート　　　ディスエーブルド　　フォーム　リスト　マックス　ミニマム　ネーム　　　　ステップ
autocomplete, disabled, form, list, max, min, name, step,
バリュー
value

以下の例では、大まかな数値の入力欄を設置しています。最小値や最大値、単位を指定していないので、閲覧者がスライダーを操作して送信されるデータは、0から100までの間の数値になります。

```html
<form action="cgi-bin/example.cgi" method="post">
  <p>この記事の満足度をお答えください。</p>
  <p>つまらない<input type="range" name="range">おもしろい</p>
  <input type="submit" name="submit" value="送信">
</form>
```
HTML

数値の入力バーが設置される

スライダーをドラッグして移動することで数値を指定できる

input要素

RGBカラーの入力欄を設置する

<input type="color">

type属性にcolorが指定されたinput要素は、RGBカラーの入力欄となります。対応するブラウザーでは多くの場合、色を選択するためのユーザーインタフェースが表示されます。送信されるデータはRGB値を16進数に変換したカラーコードで、例えば「#1abc9c」といった形式になります。

使用できる属性

input要素（P.142 ～ 145）で解説した以下の属性を同時に使用できます。

autocomplete, disabled, form, list, name, value

以下の例では、RGBカラーを選択するボタンを設置しています。ボタンをクリックすることで色を選択できます。

```html
<form action="cgi-bin/example.cgi" method="post">
  <p>指定したい色を選択します。</p>
  <input type="color" name="color">
  <input type="submit" name="submit" value="決定">
</form>
```

色の選択ボタンが設置される

ボタンをクリックすると[色の選択]ダイアログボックスが表示される

input要素
チェックボックスを設置する

type属性にcheckboxが指定されたinput要素は、複数選択可能なチェックボックスとなります。チェックボックスと項目名は、label要素(P.170)を使って関連付けます。

使用できる属性

input要素(P.142～145)で解説した以下の属性を同時に使用できます。クエリ名として指定するname属性の値を、選択肢とするチェックボックス間で同じ値にしておくことで、ひとまとまりの選択肢からチェックされた値が送信されることとなります。このとき、送信される値はvalue属性で指定しておきます。

checked, disabled, form, name, required, value

以下の例では、クエリ名をname="books"と指定したチェックボックスを3つ設置しています。閲覧者がチェックボックスをチェックしてデータを送信すると、クエリ名と併せて選択したチェックボックスのvalue属性の値が送信されます。

```html
<form action="cgi-bin/example.cgi" method="post">
  <p>興味のあるジャンルを選択してください。</p>
  <label>
    <input type="checkbox" name="books" value="history">歴史小説
  </label>
  <label>
    <input type="checkbox" name="books" value="romance">恋愛小説
  </label>
  <label>
    <input type="checkbox" name="books" value="ditective">探偵小説
  </label>
  <input type="submit" name="submit" value="送信">
</form>
```

| チェックボックスの選択肢が設置される | チェックした項目のname、value属性の値が送信される |

☑ input要素

ラジオボタンを設置する

<input type="radio">

type属性にradioが指定されたinput要素は、1つだけ選択可能なラジオボタンとなります。ラジオボタンと項目名は、label要素（P.170）を使って関連付けます。

使用できる属性

input要素（P.142〜145）で解説した以下の属性を同時に使用できます。クエリ名として指定するname属性の値を、選択肢とするラジオボタン間で同じ値にしておくことで、ひとまとまりの選択肢からチェックされた値が送信されることとなります。このとき、送信される値はvalue属性で指定しておきます。

checked, disabled, form, name, required, value

以下の例では、クエリ名をname="desert"と指定したラジオボタンを3つ設置しています。閲覧者がラジオボタンを選択してデータを送信すると、クエリ名と併せて選択したラジオボタンのvalue属性の値が送信されます。

```html
<form action="cgi-bin/example.cgi" method="post">
  <p>コースの最後に食べるデザートを選択してください。</p>
  <label>
    <input type="radio" name="desert" value="icecream">アイスクリーム
  </label>
  <label>
    <input type="radio" name="desert" value="shortcake">ショートケーキ
  </label>
  <label>
    <input type="radio" name="desert" value="pudding">プリン
  </label>
  <input type="submit" name="submit" value="決定">
</form>
```

☑ input要素

送信するファイルの選択欄を設置する

<input type="file">

type属性にfileが指定されたinput要素は、送信するファイルの選択欄となります。ファイルを正しく送信するためには、この入力コントロールを使用するform要素（P.140）に、enctype="multipart/form-data"を指定する必要があります。

使用できる属性

input要素（P.142〜145）で解説した以下の属性を同時に使用できます。multiple属性を指定することで複数のファイルを同時に選択して送信できます。

accept, disabled, form, multiple, name, required, value

以下の例では、送信するファイルの選択ボタンを設置しています。accept属性を指定することで、送信できるファイルの種類を限定しています。

```html
<form action="cgi-bin/example.cgi" method="post"
enctype="multipart/from-data">
  <p>投稿する画像ファイルを選択してください。</p>
  <input type="file" name="imgfile" multiple accept=".png,.jpg,.gif,image/png,image/jpg,image/gif">
  <p>
    <input type="submit" name="submit" value="投稿">
    <input type="reset" name="reset" value="削除">
  </p>
</form>
```

ファイルの選択ボックスが設置される

ボタンをクリックすると[アップロードするファイルの選択]ダイアログボックスが表示される

input要素

送信ボタンを設置する

<input type="submit">

type属性にsubmitが指定されたinput要素は、フォームに入力された情報の送信ボタンとなります。

使用できる属性

input要素(P.142〜145)で解説した以下の属性を同時に使用できます。value属性で指定した値は、ボタンに表示されるラベルとして使用されます。

disabled, form, formaction, formenctype, formmethod, formnovalidate, formtarget, name, value

以下の例では、送信ボタンを設置しています。value属性を指定しない場合は、多くのブラウザーでボタン名は「送信」(Internet Explorerでは「クエリ送信」)となります。

```html
<form action="cgi-bin/example.cgi" method="post">
  <p>入力した情報を送信する</p>
  <input type="submit" name="submit">
  <p>入力した内容を確認する</p>
  <input type="submit" name="submit" value="入力内容の確認">
</form>
```

送信ボタンが設置される

value属性でボタン名を指定できる

input要素

画像形式の送信ボタンを設置する

<input type="image">

type属性にimageが指定されたinput要素は、画像形式の送信ボタンとなります。

使用できる属性

input要素（P.142〜145）で解説した以下の属性を同時に使用できます。src、alt属性は必須です。また、ボタンの表示サイズはheight、width属性でそれぞれ指定します。value属性で指定した値は、ボタンに表示されるラベルとして使用されます。

alt, disabled, form, formaction, formenctype, formmethod, formnovalidate, formtarget, height, name, src, value, width

以下の例では、画像形式の送信ボタンを設置しています。画像ファイルはsrc属性で指定し、alt属性で代替テキストを用意します。

```html
<form action="cgi-bin/example.cgi" method="post">
  <p>入力した情報を送信する</p>
  <input type="image" name="submit" width="100" height="40"
  src="submit.png" alt="送信">
</form>
```

画像を使った送信ボタンが設置される

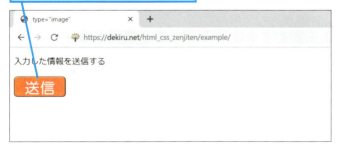

できる | 165

☑ input要素

入力内容のリセットボタンを設置する

<input type="reset">

type属性にresetが指定されたinput要素は、フォームに入力した内容のリセットボタンとなります。

使用できる属性

input要素（P.142～145）で解説した以下の属性を同時に使用できます。name属性でクエリ名を指定できますが、値は送信されません。value属性で送信されるクエリ値を指定できますが、値は送信されません。ただし、value属性の値はボタン名に表示されるラベルとして使用されます。

disabled, form, name, value

以下の例では、リセットボタンを設置しています。ボタン名はvalue属性値で指定します。

```html
<form action="cgi-bin/example.cgi" method="post">
  <p>商品コードを入力する</p>
  <input type="text" name="text">
  <input type="submit" name="submit" value="送信">
  <p>入力内容をリセットする</p>
  <input type="reset" name="reset" value="入力内容を消去">
</form>
```

リセットボタンが設置される

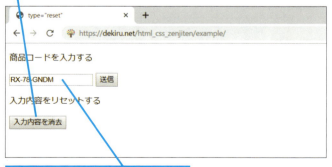

リセットボタンをクリックすると、このフォームに入力した内容が消去される

☑ input要素

スクリプト言語を起動するためのボタンを設置する

<input type="button">

type属性にbuttonが指定されたinput要素は、ボタンとなります。JavaScriptなどと組み合わせて、スクリプト言語の起動用ボタンとして利用します。

使用できる属性

input要素(P.142～145)で解説した以下の属性を同時に使用できます。value属性で指定した値はボタン名に使用されます。

disabled, form, name, value

以下の例では、Webページを更新(リロード)するボタンを設置しています。ボタンをクリックしたときの挙動は、onclick属性(P.202)の値にJavaScriptを記述しています。

```html
<form action="cgi-bin/example.cgi" method="post">                    HTML
  <p>内容を更新するには[更新]ボタンをクリックします。</p>
  <input type="button" name="refresh" value="更新" onclick
  ="location.reload(true)"></p>
</form>
```

ボタンが設置される

ボタンをクリックすると記述した
スクリプトが実行される

☑ button要素

ボタンを設置する

<button 属性="属性値"> 〜 </button>

button要素は、ボタンを表します。button要素でマークアップすることで、内包するテキストや画像などをボタンとして使用できます。

カテゴリー	インタラクティブコンテンツ／パルパブルコンテンツ／フレージングコンテンツ／フローコンテンツ／ラベル付け可能な要素／フォーム関連要素／リスト可能なフォーム関連要素／サブミット可能なフォーム関連要素／自動大文字化継承フォーム関連要素
コンテンツモデル	フレージングコンテンツ。ただし、インタラクティブコンテンツを子孫要素に持つことは不可（button要素を入れ子にしたり、a要素を子孫要素にするなど）
使用できる文脈	フレージングコンテンツが期待される場所

使用できる属性　**グローバル属性（P.198）**

disabled

ボタンを無効にします。disabled属性は論理属性です。

form

任意のform要素に付与したid属性値を指定することで、関連付けを行います。対応するブラウザーであれば、form要素の外にボタンがあったとしても送信などが可能になります。

formaction

関連付けられているform要素のaction属性値を上書きできます。

formenctype

関連付けられているform要素のenctype属性値を上書きできます。

formmethod

関連付けられているform要素のmethod属性値を上書きできます。

formnovalidate

関連付けられているform要素のnovalidate属性値を上書きできます。送信ボタンの場合に指定できますが、一時保存ボタンなどに指定することで入力内容の検証を無効にしてデータを送信することも可能です。formnovalidate属性は論理属性です。

formtarget
フォーム・ターゲット

関連付けられているform要素のtarget属性値を上書きできます。

name
ネーム

データが送信される際のクエリ名を指定します。

type
タイプ

表示されたボタンを操作した際の挙動を、以下の値で指定できます。

submit 送信ボタン(初期値)。フォームを送信(サブミット)します。

reset リセットボタン。フォームに入力された内容をリセットします。

button 何もしません。スクリプトを実行するボタンなどに利用できます。

value
バリュー

送信されるクエリ値を指定します。

以下の例では、button要素を使って別のページへリンクするボタンを設置しています。ボタンをクリックしたときの挙動は、onclick属性(P.202)の値にJavaScriptを記述しています。input要素のtype属性にbuttonを指定した場合との大きな違いは、button要素はコンテンツモデルが「空」ではないため、フレージングコンテンツを内包できることです。例では、strong要素でボタン名の一部を強調しています。他にも、img要素で画像を含めたり、スタイルを指定したりすることでさまざまな見た目のボタンを実装できます。

```html
<form action="cgi-bin/example.cgi" method="post">
  <p>回答を入力：<input type="text" name="answear"></p>
  <button type="button" name="hint" onclick="location.href='https:
//dekiru.net/hint/'">ボタンを押すと<strong>ヒントページ</strong>を表示
  </button>
  <p>
    <input type="submit" name="submit" value="回答">
  </p>
</form>
```

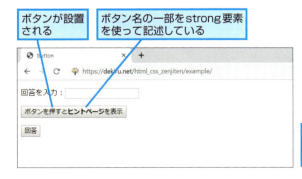

ボタンが設置される

ボタン名の一部をstrong要素を使って記述している

ボタンをクリックすると記述したスクリプトが実行される

☑ label要素

入力コントロールにおける項目名を表す

ラベル
`<label 属性="属性値"> 〜 </label>`

POPULAR

label要素は、入力コントロールの項目名を表します。label要素によって表された項目名は、input要素（P.142）やselect要素など、ラベル付け可能なフォーム関連要素と関連付けできます。

カテゴリー	インタラクティブコンテンツ／パルパブルコンテンツ／フレージングコンテンツ／フローコンテンツ
コンテンツモデル	フレージングコンテンツ。ただし、そのlabel要素によってラベル付けされていないラベル付け可能な要素、およびlabel要素を子孫要素に持つことは不可
使用できる文脈	フレージングコンテンツが期待される場所

使用できる属性 グローバル属性（P.198）

フォー
for

入力コントロールに付与したid属性値を指定することで関連付けを行います。

ポイント

●label要素で入力コントロールの項目名を表す方法は、以下の例のように2通りあります。前者は、入力コントロールをlabel要素で内包する方法です。後者は、入力コントロールとするフォーム関連要素のid属性（P.199）に付与した名前を、label要素のfor属性に指定する方法です。

```html
<!--入力コントロールを内包してラベルを付ける-->                    HTML
<label>
    <input type="checkbox" name="confirm">
    内容を確認しました。
</label>
<!--for属性によって入力コントロールにラベルを付ける-->
<input type="checkbox" name="agreement" id="agreement" value="yes">
<label for="agreement">内容に同意します。</label>
```

☑ select要素

プルダウンメニューを表す

POPULAR

セレクト
<select 属性="属性値"> ~ </select>

select要素は、プルダウンメニューを表します。子要素としてoption要素を持つことが可能で、option要素は選択肢として表示されます。

カテゴリー	インタラクティブコンテンツ／パルパブルコンテンツ／フレージングコンテンツ／フローコンテンツ／ラベル付け可能な要素／フォーム関連要素／リスト可能なフォーム関連要素／サブミット可能なフォーム関連要素／リセット可能なフォーム関連要素／自動大文字化継承フォーム関連要素
コンテンツモデル	0個以上のoption要素またはoptgroup要素、およびスクリプトサポート要素
使用できる文脈	フレージングコンテンツが期待される場所

使用できる属性 グローバル属性（P.198）

オート・コンプリート
autocomplete

オートコンプリートの可否を以下の2つの値で指定できます。

on オートコンプリートを行います（初期値）。

off オートコンプリートを行いません。

ディスエーブルド
disabled

プルダウンメニューの選択を無効にします。disabled属性は論理属性です。

フォーム
form

任意のform要素に付与されたid属性値を指定することで関連付けを行います。

マルチプル
multiple

選択肢の複数選択を可能にします。選択肢を Ctrl キーなどを押しながらクリックすることで、複数選択が可能です。multiple属性は論理属性です。なお、送信されるデータは、選択した内容がカンマ(,)で区切って送信されます。

ネーム
name

データが送信される際のクエリ名を指定します。

レクワイアド
required

プルダウンメニューの選択を必須とします。required属性は論理属性です。

サイズ
size

閲覧者に表示する選択肢の数を指定します。初期値は、multiple属性が指定されている場合で「4」、multiple属性が指定されていない場合で「1」です。

できる 171

☑ option要素

選択肢を表す

オプション

\<option 属性="属性値"\> ～ \</option\>

POPULAR

option要素は、select要素によって作成されるプルダウンメニューの選択肢、または datalist要素（P.174）によって提供される入力候補の選択肢を表します。option要素は optgroup要素（P.175）でグループにできます。

カテゴリー	なし
コンテンツモデル	・option要素がlabel属性およびvalue属性を持つ場合、空 ・option要素がlabel属性を持つがvalue属性を持たない場合、テキスト ・option要素がlabel属性を持たない場合、要素内の空白文字ではないテキスト ・option要素がlabel属性を持たず、datalist要素の子要素である場合、テキスト
使用できる文脈	・select要素の子要素として ・datalist要素の子要素として ・optgroup要素の子要素として

使用できる属性　グローバル属性（P.198）

ディスエーブルド
disabled

この属性を指定されたoption要素は、選択できない選択肢になります。disabled属性は論理属性（P.194）です。

ラベル
label

option要素のラベルを指定します。

セレクテッド
selected

初期状態で選択された項目を表します。selected属性は論理属性です。

バリュー
value

送信されるクエリ値を指定します。指定しない場合は、option要素の内容となるテキストが値として送信されます。

実践例 プルダウンメニューを作成する

`<select><option>~</option></select>`

以下の例では、select要素とoption要素を使ってプルダウンメニューを作成しています。value属性の値を空にしたoption要素を見出しとして用意することで、閲覧者に使いやすいよう配慮しています。既定の選択肢を決めておきたい場合は、option要素にselected属性を指定します。

```html
<select name="prefecture">
  <option value="">お住まいの地域を選んでください。</option>
  <option value="埼玉県">埼玉県</option>
  <option value="千葉県">千葉県</option>
  <option value="東京都">東京都</option>
  <option value="神奈川県">神奈川県</option>
</select>
```

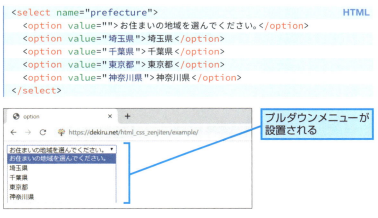

プルダウンメニューが設置される

実践例 リストメニューを作成する

`<select size="数値"><option>~</option></select>`

以下の例では、select要素にsize属性を指定してリストメニューを作成しています。size属性の値の数だけリストとして表示されます。

```html
<select name="eventname" size="3">
  <!--省略-->
</select>
```

リストメニューが設置される

datalist要素

入力候補を提供する

<datalist 属性="属性値"> ～ </datalist>

datalist要素は、閲覧者に入力候補を提供します。入力候補の選択肢は、内包するoption要素で指定します。また、datalist要素は、datalist要素に指定されたid属性（P.199）の値と、input要素（P.142～145）に指定されたlist属性の値によって関連付けられます。関連付けられたinput要素において、datalist要素は入力候補として機能します。

カテゴリー	フレージングコンテンツ／フローコンテンツ
コンテンツモデル	フレージングコンテンツまたは0個以上のoption要素、およびスクリプトサポート要素のいずれかを記述
使用できる文脈	フレージングコンテンツが期待される場所

使用できる属性　グローバル属性（P.198）

```html
<label flr="area">ご希望エリア</label>
<input type="text" name="area" id="area" list="arealist">
<datalist id="arealist">
  <option value="大阪第1エリア"></option>
  <option value="大阪第2エリア"></option>
  <option value="大阪第3エリア"></option>
  <option value="京都第1エリア"></option>
  <option value="京都第2エリア"></option>
  <option value="京都第3エリア"></option>
</datalist>
```

テキストを入力すると候補が表示される

閲覧者は候補以外のテキストも自由に入力できる

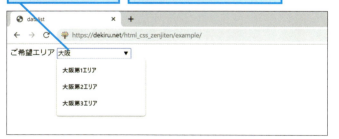

174

optgroup要素

選択肢のグループを表す

<optgroup 属性="属性値"> ～ </optgroup>

optgroup要素は、select要素とoption要素によって作成されるプルダウンメニューにおいて、その選択肢を任意のグループにまとめられます。これにより、選択肢が多いプルダウンメニューでの視認性や操作性を向上させることができます。

カテゴリー	なし
コンテンツモデル	0個以上のoption要素、およびスクリプトサポート要素
使用できる文脈	select要素の子要素として

使用できる属性 グローバル属性（P.198）

disabled
この属性を指定された選択肢グループは、選択できない選択肢のグループになります。

label
必須属性です。選択肢のグループにラベルを指定します。空ではない文字列を指定する必要があります。

```html
<select name="prefecture">
  <option value="">参加地域を選択してください。</option>
  <optgroup label="Aグループ">
    <option value="埼玉県">埼玉県</option>
    <option value="千葉県">千葉県</option>
  </optgroup>
  <optgroup label="Bグループ">
    <option value="東京都">東京都</option>
    <option value="神奈川県">神奈川県</option>
  </optgroup>
</select>
```

選択肢がoptgroup要素によってグループ化されている

☑ **textarea要素**

複数行にわたるテキスト入力欄を設置する

POPULAR

テキストエリア
<textarea 属性="属性値"> ～ </textarea>

textarea要素は、複数行にわたるテキスト入力欄を表します。textarea要素の内容は、テキスト入力欄にあらかじめ入力された初期値となります。

カテゴリー	インタラクティブコンテンツ／パルパブルコンテンツ／フレージングコンテンツ／フローコンテンツ／ラベル付け可能な要素／フォーム関連要素／リスト可能なフォーム関連要素／サブミット可能なフォーム関連要素／リセット可能なフォーム関連要素／自動大文字化継承フォーム関連要素
コンテンツモデル	テキスト
使用できる文脈	フレージングコンテンツが期待される場所

使用できる属性 グローバル属性（P.198）

オート・コンプリート
autocomplete

オートコンプリートの可否を以下の2つの値で指定できます。

on オートコンプリートを行います（初期値）。

off オートコンプリートを行いません。

カラムス
cols

テキスト入力欄の幅を文字数で指定します。初期値は「20」です。

ディクショナリティ・ネーム
dirname

送信データの書字方向に関するクエリ値のクエリ名を、以下の値で指定します。

ltr 左から右

rtl 右から左（アラビア語など一部の言語）

ディスエーブルド
disabled

テキストの入力を無効にします。disabled属性は論理属性（P.194）です。

フォーム
form

任意のform要素に付与したid属性値を指定することで関連付けを行います。

マックス・レンス　　ミニマム・レンス
maxlength, minlength

入力可能な文字列の最大・最小文字数を指定し、入力制限を付けられます。

ネーム
name

データが送信される際のクエリ名を指定します。

プレースホルダー
placeholder

テキスト入力欄にあらかじめ表示されるダミーテキスト（プレースホルダー）を指定します。プレースホルダーは「入力ための短いヒント」を表します。入力欄のラベルとして使用してはいけません。より長いヒントや入力方法に関する助言などは、title属性（P.202）などを用いて付与するほうがよいでしょう。

リード・オンリー
readonly

テキスト入力欄を閲覧者が編集できないように指定します。閲覧者は値を変更できなくなりますが、フォーム送信時には値が送信されます。readonly属性は論理属性です。

レクワイアド
required

テキスト入力欄への入力を必須とします。何も入力されていない場合、対応するブラウザーではフォームの送信が行われません。ただし、以下の条件において、この属性は無視されます。requiredは論理属性です。

- 関連付けられたform要素にnovalidate属性が指定されている、または送信ボタンにformnovalidate属性が指定され、入力内容の検証が無効
- 同じ入力コントロール要素にdisabled属性、またはreadonly属性が指定されている

ロウズ
rows

テキスト入力欄の高さを文字数で指定します。初期値は「2」です。

ラップ
wrap

テキスト入力欄における折り返しの指定を行います。指定できる値は以下の2つです。

soft　入力したテキストは入力欄の幅で自動的に折り返されますが、送信されるクエリには折り返しは反映されません（初期値）。

hard　入力したテキストは入力欄の幅で自動的に折り返され、送信されるクエリにもその折り返しが反映されます。この値を指定した場合、cols属性を指定しなければなりません。

HTML
```
<form action="cgi-bin/example.cgi" method="post">
  <label for="comment">通信欄：</label>
  <textarea name="comment" id="comment" placeholder="感想やご意見をお聞
  かせください" cols="50" rows="2"></textarea>
  <input type="submit" name="submit" value="送信">
</form>
```

複数行のテキスト入力欄が設置される

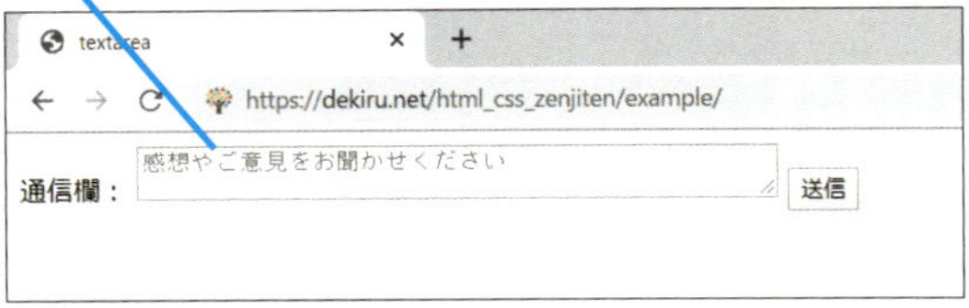

cols属性とrows属性で幅と高さを指定できる

計算の結果出力を表す

output要素は、計算の結果出力を表します。クライアントサイドスクリプトで結果を出力することが前提なので、JavaScriptを実行できない環境では利用できません。その場合は、output要素の内容が表示されます。

カテゴリー	パルパブルコンテンツ／フレージングコンテンツ／フローコンテンツ／ラベル付け可能な要素／フォーム関連要素／リスト可能なフォーム関連要素／リセット可能なフォーム関連要素／自動大文字化継承フォーム関連要素
コンテンツモデル	フレージングコンテンツ
使用できる文脈	フレージングコンテンツが期待される場所

使用できる属性　グローバル属性（P.198）

for
入力コントロールに付与したid属性値を指定することで関連付けを行います。

form
任意のform要素に付与したid属性値を指定することで関連付けを行います。

name
output要素に名前を付与します。JavaScriptから要素にアクセスする際に使用します。

以下の例では、form要素内のonsubmit、oninput属性（P.202）の値に記述したJavaScriptによって、input要素に入力された値の和を計算し、output要素で出力しています。

```html
<form onsubmit="return false"
oninput="o.value = a.valueAsNumber + b.valueAsNumber">
  <p>2つの整数の和を計算します。</p>
  <input name="a" id="a" type="number"> + <input name="b" id="b" type="number"> =
  <output name="o" id="o" for="a b">計算結果が出力されます。</output>
</form>
```

output要素とスクリプトによって計算結果が出力される

progress要素

進捗状況を表す

<progress 属性="属性値"> ~ </progress>

progress要素は、進捗状況を表します。例えば、処理の進捗状況やバッテリーの充電率など、完了とされる値に対する現在の値を表すために使用します。対応するブラウザーでは、プログレスバーなどの直感的な形式で表示されます。対応していないブラウザーでは、progress要素の内容が代替コンテンツとなります。

カテゴリー	パルパブルコンテンツ／フレージングコンテンツ／フローコンテンツ／ラベル付け可能な要素
コンテンツモデル	フレージングコンテンツ。ただし、progress要素を子孫要素に持つことは不可
使用できる文脈	フレージングコンテンツが期待される場所

使用できる属性　グローバル属性（P.198）

value
現時点での進捗状況を数値で指定します。指定できる値は浮動小数点数ですが、0以上かつmax属性値以下である必要があります。

max
完了となる値を指定します。省略された場合の初期値は「1.0」です。

```html
<p>
  ダウンロードの進捗：<progress max="100" value="30">30%</progress>
</p>
```

進捗状況がプログレスバーで表示される

ポイント

- 上の例ではvalue属性の値に特定の数値を指定してダウンロードの進捗状況を表していますが、実用上はJavaScriptなどを使って、変動する数値を閲覧者に伝達する用途などで用いられます。

☑ meter要素

特定の範囲にある数値を表す

RARE

`<meter 属性="属性値"> ～ </meter>`

メーター

meter要素は、特定の範囲にある数値を表します。例えば、ディスクの使用量や人口割合などを表すことが可能です。対応するブラウザーでは、メーターなどの直感的な形式で表示されます。対応していないブラウザーでは、meter要素の内容が代替コンテンツとなります。値の範囲が明確でない数値を表すことはできないため、最大値が定められていない数値を表すために使うのは適当ではありません。

カテゴリー	パルパブルコンテンツ／フレージングコンテンツ／フローコンテンツ／ラベル付け可能な要素
コンテンツモデル	フレージングコンテンツ。ただし、meter要素を子孫要素に持つことは不可
使用できる文脈	フレージングコンテンツが期待される場所

使用できる属性　グローバル属性（P.198）

バリュー
value

現在の数値を指定します。

ミニマム　マックス
min, max

指定可能な値の最小値、最大値を指定します。

ロー
low

value属性で指定した数値が低いと判断される値を指定します。

ハイ
high

value属性で指定した数値が高いと判断される値を指定します。

オプティマム
optimum

value属性で指定した数値が最適だと判断される数値を指定します。

以下の例では、地域Aと地域Bの投票率を表しています。

```html
<p>
  地域A：<meter value="37" min="0" max="100">37%</meter>
</p>
<p>
  地域B：<meter value="72" min="0" max="100">72%</meter>
</p>
```
HTML

Google Chrome

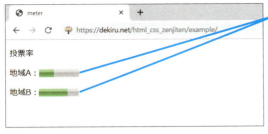

投票率がメーターで表示される

Internet Explorer

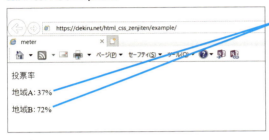

ブラウザーが対応していないため、meter要素の内容が表示される

ポイント

- 上の例ではvalue属性の値に特定の数値を指定して投票率を表していますが、実用上はJavaScriptなどを使って、変動する数値を閲覧者に伝達する用途などで用いられます。
- meter要素は進捗を表すために使うべきではありません。進捗を表す要素としてはprogress要素(P.179)が定義されています。
- 各属性で指定する値は、以下の条件が成り立つようにする必要があります。

- min≦value≦max
- min≦low≦max （low属性を指定する場合）
- min≦high≦max （high属性を指定する場合）
- min≦optimum≦max （optimum属性を指定する場合）
- low≦high （low属性とhigh属性を同時に指定する場合）

☑ **fieldset要素**

入力コントロールの内容をまとめる

フィールドセット

\<fieldset 属性="属性値"\> ~ \</fieldset\>

fieldset要素は、フォームの内容をまとめます。fieldset要素によってまとめられた入力コントロールの内容グループには、legend要素によって見出しを指定できます。

カテゴリー	パルパブルコンテンツ／セクショニングルート／フローコンテンツ／フォーム関連要素／リスト可能なフォーム関連要素／自動大文字化継承フォーム関連要素
コンテンツモデル	任意でlegend要素、その後にフローコンテンツが続く
使用できる文脈	フローコンテンツが期待される場所

使用できる属性 **グローバル属性（P.198）**

ディスエーブルド
disabled

まとめられた入力コントロールでの入力・選択を無効にします。disabled属性は論理属性（P.194）です。

フォーム
form

任意のform要素に付与されたid属性値を指定することで関連付けを行います。

ネーム
name

入力コントロールの内容グループに名前を付与します。

☑ **legend要素**

入力コントロールの内容グループに見出しを付ける

レジェンド

\<legend\> ~ \</legend\>

legend要素は、fieldset要素によってまとめられたグループの見出しを表します。fieldset要素の最初の子要素として1つだけ使用できます。

カテゴリー	なし
コンテンツモデル	フレージングコンテンツ
使用できる文脈	fieldset要素の最初の子要素として

使用できる属性 **グローバル属性（P.198）**

実践例 お客様情報の入力欄のグループを作成する

<fieldset><legend>~</legend></fieldset>

以下の例では、「お名前」と「住所」の入力欄をfieldset要素でグループ化し、legend要素で見出しを付けています。同様にして、アンケートの入力欄もグループ化しています。

```html
<fieldset>
  <legend>お客様情報</legend>
  <label for="name">お名前</label>
  <input type="text" name="name" id="name" value="">
  <label for="address">ご住所</label>
  <input type="text" name="address" id="address" value="">
</fieldset>
<fieldset>
  <legend>アンケート</legend>
  <textarea title="アンケート回答" rows="2" cols="45" placeholder="ご意見をお聞かせください"></textarea>
  <input type="submit" name="submit">
</fieldset>
```

グループ化した入力コントロールは罫線で囲まれ、見出しが表示される

☑ details要素

操作可能なウィジットを表す

SPECIFIC

ディテールス
<details 属性="属性値"> ~ <details>

details要素は、閲覧者が操作可能な開閉式のウィジットを表します。例えば、見出しをクリックすると開閉する階層型メニューを簡単に作成できます。

カテゴリー	インタラクティブコンテンツ／セクショニングルート／パルパブルコンテンツ／フローコンテンツ
コンテンツモデル	フローコンテンツ。ただし、最初の子要素としてsummary要素が1つ必須
使用できる文脈	フローコンテンツが期待される場所

使用できる属性 グローバル属性（P.198）

オープン
open

メニューを初期状態で展開します。open属性は論理属性（P.194）です。

☑ summary要素

ウィジット内の項目の要約や説明文を表す

SPECIFIC

サマリー
<summary> ~ </summary>

summary要素は、details要素における項目の要約や説明文を表します。details要素には、summary要素が最初の子要素として1つ必須です。

カテゴリー	なし
コンテンツモデル	フレージングコンテンツ、またはヘッディングコンテンツのうちの1つ
使用できる文脈	details要素の最初の子要素として

使用できる属性 グローバル属性（P.198）

実践例 開閉式のメニューを作成する

`<details><summary>~</summary></details>`

以下の例は、2つのdetails要素を1つのdetails要素で内包して階層型のメニューを作成しています。各メニューの見出しとなる内容はsummary要素で表し、続けてメニューの項目を記述しています。なお、「コンテンツメニュー」のdetails要素はopen属性を指定しているので、Webページを表示した時点で「コンテンツメニュー」の内容(見出し「HTML」と「CSS」)は展開された状態となります。

```html
<details open="open">                                              HTML
  <summary>コンテンツメニュー</summary>
  <details>
    <summary>HTML</summary>
    <ul>
      <li><a href="/html/tag.html">HTMLタグリファレンス</a></li>
      <li><a href="/html/info.html">HTMLの基礎知識</a></li>
      <li><a href="/html/link.html">HTMLに関するリンク集</a></li>
    </ul>
  </details>
  <details>
    <summary>CSS</summary>
    <ul>
      <li><a href="/css/property.html">CSSリファレンス</a></li>
      <li><a href="/css/info.html">CSSの基礎知識</a></li>
      <li><a href="/css/link.html">CSSに関するリンク集</a></li>
    </ul>
  </details>
</details>
```

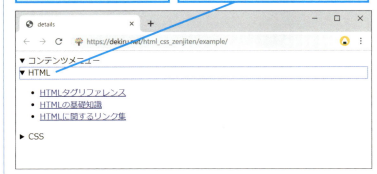

details要素の内容が開閉式のメニューとなる

summary要素の内容をクリックすると、メニューが展開される

dialog要素

ダイアログを表す

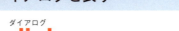

<dialog 属性="属性値">

dialog要素は、閲覧者が操作可能なダイアログを表します。

カテゴリー	セクショニングルート／フローコンテンツ
コンテンツモデル	フローコンテンツ
使用できる文脈	フローコンテンツが期待される場所

使用できる属性　グローバル属性（P.198）

open

ダイアログを初期状態で展開します。表示されたdialog要素は、閲覧者が操作可能です。指定されていない場合は表示されません。open属性は論理属性（P.194）です。

以下の例では、button要素（P.168）をクリックしたときにダイアログボックスが表示されます。ボタンを押したときの挙動は、onclick属性（P.202）の値にJavaScriptで記述しています。

```html
<dialog id="dialog">
  <p>ダイアログが表示されます！</p>
  <button type="button" onclick="document.getElementById('dialog').close();">
    ダイアログを閉じる
  </button>
</dialog>
<button type="button" onclick="document.getElementById('dialog').show();">
  ボタンを押すとダイアログを表示
</button>
```

ボタンをクリックすると、ダイアログボックスが表示される

☑ **script要素**

クライアントサイドスクリプトのコードを埋め込む

POPULAR

スクリプト
`<script 属性="属性値"> ～ </script>`

script要素は、クライアントサイドスクリプトのコードを埋め込んで実行します。外部ファイルとして用意したJavaScriptをsrc属性で読み込んで実行できるほか、script要素内に直接ソースコードを記述することもできます。

カテゴリー	スクリプトサポート要素／フレージングコンテンツ／フローコンテンツ／メタデータコンテンツ
コンテンツモデル	・src属性が指定されていない場合、type属性の値と一致するスクリプト ・src属性が指定されている場合は空、もしくはJavaScriptにおけるコメントテキスト
使用できる文脈	・メタデータコンテンツが期待される場所 ・フレージングコンテンツが期待される場所 ・スクリプトサポート要素が期待される場所

使用できる属性 **グローバル属性（P.198）**

ソース
src

文書内にJavaScriptの外部リソースのURLを指定します。

タイプ
type

埋め込まれる外部リソースのMIMEタイプ（P.523）を指定します。

ノー・モジュール
nomodule

ESModules（ES2015仕様において策定された、JavaScriptファイルから別のJavaScriptファイルをインポートする仕組み）に未対応のブラウザー用のスクリプトを指定します。ESModulesに対応するブラウザーでは、該当スクリプトを実行するべきではないことを伝えます。nomodule属性は論理属性（P.194）です。

エイシンク
async

埋め込まれたスクリプトの実行タイミングを指定します。src属性が指定されている場合のみ指定可能です。文書を読み込むとき、この属性が指定されたスクリプトが実行可能になった時点で実行します。async属性は論理属性です。

ディファー
defer

埋め込まれたスクリプトの実行タイミングを指定します。src属性が指定されている場合のみ指定可能です。文書の読み込みが完了した時点で、この属性が指定されたスクリプトを実行します。defer属性は論理属性です。async属性と同時に指定した場合、async属性に対応する環境ではasync属性が有効になり、async属性に対応しない環境ではdefer属性が有効になります。

次のページに続く

charset
キャラクター・セット

読み込まれるスクリプトの文字コードを指定します。src属性が指定されている場合のみ指定可能です。

crossorigin
クロス・オリジン

別オリジンから読み込んだ画像などのリソースを文書内で利用する際のルールを指定します。CORS（Cross-Origin Resource Sharing ／クロスドメイン通信）に関する設定を行う属性です。指定できる値はlink要素（P.46）の解説を参照してください。

nonce
ノンス

CSP（Content Security Policy）によって文書内に読み込まれたscript要素や、style要素の内容を実行するかを決定するために利用されるnonce（number used once ／ワンタイムトークン）を指定します。

integrity
インテグリティ

サブリソース完全性（SRI）機能を用いて、取得したリソースが予期せず改ざんされていないかをブラウザーが検証するためのハッシュ値を指定します。

referrerpolicy
リファラーポリシー

リンク先にアクセスする際、あるいは画像など外部リソースをリクエストする際にリファラー（アクセス元のURL情報）を送信するか否か（リファラーポリシー）を指定します。指定できる値はlink要素（P.47）の解説を参照してください。

☑ noscript要素

スクリプトが無効な環境の内容を表す

USEFUL

ノースクリプト

<noscript> ～ </noscript>

noscript要素は、クライアントサイドスクリプト（JavaScript）が無効な環境に対して表示する内容を表します。つまり、クライアントサイドスクリプトが有効な環境ではnoscript要素の内容は無視されます。なお、XML構文では、noscript要素は使用できません。

カテゴリー	フレージングコンテンツ／フローコンテンツ／メタデータコンテンツ
コンテンツモデル	スクリプトが無効の場合、下記を満たす必要がある ・HTML文書でhead要素の中にある場合は0個以上のlink要素、0個以上のstyle要素、0個以上のmeta要素を任意の順番で記述 ・HTML文書でhead要素の外にある場合はトランスペアレント。ただし、noscript要素を子孫要素に持つことは不可
使用できる文脈	・head要素の中。ただし、祖先要素にnoscript要素を持つことは不可 ・フレージングコンテンツが期待される場所。ただし、祖先要素にnoscript要素を持つことは不可

使用できる属性 グローバル属性（P.198）

```html
<aside>
  <h1>広告</h1>
  <noscript><p>JavaScriptが有効な場合、この場所には広告が表示されます。</p></noscript>
  <div>
    <script>
      sample_ad_client = "ca-pub-0000000000";
    </script>
    <script src="https://example.com/ads.js"></script>
  </div>
</aside>
```

スクリプトの読み込みが禁止された環境で代替メッセージが表示される

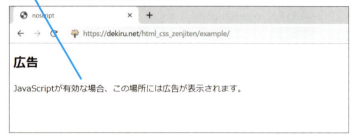

実践例 スクリプトが無効な環境で特別なスタイルを適用する

<noscript><link rel="stylesheet"></noscript>

以下の例では、スクリプトが無効な環境でのみスタイルが適用されるように設定しています。noscript要素内でlink要素（P.45）を使ってスタイルを読み込むように指定すれば、指定したスタイルはスクリプトが無効の場合のみ適用されることになります。

```html
<head>
  <!--省略-->
  <link rel="stylesheet" href="css/style.css">
  <noscript>
    <link rel="stylesheet" href="css/noscript-style.css">
  </noscript>
</head>
```

☑ canvas要素

グラフィック描写領域を提供する

SPECIFIC

`<canvas 属性="属性値"> ～ </canvas>`
(キャンバス)

canvas要素は、スクリプトによって動的にグラフィックを描写可能なビットマップキャンバスを提供します。例えば、グラフを描写したり、ゲームなどのビジュアルイメージをその場でレンダリングするために使用したりできます。なお、canvas要素は描写領域を提供するだけで実際の描写はJavaScriptによって行われるため、JavaScriptが無効の環境では使用できません。また、canvas要素の内容は、canvas要素に対応していない環境に対する代替コンテンツとなります。

カテゴリー	エンベッディッドコンテンツ ／ パルパブルコンテンツ ／ フレージングコンテンツ ／ フローコンテンツ
コンテンツモデル	トランスペアレントコンテンツ。ただし、a要素、usemap属性を持つimg要素、button要素、type属性値がcheckbox、radio、buttonのいずれかであるinput要素、multiple属性、または「1」以上のsize属性値を持つselect要素、および要素にtabindex属性が指定されている場合を除き、インタラクティブコンテンツを子孫に持つことは不可
使用できる文脈	エンベッディッドコンテンツが期待される場所

使用できる属性　グローバル属性（P.198）

width, height
(ウィズ) (ハイト)

要素の幅と高さを指定します。値には正の整数を指定する必要があります。

以下の例では、head要素内のscript要素で外部スクリプトを読み込んでおき、それをbody要素内のcanvas要素で描画しています。次ページにあるのがJavaScriptのソースコードです。

```html
<head>                                                    HTML
  <meta charset="utf-8" />
  <title>canvas</title>
  <script src="script.js">
  </script>
</head>

<body>
  <p>緑枠線の正方形が描画されます。</p>
  <canvas id="canvas" width="300" height="300">
    <p><a href="greenbox.html">正方形が表示されない場合は、こちらのページをご
    覧ください。</a></p>
  </canvas>
</body>
```

ドキュメント　セクション　コンテンツの グループ化　テキストの 定義　埋め込み コンテンツ　テーブル　フォーム　インタラクティブ　スクリプティング

190　できる

```javascript
window.onload = function() {                              JavaScript
  var canvas = document.getElementById('canvas');
  if ( ! canvas || ! canvas.getContext ) {
    return false;
  }
  var ct = canvas.getContext('2d');
  ct.strokeStyle = '#009900';
  ct.strokeRect(50, 50, 200, 200);
}
```

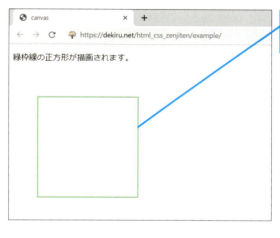

canvas要素の領域にJavaScriptで図形が描画される

☑ template要素

スクリプトが利用するHTMLの断片を定義する

USEFUL

<template> ~ </template>

template要素は、スクリプトによる文書への挿入・複製が可能なHTMLの断片を定義します。

カテゴリー	スクリプトサポート要素／フレージングコンテンツ／フローコンテンツ／メタデータコンテンツ
コンテンツモデル	空
使用できる文脈	・メタデータコンテンツが期待される場所 ・フレージングコンテンツが期待される場所 ・スクリプトサポート要素が期待される場所 ・span属性を持たないcolgroup要素の直下

次のページに続く

できる 191

使用できる属性 グローバル属性（P.198）

以下の例では、template要素によってテンプレート化した表組みの一部に、script要素内のJavaScriptからデータを挿入しています。実際には、ユーザーの操作に応じてデータベースからデータを取得し、動的にページを生成するなどの利用方法が想定されます。また、template要素は複製して文書内の任意の場所で利用でき、ソースコードの再利用性を高められます。

```html
<table>
  <!--省略-->
  <tbody>
    <template id="row">
      <tr><td></td><td></td><td></td><td></td></tr>
    </template>
  </tbody>
</table>

<script>
  var data = [
    { 名前: '山本太郎', 出身地: '東京都', 性別: '男性', 年齢: 30 },
    { 名前: '沢田次郎', 出身地: '長野県', 性別: '男性', 年齢: 28 },
    { 名前: '本山三郎', 出身地: '大阪府', 性別: '男性', 年齢: 24 },
    { 名前: '金沢富子', 出身地: '北海道', 性別: '女性', 年齢: 21 }
  ];
</script>
<script>
  var template = document.querySelector('#row');
  for (var i = 0; i < data.length; i += 1) {
    var cat = data[i];
    var clone = template.content.cloneNode(true);
    var cells = clone.querySelectorAll('td');
    cells[0].textContent = cat.名前;
    cells[1].textContent = cat.出身地;
    cells[2].textContent = cat.性別;
    cells[3].textContent = cat.年齢;
    template.parentNode.appendChild(clone);
  }
</script>
```

表組みのセル内に別の場所に用意されたデータが挿入される

slot要素

Shadowツリーとして埋め込む

スロット
<slot 属性="属性値"> ~ </slot>

USEFUL

slot要素は、スロットを定義します。Shadow DOM内部で使用し、name属性を持つslot要素が、そのname属性値と同じ値を持つslot属性が指定された要素によって置き換えられたうえでレンダリングされます。template要素と組み合わせると、より柔軟にテンプレートを使用できます。Web Componentsに対応していないブラウザーにおいては、代替コンテンツとしてslot要素の内容が表示されます。

カテゴリー	フレージングコンテンツ／フローコンテンツ
コンテンツモデル	トランスペアレントコンテンツ
使用できる文脈	フレージングコンテンツが期待される場所

使用できる属性 グローバル属性（P.198）

ネーム
name

Shadowツリースロットの名前を定義します。

以下の例では、Shadow DOMの外側から内容を埋め込んでいます。slot要素の部分に、name属性値と同じ値がslot属性によって指定された要素が埋め込まれます。

```
<template id="sample-template">
  <style><!--省略--></style>
  <h1><slot name="sample-contents-01">タイトル</slot></h1>
  <div class="contents">
    <slot name="sample-contents-02"><p>コンテンツ</p></slot>
  </div>
</template>
<div id="sample">
  <span slot="sample-contents-01">持ち物リスト</span>
  <ul slot="sample-contents-02">
    <li>筆記用具</li>
    <li>身分証用の写真</li>
  </ul>
</div>
<script>
  var templete = document.getElementById('sample-template').
  content.cloneNode(true);
  var host = document.getElementById('sample');
  var root = host.attachShadow({mode: 'open'});
  root.appendChild(templete);
</script>
```

できる 193

HTMLの基礎知識

HTMLの基本書式

HTML（HyperText Markup Language）は、要素をタグとして記述することで文書を意味付け（マークアップ）します。リンクを設置するaタグの記述方法を例に、HTML文書の基本的な書式を解説します。

❶開始タグ

要素名を不等号（< >）で囲んで、内容の意味付けを開始します。要素によっては、属性と属性値を記述します。XML構文では、内容を持たない「空要素」には、タグを閉じる前にスラッシュ（/）を記述します。

❷終了タグ

要素名の前にスラッシュ（/）を入力して不等号（< >）で囲み、内容の意味付けを終了します。空要素では記述しません。

❸要素名

内容に意味を与える要素名を記述します。HTML構文では大文字、小文字のどちらで記述しても問題ありませんが、XML構文では必ず小文字で記述します。

❹属性

要素の意味を具体的にしたり、機能を与えたりします。a要素に指定するhref属性は、リンク先を表します。各要素に固有の属性と、すべての要素で使えるグローバル属性（P.198～202）が存在します。

❺属性値

属性に応じて、キーワードや数値などの適切な値を指定します。a要素のhref属性にはリンク先のURLなどを指定します。

❻内容

Webページに実際に表示される内容を記述します。空要素の場合は必要ありません。

●論理属性

「論理属性」とは、値を指定する必要がなく、その属性が存在するかしないかだけで意味を持つ属性です。例えば、audio要素（P.124）のautoplay属性が該当し、以下の3つの例は、どれを記述しても有効となります。ただし、XML構文では、2つ目、3つ目の形式で記述する必要があります。

```
<audio src="video/skytree.mp4" autoplay></audio>                        HTML
<audio src="video/skytree.mp4" autoplay=""></audio>
<audio src="video/skytree.mp4" autoplay="autoplay"></audio>
```

● HTML の文書型宣言

HTML文書は、それがどの文書型（DTD:Document Type Definition）で記述されているかを文頭に記述する必要があります。文書型とは、バージョンごとに異なるHTML文書の構文の詳細な規則のことです。HTMLでの文書型は以下のように非常にシンプルです。

```
<!DOCTYPE html>                                              HTML
<html>
  <head>
```

HTMLはXML構文で記述することもでき、その場合は以下のようにXML宣言を文頭に記述します（文書の文字コードがUTF-8の場合は省略できます）。また、html要素（P.42）のxmlns属性での名前空間宣言が必須となり、lang属性の代わりにxml:lang属性を使用するなど、XML文書としての決まりが適用されます。

```
<?xml version="1.0" encoding="UTF-8"?>                       HTML
<html xmlns="http://www.w3.org/1999/xhtml">
  <head>
```

●文字コードの指定

HTML文書は、ブラウザーで表示されるときの文字コードを指定しておかないと、意図した通りに表示されない場合があります。文字コードの指定にはさまざまな方法がありますが、meta要素（P.49）のcharset属性を使って以下のように指定する方法が推奨されています。また、推奨されている文字コードは「UTF-8」です。なお、XML構文の場合はXML宣言文においてエンコードを同時に指定しているので、meta要素による文字コードの指定は必要ありません。文字コードの指定はhead要素の先頭で行うようにしましょう。

```
<head>                                                       HTML
  <meta charset="utf-8">
  <title>文字コードの指定</title>
```

● HTML の文書の基本型

HTMLで記述した文書の基本型は以下のようになります。XML構文として記述する場合は、XML宣言や名前空間宣言の指定、空要素の開始タグにおけるスラッシュ（/）や、論理属性の記述方法も異なるので注意しましょう。

```
<!DOCTYPE html>                                              HTML
<html>
  <head>
    <meta charset="utf-8">
    <title>HTML文書の基本型とは</title>
  </head>
  <body>
    <p>HTML文書の基本型です。</p>
  </body>
</html>
```

☑ HTMLの基礎知識

HTMLの基本構造

HTML文書は、要素の入れ子構造になっています。その要素同士の関係を解説します。

●親要素と子要素

要素同士は、コンテンツモデル（P.204）に従った入れ子構造になります。以下の例は、段落を表すp要素の中に、テキストの意味の強調を表すem要素を記述しています。このとき、p要素はem要素の「親要素」、em要素はp要素の「子要素」となります。

```html
<p>私は<em>サッカー</em>が好きだ！</p>
```

●要素同士の階層構造

要素同士はHTML文書の全体において階層構造をとります。以下の例は、dl要素を基準にした要素同士の関係です。なお、最上位のhtml要素は「ルート要素」と呼びます。

```html
<html>
  <head><!--省略--></head>
  <body>
    <h1>タイトル</h1>
    <p>本文</p>
    <dl>
       <dt>定義語</dt>
       <dd><p>説明文</p></dd>
    </dl>
  <body>
</html>
```

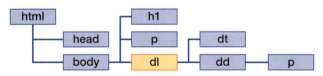

●祖先要素

ある要素に直結した上位の要素を「祖先要素」と呼びます。上のdl要素を例にすると、html要素とbody要素が祖先要素となります。

●子孫要素

ある要素に直結した下位の要素を「子孫要素」と呼びます。上のdl要素を例にすると、dd要素とdd要素の子要素であるp要素が子孫要素となります。

●兄弟要素

ある要素と同じ親要素内にある子要素同士を「兄弟要素」と呼びます。上のdl要素を例にすると、h1要素とp要素がbody要素を親要素とした兄弟要素となります。

HTMLの基礎知識
ブラウジングコンテキスト

HTMLでは、Webページが閲覧者に表示される環境を意味する「ブラウジングコンテキスト」が定義されています。

●基本的な定義

ブラウジングコンテキストとは、例えばHTML文書をWebページとして表示するブラウザーのウィンドウ（タブ）のことを表します。

Webページを表示するウィンドウ（タブ）をブラウジングコンテキストと呼ぶ

●入れ子構造になったブラウジングコンテキスト

通常、ブラウジングコンテキストは表示するWebページによって個々のウィンドウ（タブ）が表示されます。ただし、iframe要素（P.117）などで埋め込まれたWebページのブラウジングコンテキストは入れ子構造になります。入れ子になったブラウジングコンテキストは、a要素（P.78）のtarget属性を使って、リンク先に展開するブラウジングコンテキストを選択できます。

埋め込まれたWebページのブラウジングコンテキストは入れ子構造になる

☑ **HTMLの基礎知識**

グローバル属性と
イベントハンドラーコンテンツ属性

HTMLの属性には、要素ごとに指定できる属性のほか、すべての要素に指定できる「グローバル属性」、スクリプトを実行する「イベントハンドラーコンテンツ属性」があります。また、マイクロデータなどの関連仕様の属性もグローバル属性として扱う場合があります。

●グローバル属性

グローバル属性は、すべての要素に指定できる属性です。ここではHTML Standardで定義されている26個のグローバル属性について解説します。

アクセス・キー
acccesskey

要素にショートカットキーを割り当てます。値にはキーに当たる半角英数字（大文字、小文字は区別される）を1文字指定します。半角スペースで区切って複数の値を指定できます。

オート・キャピタライズ
autocapitalize

閲覧者によってテキストが入力・編集されたとき、文字の大文字化をどのように行うかを以下のキーワードで指定します。input要素のtype値がurl、email、passwordの場合、この指定は無視されます。

off/none	自動的な大文字化は行われません。
on/sentences	各文の最初の文字を自動的に大文字化します。それ以外の文字は小文字のままです。
words	各語の最初の文字を自動的に大文字化します。それ以外の文字は小文字のままです。
characters	すべて大文字にします。

オート・フォーカス
autofocus

文書が読み込まれたときに、自動的にフォーカスを持つべき要素を指定します。1つの文書内でautofocus属性を持てる要素は1つだけです。autofocus属性は論理属性です。

クラス
class

要素にclass名を付与します。半角スペースで区切って複数指定できます。半角英数字、かつ英字から始まる値を指定すると、CSSのセレクター（P.504）として利用できます。

コンテント・エディタブル
contenteditable

閲覧者による要素の編集の許可・不許可を以下のキーワードで指定します。値を指定しない場合は、上位要素の指定を継承します。

true	閲覧者による編集を許可します。
false	閲覧者による編集を許可しません。

198 **できる**

dir
ディレクショナリティ

要素内のテキストの書字方向を以下のキーワードで指定します。

ltr 書字方向を左から右にします(left to right)。

rtl 書字方向を右から左にします(right to left)。

auto 双方向文字の種別によってプログラム的に判断します。

draggable
ドラッカブル

要素がドラッグ可能かどうかを以下のキーワードで指定します。

true ドラッグ可能です。

false ドラッグ不可です。

空白文字 autoとして扱われます。ブラウザーの初期設定を反映します。

enterkeyhint
エンターキー・ヒント

ソフトウェアキーボードの Enter キーに表示するアクションラベル、 またはアイコンを以下のキーワードで指定します。

enter 改行を表します。

done 入力完了を表します。

go 進むことを表します。

next 次の入力フィールドに移動します。

previous 前の入力フィールドに移動します。

search 検索結果を表示します。

send 入力内容を送信します。

hidden
ヒドゥン

要素がその時点でのページの内容に関連がないことを表し、 指定された要素は表示されません。ただし、要素を隠す目的の属性ではありません。hidden属性は論理属性(P.194)です。

id
アイディー

要素に固有の識別名を指定します。id属性の値は文書内で一意であり、同じ値を複数の要素に指定できません。また、最低でも1文字が必要で、空白文字は含めません。CSSのセレクターとして利用できるほか、リンクのフラグメント識別子(P.81)としても利用できます。

is
イズ

カスタマイズされた組み込み要素(カスタム機能によって拡張された既存のHTML要素)の名前を指定します。

次のページに続く

in?????? inputmode

ソフトウェアキーボードの挙動を以下のキーワードで指定します。

none ソフトウェアキーボードを非表示にします。

text 閲覧者の国や地域に合わせたテキスト入力が可能なソフトウェアキーボードを表示します。

tel 電話番号入力が可能なソフトウェアキーボードを表示します。

url 閲覧者の国や地域に合わせたテキスト入力が可能、かつURLの入力を補助するソフトウェアキーボードを表示します。

email 閲覧者の国や地域に合わせたテキスト入力が可能、かつ電子メールアドレスの入力を補助するソフトウェアキーボードを表示します。

numeric 数字入力が可能なソフトウェアキーボードを表示します。

decimal 閲覧者の国や地域に合わせた数値や区切り文字とともに、小数入力が可能なソフトウェアキーボードを表示します。

search 検索に最適化されたソフトウェアキーボードを表示します。

itemid

itemscope属性、およびitemtype属性を持つ要素に対してグローバルなマイクロデータ識別子を付与します。itemid属性の値はURL/URN（Uniform Resource Name）となります。

itemprop

マイクロデータのマークアップを行う際、プロパティを指定します。属性値にはschema.orgなどで策定されているMicrodataプロパティを指定し、itemscope属性やitemtype属性、itemref属性などと組み合わせて指定すると、セマンティックのためのさまざまなメタデータを与えられます。itemprop属性が付与されたlink要素とmeta要素はフローコンテンツ、またはフレージングコンテンツが期待される場所で使用できますが、meta要素に対してitemprop属性が指定されている場合は、name、http-equiv、charset属性を同時に指定できません。link要素がitemprop属性を持つ場合、rel属性は省略できます。

itemref

itemscope属性が付与された要素に対して使用します。通常、マイクロデータはitemscope属性を持つ要素の子孫に対して指定されます。何らかの理由で子孫要素にマイクロデータの付与ができない場合は、文書内の別の場所にある、マイクロデータを含む要素に付与されたid属性値を、itemref属性に指定することで関連付けられます。

itemscope

マイクロデータのマークアップを行う際、関連付けられたメタデータのスコープを定義します。itemscope属性を付与された要素がitemtype属性を持たない場合は、マイクロデータを含む要素と関連付けられたitemref属性を持つ必要があります。itemscope属性は論理属性です。

itemtype
アイテム・タイプ

要素に付与されるマイクロデータのタイプを表します。itemscope属性と組み合わせて使います。

lang
ランゲージ

要素の内容がどのような言語で記述されているかを表します。html要素に対して指定し、文書全体の言語を指定したり、 一部の要素に対して言語を指定したりできます。XML構文ではxml:lang属性を使用できます。例えば、日本語の場合はlang="ja"、英語の場合はlang="en"などと指定します。lang属性に指定する値は、IETF言語タグとして国際的に定義されています。

nonce
ノンス

CSP（Content Security Policy）によって、文書内に読み込まれたscript要素や、style要素の内容を実行するかを決定するために利用されるnonce（number used once ／ ワンタイムトークン）を指定します。CSPとは、あらかじめその文書で読み込まれることが想定されているJavaScriptなどのコンテンツをホワイトリストとして指定することで、 攻撃者によって挿入される悪意のあるスクリプトの読み込みを遮断し、クロスサイトスクリプティング（XSS）などのインジェクション攻撃からWebサイトやWebアプリケーションを保護するための仕組みです。Content-Security-Policy HTTPレスポンスヘッダーによって送信した値と同じものを、script要素やstyle要素に付与したnonce属性に指定することで、その値が一致した場合のみscript要素やstyle要素の内容が実行されます。nonceの値は、リクエストごとにランダムな文字列が生成される必要があります。 それによって外部からは値が推測できず、インジェクション攻撃を防止できます。

slot
スロット

shadowツリー内のスロットを、この属性が付与された要素に割り当てます。slot属性を持つ要素は、slot属性の値と一致するname属性値を持つslot要素が生成したスロットに埋め込まれます。

spellcheck
スペルチェック

要素の内容についてスペルチェックを実行するかどうかを以下のキーワードで指定します。

true	スペルチェックを実行します。
false	スペルチェックを実行しません。
空文字列	ブラウザーの初期設定を反映します。

style
スタイル

属性値にCSSのプロパティと値を記述して、要素のスタイルを指定できます。ただし、この属性が削除されたときに内容を閲覧できなくなるような指定は避けましょう。

HTMLの基礎知識

次のページに続く

tabindex
タブ・インデックス

Tab キーを押したときのフォーカスの優先順位を整数で指定します。 正の値が指定された要素は昇順に、0を指定した要素は最後にフォーカスします。負の値を指定した要素はフォーカスされますが、Tab キーによる移動はできません。

title
タイトル

要素の補足情報を付与します。値には任意のテキストを記述します。いくつかの要素におけるtitle属性は、以下のように特別な意味を持ちます。

要素名	title属性の意味
link	リンク先となるリソースのタイトルを表します。外部スタイルシートの場合は、閲覧者が選択可能なスタイルシートのタイトルになります。
style	閲覧者が選択可能なスタイルシートのタイトルを表します。
dfn	定義の対象となる語句を表します。dfn要素(P.88)も参照してください。
abbr	略語の正式名称を表します。

translate
トランスレート

要素の内容について翻訳を実行するか否かを以下のキーワードで指定します。

yes 翻訳を許可します(初期値)。

no 翻訳を許可しません。

カスタムデータ

「data-*****=" "」のような形式で制作者が自由に指定できる属性です。JavaScriptを利用してデータを処理したり、独自のデータを入力したりするために使います。

●イベントハンドラーコンテンツ属性

イベントハンドラーコンテンツ属性は、属性値に記述したJavaScriptのコードを閲覧者の操作に合わせて実行する属性です。ここでは、本書の例に登場した属性について解説します。

onclick
オン・クリック

閲覧者が対象となる要素をクリックしたときに、スクリプトを実行します。

oninput
オン・インプット

閲覧者が入力コントロールにデータを入力したときに、スクリプトを実行します。

onsubmit
オン・サブミット

閲覧者が入力コントロールからデータを送信するときに、スクリプトを実行します。

☑ HTMLの基礎知識

HTMLの関連仕様について

HTMLには、要素の属性値にさらなる意味を付与する関連仕様が策定されています。ここでは、WAI-ARIA、OGPという2つの関連仕様について解説します。

● WAI-ARIA

「WAI-ARIA」（Web Accesibility Initiative-Accessible Rich Internet Applications）は、リッチなWebコンテンツをより使いやすくすることを目的とした仕様です。具体的には、「Webコンテンツの役割、状態、特性をブラウザーなどのソフトウェア、あるいはハードウェアにより正確に伝えること」と「tabindex属性（P.202）の機能を拡張したキーボードによる操作性の向上」が挙げられます。

ポイント

● WAI-ARIAの仕様はW3Cが策定を進めています。

https://www.w3.org/TR/wai-aria/

● OGP

「OGP」（Open Gragh Protocol）は、FacebookやTwitterなどのSNS向けにメタデータを付与する仕様です。ニュースサイトやブログの記事がSNSで共有されるときなどに、各サービスに最適化されたデザインで表示されるなどのメリットがあります。OGPの指定自体は、meta要素内で行います。以下はWebページのOGPをひと通り設定した例です。

```html
<meta property="og:title" content="できるネット">
<meta property="og:url" content="https://dekiru.net/">
<meta property="og:description" content="「できるネット」は、新たな一歩を応援するメディアです。>
<meta property="og:image" content="https://dekiru.net/static/img/dekiru-net.png">
<meta property="og:image:secure_url" content="https://dekiru.net/static/img/dekiru-net.png">
<meta property="og:type" content="website">
```

ポイント

● OGPに必要なデータとその形式はSNSによって異なります。各サービスのレギュレーションなどを確認しましょう。

● OGPの仕様は以下の団体で策定されています。

https://ogp.me/

☑ HTMLの基礎知識
カテゴリーとコンテンツモデル

要素を記述するルールとなるのが「カテゴリー」と「コンテンツモデル」です。

カテゴリー

HTMLでは、類似する特性を持った要素が以下の7つのカテゴリーに大別され、図のような包含関係にあります。それぞれの要素は、0個以上のカテゴリーに分類されます。つまり、どこのカテゴリーにも属していない要素や、複数のカテゴリーに属する要素も存在します。また、要素はこれらの主要なカテゴリーの他に、3つのカテゴリーにも分類されます。

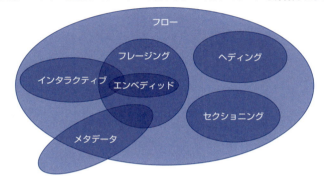

●メタデータコンテンツ

文書内のコンテンツの表示や動作を指定したり、ドキュメントの関連性を指定したり、文書のメタ情報などを指定したりする要素です。

●フローコンテンツ

body要素内で使われるほとんどの要素が分類されます。

●セクショニングコンテンツ

明示的にアウトラインを生成(P.206)する要素です。通常、見出しを伴って使用されます。

●ヘディングコンテンツ

セクションの見出しを定義する要素です。また、暗黙的にアウトラインを生成します。

●フレージングコンテンツ

文書を構成するテキストを表す要素です。

●エンベディッドコンテンツ

文書に他のリソースなどを埋め込む要素です。

●インタラクティブコンテンツ

閲覧者が操作する要素です。

●セクショニングルート

独自のアウトラインを形成する要素です。ただし、セクショニングコンテンツと異なり、文書全体のアウトラインには影響を与えません。

●パルパブルコンテンツ

コンテンツモデルがフローコンテンツ、もしくはフレージングコンテンツとなる要素です。hidden属性が指定されていない内容を最低でも1つは持つ必要があります。

●スクリプトサポート要素

要素自体は何も表さず、スクリプトを操作するために利用される要素です。

コンテンツモデル

コンテンツモデルは、ある要素がどの要素を内容として持つことができるか、つまり子要素とできるかというルールを表します。例えば、コンテンツモデルが「フローコンテンツ」のaside要素は、フローコンテンツに属するp要素などを内容として持てます。また、audio要素（P.124）のように、属性と属性値の指定によってコンテンツモデルが変化する要素も存在します。なお、空要素のコンテンツモデルは「空」です。

●トランスペアレントコンテンツ

分類される要素は、親要素のコンテンツモデルを受け継ぎます。例えば、親要素にaside要素を持つa要素は、aside要素のコンテンツモデルがフローコンテンツなので、コンテンツモデルを受け継ぎ、フローコンテンツを内容に持つことができます。

置換要素と非置換要素

「置換要素」と「非置換要素」の分類は、文書の構造を決定するための分類ではなく、ブラウザーに要素が表示されるときの分類です。CSSのプロパティの指定などに関連します（P.511）。

●置換要素

内容が画像やアプリケーションなどの挿入されたコンテンツに置き換えられる要素です。img、video、embed、iframe要素などが該当します。

●非置換要素

置換要素に分類されない要素です。要素の内容となる文字などのデータがWebページにそのまま表示されます。

HTMLの基礎知識

セクションとアウトライン

「セクション」と「アウトライン」は、HTML文書の構造を明示するための仕組みです。HTMLの仕様では、セクショニングコンテンツを利用してアウトラインを示すことが推奨されています。

● HTMLにおけるセクションとアウトライン

HTMLにおいては、セクショニングコンテンツ(P.204)によって、柔軟にセクションの範囲を明示できます。見出し要素に関係なく、要素の入れ子構造で文書のアウトラインを表せます。

以下の例ではsection要素(P.55)の入れ子構造によって、文書のアウトラインを形成しています。見出し要素がすべてh1でも、セクショニングコンテンツによってアウトラインが正しく形成されます。

```html
<h1>カフェ店長の日記</h1>
<section>
  <h1>記事の一覧</h1>
  <section>
    <h1>2月24日のできごと</h1>
    <p>閉店後、夜更け過ぎに雪が降ってきました。</p>
  </section>
  <section>
    <h1>2月25日のできごと</h1>
    <p>お店への通り道の雪かきをしました。</p>
  </section>
</section>
<section>
  <h1>連絡先</h1>
  <p>連絡先はこちらです。</p>
</section>
```

section要素によって文書のアウトラインを表している

●セクションごとの見出し

前述のように見出し要素に関係なくセクショニングコンテンツによってアウトラインを生成できますが、セクショニングコンテンツを利用していたとしても、セクションの入れ子レベルに応じて適切な見出し要素を選択・使用することが推奨されます。以下の例のように、見出しを適切に使用しましょう。

```html
<body>                                                    HTML
<h1>カフェ店長の日記</h1>
<section>
    <h2>記事の一覧</h2>
    <section>
        <h3>2月24日のできごと</h3>
        <p>閉店後、夜更け過ぎに雪が降ってきました。</p>
    </section>
    <section>
        <h3>2月25日のできごと</h3>
        <p>お店への通り道の雪かきをしました。</p>
    </section>
</section>
<section>
    <h2>連絡先</h2>
    <p>連絡先はこちらです。</p>
</section>
</body>
```

●暗黙的アウトライン

HTMLにおいてh1要素などの見出し要素を利用すると、アウトラインが形成されます。このアウトラインは「暗黙的アウトライン」と呼ばれ、以下のように定義されています。

- 見出し要素の記述があれば、アウトラインを生成するセクションの始まりとする
- 次の見出し要素の記述があれば、その見出しのレベルを以下のように比較して、アウトラインのレベル（セクション）を決定する

　・現セクションの見出しレベルより小さければ、下部のセクションになる

　・現セクションの見出しレベルより大きいか同じであれば、新しいセクションを開始する

次のページに続く〉

●セクショニングルートによる独自のアウトライン

セクショニングルートに分類されるbody、blockquote、details、dialog、fieldset、figure、td要素は、独自のアウトラインを形成します。ただし、文書全体のアウトラインには影響を与えません。

以下の例では、1つ目のsection要素の内容にblockquote要素があるので、アウトラインに新しいレベルが追加されるように思われますが、blockquote要素の形成するセクションは独立したものとなり、文書の全体構造に関わるセクションとしては見なされません。

```html
<section>
  <h1>1月1日のできごと</h1>
  <p>年末に読んで感動した本から引用しよう。</p>
  <blockquote>
    <h2>ここに引用文が入ります。</h2>
  </blockquote>
</section>
<section>
  <h1>1月2日のできごと</h1>
  <p>昨日日記で取り上げた本を再読していた。</p>
</section>
```

body要素もセクショニングルートとしてアウトラインを形成します。通常、body要素の子要素として記述したh1要素は、body要素のセクションの見出しとして機能することになります。逆に、以下の例のように文書全体をsection要素でマークアップしてしまうと、body要素の、つまり文書全体の見出しがなくなってしまいます。こういった記述はしないよう、注意が必要です。

```html
<body>
  <section>
    <h1>1月3日のできごと</h1>
    <!--省略-->
  </section>
</body>
```

> **ポイント**
>
> ● セクショニングコンテンツは必ず見出しを持つとされ、要素内で最初に記述されているヘディングコンテンツがその見出しとして扱われます。見出しとなる要素がない場合は、そのセクションは名無しのセクションとなります。ただし、nav要素やaside要素については、文脈的に見出しを付けることが難しい場合など、無理に見出しを付ける必要はないでしょう。

CSS編

セレクター	210
フォント／テキスト	250
色／背景／ボーダー	306
ボックス／テーブル	353
段組み	406
フレキシブルボックス	421
グリッドレイアウト	444
アニメーション	464
トランスフォーム	480
コンテンツ	491
CSSの基礎知識	504

HTML文書のデザインやレイアウトを指定するCSSについて、セレクターやプロパティの意味、使い方、使用例などを解説します。

タイプセレクター

指定した要素にスタイルを適用する

要素名{~}

要素名をセレクターに指定すると、指定した要素を対象にスタイルを適用します。もっとも単純なセレクターです。以下の例では、h1、p、strong要素にスタイルを適用し、それぞれの要素を指定した文字色、背景色で表示しています。

```css
h1 {
  color: blue;
}
p {
  background-color: yellow;
}
strong {
  color: red;
}
```

```html
<h1>できるネット</h1>
<p><strong>新たな一歩</strong>を応援するメディア</p>
```

それぞれの要素にスタイルが適用される

ユニバーサルセレクター

すべての要素にスタイルを適用する

`* { ~ }`

アスタリスク（*）をセレクターに指定すると、すべての要素を対象にスタイルを適用します。「ユニバーサルセレクター」と呼ばれるセレクターです。単独で指定するだけではなく、他のセレクターと組み合わせて活用できます。以下の例では、子孫セレクター（P.213）と組み合わせて、body要素の子要素内にあるすべてのp要素にスタイルを適用し、指定した文字色で表示しています。

```css
body * p {
  color: red;
}
```

```html
<body>
  <p>以下の段落には、いずれもスタイルが指定されます。</p>
  <p>div要素の子要素として：</p>
  <div>
    <p>ある要素の子要素となるp要素にスタイルが適用されます。</p>
  </div>

  <p>block要素の子要素として：</p>
  <blockquote>
    <p>ユニバーサルセレクターは他のセレクターと組み合わせて活用できます。</p>
  </blockquote>
</body>
```

body要素の子要素内のすべてのp要素にスタイルが適用される

クラスセレクター

指定したクラス名を持つ要素にスタイルを適用する

要素名.クラス名{~}

指定したクラス名を持つ要素にスタイルを適用します。ピリオド(.)に続けて指定したいクラス名を入力します。以下の例では、クラス名がwarningであるすべての要素にスタイルを適用し、指定した文字色で表示しています。p.warningなどと記述することで、特定の要素を指定することもできます。

```css
.warning {
  color: red;
}
```

```html
<p>ボタンBは、<span class="warning">必ず2回</span>押してください。
</p>
<p class="warning">もし、上記の注意事項を守られなかった場合の補償はしかねます。
</p>
```

ポイント

- .item.active {…}のように複数のクラス名を続けて指定することで、指定されたクラス名を含む要素すべてにスタイルを適用できます。

IDセレクター

指定したID名を持つ要素にスタイルを適用する

要素名#ID名{~}

指定したID名を持つ要素にスタイルを適用します。ハッシュマーク(#)に続けて指定したいID名を入力します。以下の例では、ID名がleadである要素にスタイルを適用し、文字を太字で表示しています。

```css
#lead {
  font-weight: bold;
}
```

```html
<p id="lead">この夏、日本全国を巡った旅行でもっとも印象強い
エピソードを...。</p>
<p>フェリーに乗って沖縄から北海道に直行した際に、僕が出会った家族の物語です。</p>
```

子孫セレクター

子孫要素にスタイルを適用する

要素名A 要素名B{~}

親要素である要素名Aに含まれる、すべての子孫要素である要素名Bにスタイルを適用します。要素名Aと要素名Bは半角スペースで区切って入力します。ユニバーサルセレクターや属性セレクターなどと組み合わせて使用できます。以下の例では、クラス名がnoteであるspan要素を子孫要素に持つp要素にスタイルを適用し、指定したフォントのスタイルで表示しています。

```css
p span.note {
  font-style: italic;
}
```

```html
<p>
  その老人は<span class="note">この山に立ち入ってはならない</span>と言った。
</p>
```

◯ Firefox

以下の例では、クラス名がlinkであるp要素内のa要素にスタイルを適用しています。

```css
p.link a {
  background-color: yellow;
  border: solid orange 1px;
}
```

```html
<p class="link">
  できるポケットシリーズ<a href="https://dekiru.net/zenexcel.html">
  「Excel関数全事典 改訂版」</a>を購入した。
</p>
```

子セレクター

子要素にスタイルを適用する

要素名A > 要素名B{～}

親要素である要素名Aに含まれる、すべての子要素である要素名Bにスタイルを適用します。要素名Aと要素名Bは不等号(>)でつないで入力します。以下の例では、div要素の子要素であるp要素にスタイルを適用し、指定した背景色で表示しています。

```css
div > p {
    background-color: yellow;
}
```

```html
<div class="main">
  <p>
    実家の蔵から出てきた古文書に記された文言は以下の通りだ。
  </p>

  <blockquote>
    <p>
      裏の泉に睡蓮が咲いたら、その年はよいことが起こる。
    </p>
  </blockquote>
</div>
```

div要素の子要素であるp要素にスタイルが適用される

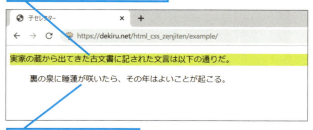

子孫要素であるp要素にはスタイルが適用されない

隣接セレクター

直後の要素にスタイルを適用する

要素名A + 要素名B{〜}

同じ親要素内にある2つの要素のうち、先に記述された要素名Aの直後に記述された要素名Bにスタイルを適用します。以下の例では、h1要素の直後のp要素にスタイルを適用し、見出しと段落の間のマージンの幅が小さくなるように表示しています。

```css
h1 + p {
    margin-top: -20px;
}
```

```html
<h1>道後温泉旅行記</h1>

<p>日本の温泉地を巡る旅、今回は道後温泉にやってきました。</p>
<p>四国にやってくるのは生まれて初めての体験です。</p>
<p>さて、宿泊した宿は...。</p>
```

h1要素の直後のp要素にスタイルが適用される

間接セレクター

弟要素にスタイルを適用する

POPULAR

要素名A ~ 要素名B{~}

同じ親要素内にある要素名Aより後ろに記述された要素名Bにスタイルを適用します。同じ親要素内の子要素同士は、前に記述されている要素を兄要素、後ろに記述されている要素を弟要素と呼びます。以下の例では、2つ目以降のli要素にスタイルを適用し、文字を太字で表示しています。

```css
li ~ li {
    font-weight: 600;
}
```

```html
<ul>
  <li>リュックサック</li>
  <li>懐中電灯</li>
  <li>非常食</li>
  <li>医療キット</li>
  <li>ブランケット</li>
  <li>水</li>
</ul>
```

2つ目以降のli要素にスタイルが適用される

非常品リスト

- リュックサック
- **懐中電灯**
- **非常食**
- **医療キット**
- **ブランケット**
- **水**

属性セレクター

指定した属性を持つ要素にスタイルを適用する

要素名[属性]{～}

要素名に続けてブラケット([ ])で囲んだ属性を記述すると、指定した属性を持つ要素を対象にスタイルを適用します。以下の例では、type属性を持つinput要素に対してスタイルを適用し、アウトラインを表示しています。

```css
input[type] {
  outline: solid 2px gray;
}
```

```html
<form action="sample.cgi" method="post">
  <p>お客様情報</p>
  <p>
    <label for="name">お名前</label>
    <input type="text" name="name" id="name" value="">
  </p>
  <p>
    <label for="address">ご住所</label>
    <input type="text" name="address" id="address" value="">
  </p>
  <p><label for="questionnaire">アンケート</label></p>
  <p>
    <textarea name="questionnaire" id="questionnaire" rows="2"
    cols="45" placeholder="ご意見をお聞かせください"></textarea>
  </p>
  <p>
  <input type="submit" name="submit" value="送信">
</form>
```

input要素の入力コントロールにスタイルが適用される

属性セレクター

指定した属性と属性値を持つ要素に
スタイルを適用する

要素名[属性="属性値"]{～}

指定した属性と属性値を持つ要素を対象にスタイルを適用します。以下の例では、属性値がexternalであるrel属性を持つa要素にスタイルを適用し、アイコンを表示しています。

```css
a[rel="external"] {
    padding-right: 15px;
    background: url(image/external-icon.png) no-repeat right center;
}
```

属性セレクター

指定した属性値を含む要素に
スタイルを適用する

要素名[属性~="属性値"]{～}

指定した属性と、複数の属性値の中に指定した属性値が含まれる要素を対象にスタイルを適用します。以下の例では、属性値にfooが含まれているclass属性を持つp要素にスタイルを適用し、マージンとパディングの値を0にしています。

```css
p[class~="foo"] {
    margin: 0;
    padding: 0;
}
```

属性セレクター

指定した文字列で始まる属性値を持つ要素にスタイルを適用する

要素名[属性^="属性値"]{ ～ }

指定した属性と、指定した文字列で始まる属性値を持つ要素を対象にスタイルを適用します。以下の例では、「https」で始まる属性値のhref属性を持つa要素にスタイルを適用し、リンクの背景色を黄色で表示しています。

```css
a[href^="https"] {
  background: yellow;
}
```

属性セレクター

指定した文字列で終わる属性値を持つ要素にスタイルを適用する

要素名[属性$="属性値"]{ ～ }

指定した属性と、指定した文字列で終わる属性値を持つ要素を対象にスタイルを適用します。以下の例では、「.pdf」で終わる属性値のhref属性を持つa要素にスタイルを適用し、リンクにアイコンを表示しています。

```css
a[href$=".pdf"] {
  padding-right: 15px;
  background: url(image/pdf-icon.png) no-repeat right center;
}
```

属性セレクター

指定した文字列を含む属性値を持つ要素にスタイルを適用する

要素名[属性*="属性値"]{～}

指定した属性と、指定した文字列を含む属性値を持つ要素を対象にスタイルを適用します。以下の例では、属性値に「dekiru」を含むhref属性を持つa要素にスタイルを適用し、リンクの文字を太字で表示しています。

```css
a[href*="dekiru"] {
  font-weight: bold;
}
```

属性セレクター

指定した文字列がハイフンの前にある属性値を持つ要素にスタイルを適用する

要素名[属性|="属性値"]{～}

指定した属性と、指定した文字列、または「指定した文字列-」で始まる属性値を持つ要素を対象にスタイルを適用します。言語コードを判別する目的で使用することが想定されており、例えば、アメリカ英語を表す「en-US」とコックニー英語を表す「en-cockney」などを同時に対象として指定できます。以下の例では、言語コードがenで始まる言語のWebサイトへリンクしたa要素を対象にスタイルを適用し、リンクのテキストをイタリック体で表示しています。

```css
a[hreflang|="en"] {
  padding-right: 15px;
  font-style: italic;
}
```

疑似クラス

最初の子要素にスタイルを適用する

要素名:first-child{〜}

ファースト・チャイルド

親要素内で、指定した要素が最初の子要素であるときにスタイルを適用します。以下の例では、div要素内の最初の子要素として記述されたp要素を対象にスタイルを適用し、上辺のマージンの幅が小さくなるようにしています。最初に記述された要素がp要素でない場合は意味を持ちません。

```css
div p:first-child {
    margin-top: -1em;
}
```

```html
<h1>記者会見レポート</h1>
<div class="lead">
    <p>会見の会場には、多くの国の記者たちで賑わっていた。</p>
    <p>博士の発明した夢のエネルギーさえあれば、あらゆる社会問題が解決する。</p>
</div>
```

div要素の最初の子要素であるp要素にスタイルが適用される

疑似クラス

最初の子要素にスタイルを適用する（同一要素のみ）

要素名:first-of-type{～}

ファースト・オブ・タイプ

親要素内で、指定した要素と同一の要素のみを対象として、最初にある子要素にスタイルを適用します。以下の例では、div要素内に記述されたp要素のうち、最初のp要素を対象にスタイルを適用し、上辺のマージンの幅が小さくなるようにしています。

```css
div p:first-of-type {
  margin-top: -1em;
}
```

```html
<h1>記者会見レポート</h1>
<div class="lead">
  <ul>
    <li><a href="#summary">会見要旨へ</a></li>
    <li><a href="#interview">会見後インタビューへ</a></li>
  </ul>
  <p>会見の会場は、多くの国の記者たちで賑わっていた。</p>
  <p>博士の発明した夢のエネルギーさえあれば、あらゆる社会問題が解決する。</p>
</div>
```

div要素内に最初に登場するp要素にスタイルが適用される

疑似クラス

最後の子要素にスタイルを適用する

要素名:last-child{~}

親要素内で、指定した要素が最後の子要素であるときにスタイルを適用します。以下の例では、div要素内の最後の子要素として記述されたp要素を対象にスタイルを適用し、マージンとパディングが0になるようにしています。最後に記述された子要素がp要素でない場合は意味を持ちません。

```css
div p:last-child {
  margin: 0;
  padding: 0;
}
```

疑似クラス

最後の子要素にスタイルを適用する（同一要素のみ）

要素名:last-of-type{~}

親要素内で、指定した要素と同一の要素のみを対象として、最後にある子要素にスタイルを適用します。以下の例では、div要素内に記述されたp要素のうち、最後のp要素を対象にスタイルを適用し、マージンとパディングが0になるようにしてします。

```css
div p:last-of-type {
  margin: 0;
  padding: 0;
}
```

☑ 疑似クラス

n番目の子要素にスタイルを適用する

POPULAR

要素名:nth-child(n){～}
エンス・チャイルド

親要素内で、指定した要素がn番目の子要素であるときにスタイルを適用します。nには任意の数値や以下のキーワード、あるいは数式を指定できます。

odd 奇数番目の子要素である要素にスタイルを適用します。2n+1と同じです。
even 偶数番目の子要素である要素にスタイルを適用します。2nと同じです。

以下の例では、偶数番目の子要素であるp要素の文字にスタイルを適用しています。

```css
div p:nth-child(2n) {
  font-weight: bold;
  color: navy;
}
```
CSS

```html
<p>インタビューに回答してくれた博士との会話です。</p>
<div class="dialog">
  <p>記者：この度は、アルフレッド賞の受賞、おめでとうございます。</p>
  <p>博士：ありがとうございます。</p>
  <p>記者：博士は今回の研究成果をどのように生み出したのですか。</p>
  <p>博士：道後温泉の湯船でのんびりしていたときに、ふとひらめきました。</p>
  <ul>
    <li><a href="">先生が滞在した旅館のWebページ</a></li>
  </ul>
  <p>記者：温泉は素晴らしいですね。</p>
  <p>博士：わかってもらえてうれしいよ。</p>
</div>
```
HTML

インタビューに回答してくれた博士との会話です。

記者：この度は、アルフレッド賞の受賞、おめでとうございます。

博士：ありがとうございます。

記者：博士は今回の研究成果をどのように生み出したのですか。

博士：道後温泉の湯船でのんびりしていたときに、ふとひらめきました。

- 先生が滞在した旅館のWebページ

記者：温泉は素晴らしいですね。

博士：わかってもらえてうれしいよ。

> 偶数番目のp要素の文字色が変わる

> p要素以外の子要素もカウントされて、スタイルが適用される

224 できる

疑似クラス

n番目の子要素にスタイルを適用する（同一要素のみ）

要素名:nth-of-type(n){〜}
エンス・オブ・タイプ

親要素内で、指定した要素と同一の要素のみを数えて、n番目にある要素にスタイルを適用します。nには任意の数値や以下のキーワード、あるいは数式を指定できます。

| odd | 奇数番目の子要素である要素にスタイルを適用します。2n+1と同じです。 |
| even | 偶数番目の子要素である要素にスタイルを適用します。2nと同じです。 |

以下の例では、div要素内のp要素だけを対象に数えて、偶数番目のp要素にのみスタイルを適用しています。

```css
div p:nth-of-type(2n) {
  font-weight: bold;
  color: navy;
}
```

```html
<div class="dialog">
  <p>記者：この度は、アルフレッド賞の受賞、おめでとうございます。</p>
  <p>博士：ありがとうございます。</p>
  <p>記者：博士は今回の研究成果をどのように生み出したのですか。</p>
  <p>博士：道後温泉の湯船でのんびりしていたときに、ふとひらめきました。</p>
  <ul>
    <li><a href="">先生が滞在した旅館のWebページ</a></li>
  </ul>
  <p>記者：温泉は素晴らしいですね。</p>
  <p>博士：わかってもらえてうれしいよ。</p>
</div>
```

記者：この度は、アルフレッド賞の受賞、おめでとうございます。

博士：ありがとうございます。

記者：博士は今回の研究成果をどのように生み出したのですか。

博士：道後温泉の湯船でのんびりしていたときに、ふとひらめきました。

- 先生が滞在した旅館のWebページ

記者：温泉は素晴らしいですね。

博士：わかってもらえてうれしいよ。

偶数番目のp要素の文字色が変わる

p要素以外の子要素はカウントされない

疑似クラス

最後からn番目の子要素にスタイルを適用する

POPULAR

要素名:nth-last-child(n){～}

エンス・ラスト・チャイルド

親要素内で、指定した要素が最後からn番目の子要素であるときにスタイルを適用します。nには任意の数値や以下のキーワード、あるいは数式を指定できます。

odd	奇数番目の子要素である要素にスタイルを適用します。2n+1と同じです。
even	偶数番目の子要素である要素にスタイルを適用します。2nと同じです。

以下の例では、div要素内の最後に記述されたp要素に対してアイコンが表示されるようにスタイルを適用しています。最後に記述された要素がp要素でない場合は意味を持ちません。

```css
div p:nth-last-child(1) {
    padding-right: 15px;
    background: url(image/pdf-icon.png) no-repeat right center;
}
```

疑似クラス

最後からn番目の子要素にスタイルを適用する（同一要素のみ）

POPULAR

要素名:nth-last-of-type(n){～}

エンス・ラスト・オブ・タイプ

親要素内で、指定した要素と同一の要素のみを数えて、最後からn番目にある要素にスタイルを適用します。nには任意の数値や以下のキーワード、あるいは数式を指定できます。

odd	奇数番目の子要素である要素にスタイルを適用します。2n+1と同じです。
even	偶数番目の子要素である要素にスタイルを適用します。2nと同じです。

以下の例では、body要素内の最後に記述されたp要素に対してアイコンが表示されるようにスタイルを適用しています。

```css
body p:nth-last-of-type(1) {
    padding-right: 15px;
    background: url(image/fin-icon.png) no-repeat right center;
}
```

疑似クラス

唯一の子要素にスタイルを適用する

要素名:only-child{～}

親要素内で、指定した要素が唯一の子要素であるときにスタイルを適用します。以下の例では、div要素内に唯一の子要素として記述されたp要素を対象にスタイルを適用し、文字色を赤で表示しています。

```css
.warning p:only-child {
  color: red;
}
```

```html
<div class="warning">
  <p>この森で遊ぶのは控えてください。</p>
</div>

<div class="warning">
  <p>この浜で遊ぶには以下のルールを守ってください。</p>
  <ul>
    <li>大声を出さない</li>
    <li>火器を使わない</li>
  </ul>
</div>
```

唯一の子要素であるp要素にスタイルが適用される

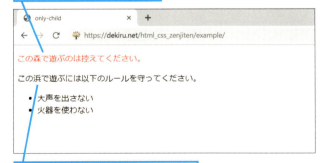

子要素が複数ある場合はスタイルが適用されない

疑似クラス

唯一の子要素にスタイルを適用する（同一要素のみ）

要素名:only-of-type{~}
オンリー・オブ・タイプ

親要素内で、指定した要素と同一の要素のみを対象として、唯一の子要素であるときにスタイルを適用します。以下の例では、div要素内に記述されたp要素のうち、唯一の子要素として記述されたp要素を対象にスタイルを適用し、文字色を赤で表示しています。

```css
.warning p:only-of-type {
  color: red;
}
```

```html
<div class="warning">
  <p>この森で遊ぶのは控えてください。</p>
</div>

<div class="warning">
  <p>この浜で遊ぶには以下のルールを守ってください。</p>
  <ul>
    <li>大声を出さない</li>
    <li>火器を使わない</li>
  </ul>
</div>
```

子要素として記述されたp要素が1つだけであるときにスタイルが適用される

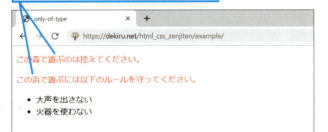

☑ 疑似クラス

子要素を持たない要素にスタイルを適用する

要素名:empty{〜}

子要素を持たない要素にスタイルを適用します。この場合の子要素とは、要素内のテキストも含まれます。以下の例では、空のtd要素を対象にスタイルを適用し、表組みの「第2週」の列にある空白セルの背景色をグレーで表示しています。

```css
td:empty {
  background-color: gray;
}
```

```html
<table>
  <tr>
    <td>第1週</td>
    <td>第2週</td>
    <td>第3週</td>
    <td>第4週</td>
  </tr>
  <tr>
    <td>会議室C</td>
    <td></td>
    <td>会議室B</td>
    <td>会議室A</td>
  </tr>
</table>
```

☑ 疑似クラス

文書のルート要素にスタイルを適用する

:root{〜}

文書のルート要素(html要素)にスタイルを適用します。以下の例では、html要素にスタイルを適用し、マージンとパディングの値が0になるようにしています。

```css
:root {
  margin: 0;
  padding: 0;
}
```

閲覧者が未訪問のリンクにスタイルを適用する

要素名:link{~}

閲覧者が訪問していないリンクにスタイルを適用します。:activeセレクター、:hoverセレクター（P.232）などと併用するときは、それらで指定したスタイルを上書きしてしまわないように、必ず先に記述します。以下の例では、閲覧者が訪問していないリンクを対象にスタイルを適用し、文字色を赤で表示しています。

```css
a:link {
  color: red;
}
```

閲覧者が訪問済みのリンクにスタイルを適用する

要素名:visited{~}

閲覧者が訪問済みのリンクにスタイルを適用します。:activeセレクター、:hoverセレクター（P.232）などと併用するときは、それらで指定したスタイルを上書きしてしまわないように、必ず先に記述します。以下の例では、閲覧者が訪問済みのリンクを対象にスタイルを適用し、文字色をグレーで表示しています。

```css
a:visited {
  color: gray;
}
```

疑似クラス

訪問の有無に関係なくリンクにスタイルを適用する

要素名:any-link{～}

閲覧者の訪問の有無に関係なくリンクにスタイルを適用します。つまり、:linkまたは:visitedに一致するすべてのリンク要素が対象です。以下の例では、すべてのリンクを対象にスタイルを適用し、文字色を緑で表示しています。

```css
:any-link {
  color: green;
}
```

疑似クラス

アクティブになった要素にスタイルを適用する

要素名:active{～}

閲覧者の操作によってアクティブになった要素にスタイルを適用します。:link、:visitedセレクター、:hoverセレクター（P.232）と併用するときは、スタイルを上書きされないように必ず後ろに記述します。以下の例では、閲覧者がリンクをクリックした瞬間のリンクのテキストにスタイルを適用し、背景色を薄いオレンジで表示しています。

```css
a:active {
  background-color: #ffe4b5 ;
}
```

クリックした瞬間にスタイルが適用される

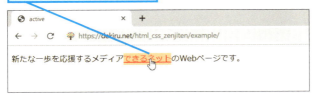

疑似クラス

マウスポインターが重ねられた要素にスタイルを適用する

要素名:hover{~}

閲覧者がマウスポインターを重ねた要素にスタイルを適用します。:visitedセレクター（P.230）と併用するときは後ろに、:activeセレクター（P.231）と併用するときは前に記述します。以下の例では、閲覧者がリンクのアイコンにマウスポインターを重ねたときのアイコンにスタイルを適用し、アイコンを半透明で表示しています。

```css
a:hover img {
  opacity: 0.5;
}
```

```html
<p>
  <a href="https://twitter.com/o-tarucafe"><img src="twitter_icon.
  png" alt="Twitterはコチラから" width="200"></a>
</p>
```

マウスポインターを重ねた瞬間にスタイルが適用される

疑似クラス

フォーカスされている要素にスタイルを適用する

要素名:focus{~}

閲覧者の操作によってフォーカスされた要素にスタイルを適用します。以下の例では、閲覧者が操作しているフォームの入力コントロールにスタイルを適用し、背景色を薄い赤で表示しています。

```css
input[type]:focus {
  background-color: #fff0f5;
}
```

```html
<form action="sample.cgi" method="post">
  <p>お客様情報</p>
  <p>
    <label for="name">お名前</label>
    <input type="text" name="name" id="name" value="">
  </p>
  <p>
    <label for="address">ご住所</label>
    <input type="type" name="address" id="address" value="">
  </p>
  <p>
  <input type="submit" name="submit" value="送信">
</form>
```

閲覧者が操作中の入力コントロールにスタイルが適用される

疑似クラス

フォーカスを持った要素を含む要素にスタイルを適用する

要素名:focus-within{~}

フォーカスされている、あるいはフォーカスされた要素を含む要素にスタイルを適用します。つまり、要素自身が:focus疑似クラスに該当する場合、子孫に:focus疑似クラスに該当する要素がある場合が対象です。以下の例では、フォーカスされているフォーム要素にスタイルを適用し、黄色の背景色を表示しています。

```css
form:focus-within {
  background-color: yellow;
}
```

疑似クラス

Shadow DOMの内部からホストにスタイルを適用する

:host{~}

Shadow DOMの内部の、シャドウツリーをホストしている要素(シャドウホスト)にスタイルを適用します。Shadow DOMの内部で使用された場合のみ有効です。以下の例では、シャドウホストにスタイルを適用し、黒の下線を表示しています。

```css
:host {
  border: 1px solid black;
}
```

以下の例では、:host(セレクター)という形式で指定することで、特定のシャドウホストにスタイルを適用しています。

```css
:host(.sample-host) {
  border: 1px solid black;
}
```

疑似クラス

アンカーリンクの移動先となる要素にスタイルを適用する

要素名:target{～}

URLにアンカーリンク（P.81）が指定されているリンクが閲覧者の操作でアクティブにされると、移動先となる要素にスタイルを適用します。以下の例では、アンカーリンクをクリックしたときの移動先の要素にスタイルを適用し、アイコンを表示しています。移動先を分かりやすくする目的などで利用できます。

```css
*:target {
  padding-right: 15px;
  background: url(image/target-icon.png) no-repeat right center;
}
```

疑似クラス

特定の言語コードを指定した要素にスタイルを適用する

要素名:lang(言語){～}

括弧内で指定したlang属性を持つ要素にスタイルを適用します。以下の例では、言語コードが英語(en)に指定されたp要素にスタイルを適用し、英語のテキストであることを示すアイコンを表示しています。

```css
p:lang(en) {
  padding-right: 15px;
  background: url(image/en-icon.png) no-repeat right center;
}
```

疑似クラス

指定した条件を除いた要素にスタイルを適用する

要素名:not(条件){～}

括弧内で指定した条件に一致する対象を除いた要素にスタイルを適用します。以下の例では、input要素で設置した入力欄の垂直方向の揃え位置をmiddleにしたうえで、type="text"を持つ入力欄を除いて上揃えになるようにスタイルを適用しています。

```css
input {
  vertical-align: middle;
}
input:not([type="text"]) {
  vertical-align: top;
}
```

疑似クラス

全画面モードでスタイルを適用する

要素名:fullscreen{～}

ブラウザーが全画面（フルスクリーン）モード時に、指定した要素にスタイルを適用します。以下の例では、全画面モード時のbutton要素にスタイルを適用し、指定した背景色と文字色で表示しています。:not()疑似クラスと組み合わせることで、全画面モード時以外にもスタイルを適用できます。

```css
button:fullscreen {
  background-color: #d50000;
  color: #fff;
}
button:not(:fullscreen) {
  background-color: #ddd;
  color: #000;
}
```

ポイント

- Safari（Mac）では:-webkit-full-screenとして実装されています。また、Internet Explorerでは-ms-接頭辞が必要です。

疑似クラス
印刷文書の左右のページにスタイルを適用する

@page :left{~}
@page :right{~}

主に印刷時のスタイルで使用されるページボックスを定義する@page規則で使用し、左ページ、右ページそれぞれのページボックスに対してスタイルを適用します。適用できるのはmargin、padding、borderなど、ページ文脈で使用可能と定義されたプロパティのみです。以下の例では、ページボックスの余白を左右のページそれぞれに指定しています。

```css
@page :left {
  margin-left: 2cm;
  margin-right: 4cm;
}
@page :right {
margin-left: 4cm;
margin-right: 3cm;
}
```

疑似クラス
印刷文書の最初のページにスタイルを適用する

@page :first{~}

主に印刷時のスタイルで使用されるページボックスを定義する@page規則で使用し、最初のページのページボックスに対してスタイルを適用します。適用できるのはmargin、padding、borderなど、ページ文脈で使用可能と定義されたプロパティのみです。以下の例では、最初のページボックスの余白を指定しています。

```css
@page :first {
  margin-top: 10cm;
}
```

疑似クラス

有効な要素にスタイルを適用する

要素名:enabled{～}

フォーム関連要素において、disabled属性が指定されていない要素にスタイルを適用します。以下の例では、textarea要素に対してスタイルを適用し、入力欄が操作可能であることを示す赤いアウトラインを表示しています。

```css
textarea:enabled {
  outline: solid 3px #dc143c;
}
```

```html
<form action="sample.cgi" method="get">
  <p><label for="comment">通信欄：</label></p>
  <textarea name="comment" id="comment" placeholder="感想やご意見をお聞
  かせください" cols="50" rows="2"></textarea>
</form>
```

疑似クラス

無効な要素にスタイルを適用する

要素名:disabled{～}

フォーム関連要素において、disabled属性が指定された要素にスタイルを適用します。以下の例では、disabled属性が指定されたtextarea要素に対してスタイルを適用し、入力欄が操作できないことを表すグレーの背景色を表示しています。

```css
textarea:disable {
  background: #dddddd;
}
```

疑似クラス

チェックされた要素にスタイルを適用する

要素名:checked{～}

type="checkbox"、type="radio"を指定したinput要素（P.142）で設置できる、チェックボックスやラジオボタン（P.161, 162）がチェックされたときにスタイルを適用します。以下の例では、チェックされたチェックボックスにスタイルを適用し、チェックボックスのサイズを大きく表示しています。

```
type[checkbox]:checked {                                              CSS
  width: 50px;
  height: 50px;
}
```

疑似クラス

既定値となっているフォーム関連要素にスタイルを適用する

要素名:default{～}

option、button、input type="submit"、input type="image"、input type="checkbox"、input type="radio"のうち、既定値となっている要素にスタイルを適用します。例えば、checked属性が付与されたtype="checkbox"やtype="radio"、selected属性が付与されたoption要素（P.172）が該当します。なお、form要素内で最初に出てくるボタン（button、input type="submit"、input type="image"）が既定のボタンになります。以下の例では、既定値となっているinput要素の直後のlabel要素（P.170）にスタイルを適用し、指定した背景色などを表示しています。

```
input:default + label {                                               CSS
  background-color: #f1f8e9;
  border-radius: 2px;
  display: inline-block;
  padding: 2em 1em;
}
```

疑似クラス

制限範囲内、または範囲外の値がある要素にスタイルを適用する

要素名:in-range{~}
要素名:out-of-range{~}

input type="number"など、min属性やmax属性によって値の範囲を指定されている要素に対して、入力された値がその範囲内または範囲外にある場合にスタイルを適用します。以下の例では、入力された値が範囲内外にあるinput要素(P.142)にそれぞれスタイルを適用し、指定した背景色で表示しています。

```css
input:in-range {
    background-color: #f1f8e9;
}
input:out-of-range {
    background-color: #ffebee;
}
```

```html
<form action="cgi-bin/example.cgi" method="post">
  <p>必要な数量を指定してください(最大で9個まで):</p>
  <input type="number" name="number" min="1" max="9">
  <input type="submit" name="submit" value="登録">
</form>
```

数値の入力欄にスタイルが適用される

入力された数値によって適用されるスタイルが異なる

疑似クラス

内容の検証に成功したフォーム関連要素にスタイルを適用する

要素名:valid{〜}
バリッド

入力内容を検証した結果Valid（有効）だった要素、およびその要素を含むform要素（P.140）、fieldset要素（P.182）にスタイルを適用します。例えば、required属性が付与されている入力コントロールすべてに入力があった場合や、input type="url"、input type="email"に対して正しい形式での入力があった場合が該当します。以下の例では、正しい形式で入力されたform要素とinput要素にそれぞれスタイルを適用し、指定した枠線と背景色を表示しています。

```css
form:valid {
  border: 5px solid #f1f8e9;
}
input:valid {
  background-color: #f1f8e9;
}
```

疑似クラス

無効な入力内容が含まれたフォーム関連要素にスタイルを適用する

要素名:invalid{〜}
インバリッド

入力内容を検証した結果Invalid（無効）だった要素、およびその要素を含むform要素、fieldset要素にスタイルを適用します。例えば、required属性が付与されている入力コントロールが未入力だった場合や、input type="url"、input type="email"に対して指定の形式以外での入力があった場合が該当します。以下の例では、入力内容が無効だったform要素とinput要素にそれぞれスタイルを適用し、指定した枠と背景色を表示しています。

```css
form:invalid {
  border: 5px solid #ffebee;
}
input:invalid {
  background-color: #ffebee;
}
```

☑ 疑似クラス

必須のフォーム関連要素にスタイルを適用する

要素名:required{～}
（リクワイアード）

入力が必須扱いの要素にスタイルを適用します。これはrequired属性が付与されたinput要素（P.142）、textarea要素（P.176）、select要素（P.171）が該当します。フォームを送信するにあたって入力が必須となる入力欄に使用できます。以下の例では、入力が必須のinput要素にスタイルを適用し、指定した枠線を表示しています。

```css
input:required {
    border: 1px solid #fce4ec;
}
```

☑ 疑似クラス

必須ではないフォーム関連要素にスタイルを適用する

要素名:optional{～}
（オプショナル）

入力がオプション扱いの要素にスタイルを適用します。これはrequired属性を持たないinput要素、textarea要素、select要素が該当します。フォームを送信するにあたって必須ではない入力欄に使用できます。以下の例では、入力が必須ではないinput要素にスタイルを適用し、指定した枠線を表示しています。

```css
input:optional {
    border: 1px solid #eeeeee;
}
```

疑似クラス

編集可能な要素にスタイルを適用する

要素名:read-write{～}
リード・ライト

閲覧者が編集できる要素にスタイルを適用します。例えば、input要素やtextarea要素などの入力コントロールをはじめ、HTML Standardにおいては、グローバル属性であるcontenteditable属性（P.198）にtrueが付与されたすべての要素が「編集可能な要素」となります。以下の例では、ユーザーが編集可能なdiv要素にスタイルを適用し、指定した背景色と枠線を表示しています。

```css
div:read-write {
  background-color: #fffde7;
  border: 1px solid #dddddd;
}
```

疑似クラス

編集不可能な要素にスタイルを適用する

要素名:read-only{～}
リード・オンリー

閲覧者が編集できない要素にスタイルを適用します。多くの場合、readonly属性が付与されたinput要素やtextarea要素に使用されますが、セレクター自体は「閲覧者が編集できない要素」すべてに適用されるため注意が必要です。例えば、contenteditable="true"が付与されていないp要素やdiv要素なども「閲覧者が編集できない要素」です。以下の例では、閲覧者が編集できないinput要素とtextarea要素にスタイルを適用し、指定した背景色を表示しています。

```css
input:read-only,
textarea:read-only {
  background-color: #dddddd;
}
```

ポイント

● Firefoxでは-moz-接頭辞が必要です。

疑似クラス

定義されているすべての要素にスタイルを適用する

要素名:defined{〜}
(デファインド)

定義されているすべての要素、つまりブラウザーが実装しているすべてのHTML要素と定義されたカスタム要素にスタイルを適用します。以下の例では、ページが読み込まれるまでの間、カスタム要素が定義される前と後でそれぞれ別のスタイルを適用し、別々の透明度で表示しています。

```css
simple-custom-elm:not(:defined) {
   opacity: 0;
}
simple-custom-elm:defined {
   opacity: 1
}
```

疑似クラス

中間の状態にあるフォーム関連要素にスタイルを適用する

要素名:indeterminate{〜}
(インデターミネート)

中間の状態にあるフォーム関連要素にスタイルを適用します。フォーム内で同じname属性値を持つ一連のラジオボタンがどれも未選択の状態や、value属性値を持たないprogress要素（不定、つまりタスクは処理中だが進捗状況が不明で完了までが予想できない状態）などが該当します。以下の例では、不定状態のprogress要素（P.179）にスタイルを適用し、半透明で表示しています。

```css
progress:indeterminate {
   opacity: .5;
}
```

疑似クラス

プレースホルダーが表示されている要素にスタイルを適用する

要素名:placeholder-shown{~}

プレースホルダー・ショーン

プレースホルダーが表示されているinput要素、またはtextarea要素にスタイルを適用します。以下の例では、プレースホルダーを表示する要素にスタイルを適用し、枠線を表示しています。

```css
:placeholder-shown {
  border: 2px solid #eeeeee;
}
```

ポイント

- Internet Explorerでは:-ms-input-placeholderとして実装されています。

疑似要素

プレースホルダーの文字列にスタイルを適用する

要素名::placeholder{~}

プレースホルダー

input要素、およびtextarea要素のプレースホルダーの文字列にスタイルを適用します。指定できるプロパティは、フォント、背景関連のプロパティやcolorプロパティなどに限られます。プレースホルダーを持つ要素に一致する:placeholder-shown疑似クラスと混同しないように注意しましょう。以下の例では、input要素のプレースホルダーにスタイルを適用し、指定した文字色で表示しています。

```css
input::placeholder {
  color: #e0e0e0;
}
```

ポイント

- Edge（EdgeHTML）では::-ms-input-placeholderとして実装されています。

疑似要素

要素の1行目にのみスタイルを適用する

要素名::first-line{～}

指定した要素の1行目にのみスタイルを適用します。指定できるのはブロックボックスに分類される要素（P.511）のみで、適用できないプロパティも存在します。また、1行目の内容が表示されたどの部分に当たるのかは、フォントサイズやウィンドウサイズなどによって左右されます。以下の例では、p要素のマージンを広くしたうえで、段落の1行目にのみ別のスタイルを適用し、広くしたマージンを取り消しています。

```css
p {
    margin-left: 1em;
}
p::first-line {
    margin-left: -1em;
}
```

疑似要素

要素の1文字目にのみスタイルを適用する

要素名::first-letter{～}

指定した要素の1文字目にのみスタイルを適用します。指定できるのはブロックボックスに分類される要素（P.511）のみで、適用できないプロパティも存在します。また、1文字目が引用符や括弧の場合は、2文字目までスタイルを適用します。以下の例では、段落の先頭の文字にのみスタイルを適用し、フォントサイズを2倍、かつ文字色を赤で表示しています。

```css
p::first-letter {
    font-size: 200%;
    color: red;
}
```

疑似要素

要素の内容の前後に指定したコンテンツを挿入する

要素名::before{~}
要素名::after{~}

指定した要素の前後にcontentプロパティ(P.494)で指定した値を挿入します。以下の例では、クラス名にnoteを持つp要素にスタイルを適用し、p要素の前にノートのアイコンを挿入しています。

```css
p.note::before {
    content: url(image/note-icon.png);
    margin: 0 2px;
}
```

p要素の前にアイコンが挿入される

以下の例では、クラス名にnewを持つli要素にスタイルを適用し、li要素の後に「new!」という赤い文字を挿入しています。

```css
li.new::after {
    content: "new!";
    color: #f00;
}
```

クラス名にnewが指定されたli要素の後ろに文字が挿入される

疑似要素

全画面モード時の背後にあるボックスにスタイルを適用する

要素名::backdrop{~}

バックドロップ

全画面モード時に、最上位となるレイヤーの直下に配置されるボックスにスタイルを適用します。例えば、Fullscreen APIによって動画を全画面再生中、その背後に黒や半透明の背景を配置できます。以下の例では、全画面再生中のvideo要素の背後のボックスにスタイルを適用し、半透明の背景色を表示しています。

```css
video::backdrop {
  background: rgba(0,0,0,.75);
}
```

ポイント

● Edge（EdgeHTML）およびInternet Explorerでは-ms-接頭辞が必要です。

疑似要素

WEBVTTにスタイルを適用する

要素名::cue{~}

キュー

指定された要素内のWebVTTにスタイルを適用します。例えば、video要素（P.122）で再生される動画にtrack要素（P.126）で埋め込まれた字幕のフォントや文字色を指定できます。適用できるプロパティは、color、opacity、visibility、text-decorationおよびその個別指定、text-shadow、backgroundおよびその個別指定、outlineおよびその個別指定、fontおよびその個別指定（line-heightを含む）、white-space、text-combine-uprightのみです。以下の例では、WebVTTにスタイルを適用し、指定した文字色と影を表示しています。

```css
::cue {
  color: #ffffff;
  text-shadow: #000000 1px 0 10px;
}
```

疑似要素

選択された要素にスタイルを適用する

要素名::selection{～}

閲覧者が選択した要素にスタイルを適用します。適用できるプロパティは、color、background-color、cursor、caret-color、text-decorationおよびその個別指定、text-shadow、stroke-color、fill-color、stroke-widthのみです。以下の例では、閲覧者がマウスでドラッグするなどして選択した文字にスタイルを適用し、文字色を黒、背景色を赤で表示しています。

```css
p::selection {
  background: #f00;
  color: #fff;
}
```

疑似要素

slot内に配置された要素にスタイルを適用する

要素名::slotted(セレクター){～}

Web Componentsにおいて、slot要素が生成したスロットに埋め込まれた要素に対してスタイルを適用します。この疑似要素は、Shadow DOM内にあるCSSでのみ使用できます。Web Componentsに関してはslot要素（P.193）の解説を参照してください。以下の例では、スロット内のspan要素にスタイルを適用し、太字で表示しています。

```css
::slotted(span) {
  font-weight: bold;
}
```

font-family プロパティ

フォントを指定する

POPULAR

フォント・ファミリー

{ **font-family: ファミリー名, 一般フォント名; }**

font-familyプロパティは、フォントを指定します。指定したフォントが閲覧者の環境にない場合は、ブラウザーで設定された標準のフォント（システムフォント）が表示されます。

初期値	ブラウザーに依存	継承	あり
適用される要素	すべての要素		
モジュール	CSS Fonts Module Level 3 および Level 4		

値の指定方法

ファミリー名

ファミリー名 フォントファミリーの名称を指定します。カンマ(,)で区切って複数のフォントを指定でき、閲覧者の環境に用意された最初のフォントで表示されます。フォント名にスペースが含まれる場合は、"MS 明朝"のように引用符(")で囲む必要があります。スペースが含まれない場合に引用符で囲っても問題ありません。

一般フォント名

総称フォントファミリーと呼ばれる代替メカニズムが利用できます。ファミリー名の値で指定したフォントが閲覧者の環境にない場合、ブラウザーのシステムフォントから以下のキーワードに対応するフォントで表示されます。

serif	英字にひげ飾り(serif)があるフォントです。日本語では明朝系のフォントに当たります。
sans-serif	ひげ飾りがないフォントです。日本語ではゴシック系のフォントに当たります。
monospace	すべての文字が同じ幅(等幅)のフォントです。
cursive	筆記体のフォントです。日本語では草書・行書体のフォントに当たります。
fantasy	装飾的、表現的なフォントです。
emoji	絵文字用フォントです。
math	数式を表現するための特別なフォントです。
fangsong	中国語で使用されるフォントで、「仿宋体」と呼ばれるものです。
system-ui	使用しているプラットフォーム(OS)のUIと同じフォントです。
ui-serif	使用しているOSのUIと同じ、serifフォントです。
ui-sans-serif	使用しているOSのUIと同じ、sans-serifフォントです。
ui-monospace	使用しているOSのUIと同じ、等幅フォントです。
ui-rounded	使用しているOSのUIと同じ、ラウンド(丸みを帯びた)フォントです。

250 できる

以下の例では、まずsystem-uiを指定し、その後フォールバックとして具体的なフォント名を指定しています。最後にsans-serifを指定することで、system-uiに対応せず、さらに具体名で指定されたフォントがインストールされていない環境ではゴシック系のシステムフォントが使用されます。

```css
body {
font-family: system-ui, "游ゴシック", "Yu Gothic", "ヒラギノ角ゴ ProN W3", "Hiragino Kaku Gothic ProN", sans-serif;
}
```

font-styleプロパティ

フォントのスタイルを指定する

{font-style: スタイル; }

font-styleプロパティは、フォントのスタイル（イタリック体・斜体）を指定します。指定したフォントにイタリック体・斜体がない場合、多くのブラウザーでは指定したフォントが傾いた状態で表示されます。また、多くの日本語フォントにはイタリック体・斜体が用意されていないため、どちらを指定しても表示は同じになります。

初期値	normal	継承	あり
適用される要素	すべての要素		
モジュール	CSS Fonts Module Level 3およびLevel 4		

値の指定方法

スタイル

- **normal** 標準のフォントで表示されます。
- **italic** イタリック体のフォントで表示されます。
- **oblique** 斜体のフォントで表示されます。CSS4では「oblique 40deg」のように、obliqueキーワードに対して角度を指定できます。

```css
.address_japanese {
  font-family: "游明朝";
  font-style: italic;
}
```

イタリック体・斜体が用意されていないフォントは、傾いた状態で表示される

☑	@font-face規則	e e ⑤ ◎ ◎ ⊘ ⊠

独自フォントの利用を指定する

POPULAR

アットマーク・フォント・フェイス
@font-face { font-family:ファミリー名;
フォント・ファミリー

ソース
src : フォントのURL/名前 フォントの形式; 記述子; }

@font-face規則は、独自フォントの利用を指定する@規則です。url()関数、およびlocal()関数によってフォントのURLや名前を指定すると、テキストの表示にWebサーバー上のフォントやユーザーのローカルPCにインストールされたフォントを適用できます。

値の指定方法

ファミリー名

ファミリー名 任意のフォントファミリー名を指定します。font-family、fontプロパティを使うときにこの値を指定すると、@font-face規則で指定したフォントで表示されます。

フォントのURL/名前

url() src: に対してurl()関数型の値で指定します。WebフォントのファイルがあるURLが入ります。

local() src: に対してlocal()関数型の値で指定します。ユーザーのコンピューター上にあるフォント名を指定します。url()を続けて指定すると、ユーザーが指定のフォントをインストールしていない場合にurl()で指定されたフォントを読み込みます。

フォントの形式

Webフォントのファイル形式を以下のように指定します。url()関数に続けて、半角スペースで区切って記述します。フォント形式の指定は任意です。

format("woff") / format("woff2")	WOFF（Web Open Font Format）フォントです。
format("truetype")	TrueTypeフォントです。
format("opentype")	OpenTypeフォントです。
format("embedded-opentype")	Embedded-OpenTypeフォントです。Internet Eplorer 8以前で必要とされる形式です。
format("svg")	SVGフォントです。

記述子

以上に加えて、以下の記述子と値を指定可能です。記述子の一部はCSSプロパティです。他にも@font-face規則の中でのみ使用できるものもあります。

font-style	フォントのスタイルを指定します（P.251）。
font-weight	フォントの太さを指定します（P.263）。
font-stretch	フォントの幅を指定します（P.266）。
font-variant	フォントのスモールキャップを指定します（P.259）。

font-feature-settings	OpenTypeフォントの使用を指定します（P.268）。
font-variation-settings	可変フォントを制御します。
font-display	フォントが利用可能となるまでの間、テキストを表示するか否かを指定します。
unicode-range	フォントの適用範囲を指定します。

以下の例では、WebフォントにAdobeとGoogleが共同開発したOpenTypeフォントである「源ノ角ゴシック」（Source Han Sans）を指定しています。@font-face規則でフォント名、フォントのURL、フォントの形式をそれぞれ指定したうえで、font-familyプロパティを使用してbody要素に適用します。

```css
@font-face {
  font-family: "use-SourceHanSansJP";
    src: url("font/SourceHanSansJP-Normal.otf") format("opentype");
}
body {
  font-family: "use-SourceHanSansJP";
  font-size:200%;
}
```

Webページのテキストが指定したWebフォントで表示される

パソコン&スマホの使い方がわかる!

多くのブラウザーの最新バージョンでは、Web Open Font Formatフォントに対応しています。Web Open Font Formatには2つのバージョンがあります。両方のバージョンが用意できる場合は以下のように指定することでWOFF2を優先して使用し、WOFF2に対応しない環境ではWOFFが使用されます。

```css
@font-face {
  font-family: "MyFont";
  src: url("fonts/myfont.woff2") format("woff2"),
       url("fonts/myfont.woff") format("woff");
}
```

以下の例では、local()関数でユーザーのコンピューター上にあるフォント名を指定し、url()関数をフォールバックとして併記しています。

```css
@font-face {
  font-family: MyHelvetica;
    src: local("Helvetica Neue Bold"),
         url(font/MgOpenModernaBold.ttf);
}
```

☑ font-variant-caps プロパティ

スモールキャピタルの使用を指定する

フォント・バリアント・キャップス
{font-variant-caps: 使用方法; }

SPECIFIC

font-variant-capsプロパティは、スモールキャピタル（小文字と同じ高さで作られた大文字）などのグリフ（字体）の使用について指定します。

初期値	normal		継承	あり
適用される要素	すべての要素			
モジュール	CSS Fonts Module Level 3			

値の指定方法

使用方法

normal	スモールキャピタルを使用しません。
small-caps	大文字は通常の大文字のまま、小文字をスモールキャピタルで表示します。
all-small-caps	大文字も小文字も、すべてスモールキャピタルで表示します。
petite-caps	大文字は通常の大文字のまま、小文字をプチキャップス（petite caps）で表示します。
all-petite-caps	大文字も小文字も、すべてプチキャップス（petite caps）で表示します。
unicase	小文字は通常の小文字のまま、大文字をスモールキャピタルで表示します。
titling-caps	タイトル用の大文字で表示します。

```css
.sub-title {
  font-variant-caps: small-caps;
  font-weight: bold;
}
```

254 できる

☑ font-variant-numericプロパティ

数字、分数、序数標識の表記を指定する

フォント・バリアント・ニューメリック

{font-variant-numeric: 全般 数字の形状

数字の幅 分数の表記 **; }**

SPECIFIC

font-variant-numericプロパティは、数字、分数、序数標識の表記を制御します。

初期値	normal	継承	あり
適用される要素	すべての要素		
モジュール	CSS Fonts Module Level 3		

値の指定方法

normalを指定した場合を除き、半角スペースで区切って複数指定できます。

全般

normal 特別な表記を無効にします。

ordinal 序数標識に対して特別な表記を使用するように指定します。

slashed-zero アルファベットのオー(O)と数字のゼロ(0)を明確に区別するため、スラッシュ付きのゼロを使用するように指定します。

数字の形状

lining-nums すべての数字をベースラインに揃えて並べる表記(ライニング数字)を有効にします。

oldstyle-nums 3、4、5、7、9など、いくつかの数字をベースラインより下げる表記(オールドスタイル数字)を有効にします。

数字の幅

proportional-nums 数字ごとに文字幅が異なる表記(プロポーショナル数字)を有効にします。

tabular-nums 数字を同じ文字幅にする表記(等幅数字)を有効にします。表などで使用すると桁数を合わせやすくなります。

分数の表記

diagonal-fractions 分子と分母が小さく、スラッシュで区切られる表記を有効にします。

stacked-fractions 分子と分母が小さく、積み重ねられて水平線で区切られた表記を有効にします。

```css
.p {                                                    CSS
  font-variant-numeric: oldstyle-nums stacked-fractions;
}
```

☑ font-variant-alternates プロパティ

代替字体の使用を指定する

フォント・バリアント・オルタネーツ
{font-variant-alternates: 使用方法; }

font-variant-alternatesプロパティは、あらかじめ@font-feature-values規則で定義したカスタム名を参照して代替字体の使用を制御します。

初期値	normal	継承	あり
適用される要素	すべての要素		
モジュール	CSS Fonts Module Level 4		

値の指定方法

使用方法

normal	代替字体を使用しません。
historical-forms	古書体（古典的な字体）を使用して表示します。
stylistic (カスタム名)	別デザインのバリエーションを使用して表示します。
styleset(カスタム名, カスタム名)	セットとして組み込まれた別デザインのバリエーションを使用して表示します。
character-variant (カスタム名, カスタム名)	旧字など、異体字を使用して表示します。
swash (カスタム名)	スワッシュ字体のバリエーションを使用して表示します。
ornaments (カスタム名)	装飾記号を使用して通常のグリフ（字体）を置き換え表示します。
annotation (カスタム名)	修飾字形（囲み文字など）を使用して表示します。

```css
@font-feature-values "Noble Script" {
  @swash {
    swishy: 1;
    flowing: 2;
  }
}
p {
  font-family: "Noble Script";
  font-variant-alternates: swash(flowing);
}
```

256 できる

☑ **font-variant-ligatures プロパティ**

合字や前後関係に依存する字体を指定する

SPECIFIC

フォント・バリアント・リガーチャーズ
{font-variant-ligatures: 全般 一般的な 合字 任意の合字 古典的な合字 前後関係に依存する字体; }

font-variant-ligaturesプロパティは、合字や前後関係に依存する字体を制御します。

初期値	normal	継承	あり
適用される要素	すべての要素		
モジュール	CSS Fonts Module Level 3		

値の指定方法

none を指定した場合を除き、半角スペースで区切って複数指定できます。

全般

normal 一般的な合字、および前後関係に依存する字体を使用します。通常、以下のcommon-ligatures値とcontextual値が有効になり、その他は無効になります。

none すべての合字および前後関係に依存する字体を無効にします。

一般的な合字

common-ligatures 一般的な合字を使用します。

no-common-ligatures 一般的な合字を無効にします。

任意の合字

discretionary-ligatures 任意の合字を使用します。

no-discretionary-ligatures 任意の合字を無効にします。

古典的な合字

historical-ligatures 古典的な合字、例えばドイツ語の合字であるエスツェット（ß）などを使用します。

no-historical-ligatures 古典的な合字を無効にします。

前後関係に依存する字体

contextual 筆記体の連結など、前後関係に依存する字体を使用します。

no-contextual 前後関係に依存する字体を使用しません。

```css
.p {
    font-variant-ligatures: common-ligatures historical-ligatures
    contextual;
}
```

☑ font-variant-east-asianプロパティ

東アジアの字体の使用を指定する

フォント・バリアント・イースト・アジアン

SPECIFIC

{font-variant-east-asian: 全般

字体の種類 字体の幅; }

font-variant-east-asianプロパティは、日本語や中国語のような東アジアのグリフ（字体）を制御をします。

初期値	normal	継承	あり
適用される要素	すべての要素		
モジュール	CSS Fonts Module Level 3		

値の指定方法

normalを指定した場合を除き、半角スペースで区切って複数指定できます。

全般

normal 通常の表記となります。

ruby ルビ文字のための表記を使用します。

字体の種類

simplified 簡体字中国語を使用します。

traditional 繁体字中国語を使用します。

jis78 JIS X 0208:1978の字体を使用します。

jis83 JIS X 0208:1983の字体を使用します。

jis90 JIS X 0208:1990の字体を使用します。

jis04 JIS X 0213:2004の字体を使用します。

字体の幅

proportional-width プロポーショナルフォントを使用します。

full-width 等幅フォントを使用します。

```css
.example01 {
    font-variant-east-asian: ruby full-width jis83;
}
.example02 {
    font-variant-east-asian: proportional-width;
}
```

font-variantプロパティ

フォントの形状をまとめて指定する

SPECIFIC

{**font-variant** : -caps -numeric -alternates -ligatures -east-asian ; }

（フォント・バリアント）

font-variantプロパティは、フォントの形状を一括指定するショートハンドです。

初期値	各プロパティに準じる	継承	あり
適用される要素	すべての要素		
モジュール	CSS Fonts Module Level 3		

値の指定方法

個別指定の各プロパティと同様です。値は半角スペースで区切って指定します。省略した場合は、各プロパティの初期値が適用されます。また、以下の値も指定できます。

- **normal** 標準のフォントで表示されます。それぞれの個別指定プロパティは初期値となります。
- **none** font-variant-ligaturesプロパティの値をnoneに、その他の個別指定プロパティをnormal（初期値）として指定します。

```
.small-caps {                                             CSS
  font-family: Verdana;
  font-variant: small-caps;
}
```

```
<h1 class="small-caps">Html & Css 全事典</h1>         HTML
```

小文字がスモールキャップ（小文字の大きさの大文字）で表示される

ポイント

- CSS2.1におけるfont-variantプロパティはnormal、small-capsの2つの値のみ指定可能な個別指定プロパティでしたが、CSS3で一括指定プロパティとして再定義されました。ショートハンドとして使用する場合は、旧式のブラウザーでの対応に注意が必要です。

font-sizeプロパティ
フォントサイズを指定する

{font-size: サイズ; }

font-sizeプロパティは、フォントサイズを指定します。フォントサイズを指定するキーワードには、ブラウザーの標準サイズを基準とする「絶対サイズ」と、親要素のフォントサイズを基準とする「相対サイズ」があります。

初期値	medium	継承	あり
適用される要素	すべての要素		
モジュール	CSS Fonts Module Level 3		

値の指定方法

サイズ

xx-large	絶対サイズです。mediumより3段階大きいサイズで表示されます。
x-large	絶対サイズです。mediumより2段階大きいサイズで表示されます。
large	絶対サイズです。mediumより1段階大きいサイズで表示されます。
medium	絶対サイズです。ブラウザー標準のフォントサイズで表示されます。
small	絶対サイズです。mediumより1段階小さいサイズで表示されます。
x-small	絶対サイズです。mediumより2段階小さいサイズで表示されます。
xx-small	絶対サイズです。mediumより3段階小さいサイズで表示されます。
larger	相対サイズです。親要素より1段階大きいサイズで表示されます。
smaller	相対サイズです。親要素より1段階小さいサイズで表示されます。
任意の数値+単位	単位付き(P.514)の数値で指定します。負の値は指定できません。
%値	%値で指定します。値は親要素に対する割合となります。

ポイント

- アクセシビリティ、さらにメンテナンス性やマルチデバイス対応を考慮すると、%、em、remなどの相対単位を組み合わせて指定するのが望ましいでしょう。
- 絶対単位(pt、cm、mmなど)での指定は文字サイズの変更ができず、アクセシビリティやユーザビリティを大きく低下させるので避けるべきです。

実践例　フォントサイズを％値で指定する

body {font-size: 62.5%;}

以下の例では、body要素にfont-sizeプロパティを適用して値を62.5%にしています。多くのブラウザーでは標準のフォントサイズが16px（1em）であるため、body要素のフォントサイズは16pxの62.5%、つまり10pxで表示されることになります。値に0.625emを指定しても、フォントサイズが10pxになります。

```css
body {
  font-size: 62.5%;
}
```

フォントサイズが10pxで表示される

同様にして以下の例では、フォントサイズを20px、40pxに指定しています。

```css
.section1 {font-size: 62.5%;}
.section2 {font-size: 100%;}
.section3 {font-size: 125%;}
.section4 {font-size: 250%;}
```

フォントサイズが指定した％値で表示される

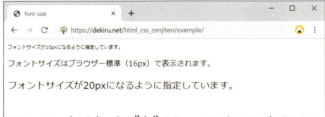

font-size-adjustプロパティ

小文字の高さに基づいたフォントサイズの選択を指定する

{font-size-adjust: サイズ; }
（フォント・サイズ・アジャスト）

font-size-adjustプロパティは、大文字の高さではなく小文字の高さに基いたフォントサイズの選択を指定します。具体的には、フォントサイズに対する小文字の「x」の高さ比率を指定することで、複数のフォントが混在した場合でも文字サイズが揃って読みやすくなる可能性があります。

初期値	none	継承	あり
適用される要素	すべての要素		
モジュール	CSS Fonts Module Level 3		

値の指定方法

サイズ

- **none** font-sizeプロパティ(P.260)の値だけを基準にフォントサイズを選択します。
- **数値** font-sizeプロパティの値と掛け合わせて小文字の高さ（該当フォントにおける「x」の高さ）になる値を指定します。ブラウザーはこの数値に応じてフォントサイズを選択します。

以下の例では、p要素内のフォントサイズが20pxでの「x」の高さの0.6倍、つまり12pxになるように調整されます。ここでは計算が分かりやすいように、font-sizeプロパティの値をpx単位で指定しています。

```css
p {
  font-size: 20px;
  font-size-adjust: 0.6;
}
```

font-weightプロパティ

フォントの太さを指定する

font-weightプロパティは、フォントの太さを指定します。

初期値	normal	継承	あり
適用される要素	すべての要素		
モジュール	CSS Fonts Module Level 3およびLevel 4		

値の指定方法

太さ

数値 100、200、300、400、500、600、700、800、900の9段階で太さを指定します。指定された数値にちょうど一致する太さのフォントが閲覧者の環境にない場合、以下のようなルールでフォールバックされます。

1. 400未満の場合、より細いフォントを順に探し、見つからなければより太いフォントを探します。
2. 500より大きい場合、より太いフォントを順に探し、見つからなければより細いフォントを探します。
3. 400の場合、まず500に一致するフォントを探し、見つからなければ1のルールに従います。
4. 500の場合、まず400に一致するフォントを探し、見つからなければ1のルールに従います。

なお、CSS4では、1〜1000の任意の数値を指定可能です。

normal 通常の太さで表示されます。数値で400を指定した場合と同じです。

bold 太字で表示されます。数値で700を指定した場合と同じです。

bolder 継承した値を基準にして相対的に1段階太く(数値で+100)表示されます。

lighter 継承した値を基準にして相対的に1段階細く(数値で-100)表示されます。

```css
.att {
  font-weight: bold;
}
```

指定した要素内のフォントが太字で表示される

line-heightプロパティ

行の高さを指定する

{line-height: 高さ; }

line-heightプロパティは、行の高さを指定します。

初期値	normal	継承	あり
適用される要素	すべての要素		
モジュール	CSS Level 2 (Revision 1)		

値の指定方法

高さ

normal	フォントサイズに従って自動的に指定されます。
任意の数値+単位	単位付き(P.514)の数値で指定します。
任意の数値	フォントサイズに数値をかけた値が行の高さになります。
%値	%値で指定します。値は要素のフォントサイズに対する割合となります。

```css
.line2 {
  line-height: 2;
}
```

行の高さが通常の2倍になる

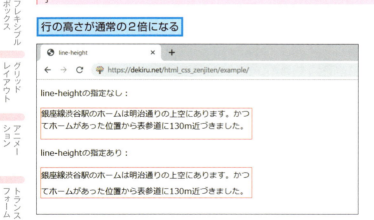

ポイント

- line-heightの値は特別な理由がない限り、アクセシビリティを考慮して「1.5」以上の数値を単位なしで指定しましょう。pxなどの単位付きで指定すると、文字サイズの変更に対して行間が潰れたり、継承がうまくいかなかったりする場合があります。

fontプロパティ

フォントと行の高さをまとめて指定する

```
{font : -style -variant -weight
        -size -line-height -family ; }
```

fontプロパティは、フォントのスタイルや太さと行の高さを一括指定するショートハンドです。システムフォントのキーワードを1つだけ指定するためにも使用できます。

初期値	各プロパティに準じる	継承	各プロパティに準じる
適用される要素	すべての要素		
モジュール	CSS Fonts Module Level 3		

値の指定方法

個別指定の各プロパティと同様です。font-size、font-familyプロパティの値は必須で、この2つ以外は省略可能です。省略した場合は、各プロパティの初期値が適用されます。
font-style、font-variant、font-weightプロパティは、font-sizeプロパティよりも前に指定します。font-variantプロパティは、CSS2.1で定義された値（normal、small-caps）のみ指定可能です。また、line-heightプロパティは、font-sizeプロパティに続けてスラッシュ（/）のあとに指定します。font-familyプロパティは必ず最後に指定します。

```css
.text-type01 {
  font: italic normal bold 12px/150% "メイリオ",sans-serif;
}
```

上の例で指定したfontプロパティは、各プロパティを以下のように指定した場合と同様の表示になります。

```css
.text-type01 {
  font-style: italic;
  font-variant: normal;
  font-weight: bold;
  font-size: 12px;
  line-height: 150%;
  font-family: "メイリオ",sans-serif;
}
```

ポイント

- システムフォントのキーワードとしては、caption、icon、menu、message-box、small-caption、status-barが使用できます。font: status-bar;のように単一のキーワードのみ指定可能で、一括指定との併用はできません。

font-stretchプロパティ

フォントの幅を指定する

{font-stretch: 幅; }

font-stretchプロパティは、フォントの幅を指定します。幅の種類が用意されたフォントの場合、指定した幅、またはもっとも近い幅で表示されます。幅の種類がないフォントの場合、表示は変更されません。

初期値	normal	継承	あり
適用される要素	すべての要素		
モジュール	CSS Fonts Module Level 3 および Level 4		

値の指定方法

幅

ultra-expanded	もっとも幅の広いフォントで表示されます。
extra-expanded	かなり幅の広いフォントで表示されます。
expanded	幅の広いフォントで表示されます。
semi-expanded	やや幅の広いフォントで表示されます。
normal	通常の幅のフォントで表示されます。
semi-condensed	やや幅の狭いフォントで表示されます。
condensed	幅の狭いフォントで表示されます。
extra-condensed	かなり幅の狭いフォントで表示されます。
ultra-condensed	もっとも幅の狭いフォントで表示されます。
%値	%値で指定します。値は文字の幅に対する割合になります。CSS4で追加されました。

```
.exand {font:20px "Arial",sans-serif;
  font-stretch: expanded;}
.cond {font:20px "Arial",sans-serif;
  font-stretch: condensed;}
```

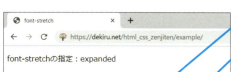

文字の幅が広く表示される

文字の幅が狭く表示される

☑ font-kerningプロパティ

カーニング情報の使用方法を制御する

フォント・カーニング
{font-kerning: 表示方法; }

font-kerningプロパティは、フォントに含まれるカーニング情報をブラウザーがどのように使用するかを制御します。

初期値	auto	継承	あり
適用される要素	すべての要素		
モジュール	CSS Fonts Module Level 3		

値の指定方法

表示方法

auto	カーニング情報を使用するかはブラウザー任せになります。
normal	カーニング情報を使用するようにブラウザーに要求します。
none	カーニング情報を使用しないようにブラウザーに要求します。

```css
h1 {
  font-kerning: normal;
  text-transform: uppercase;
}
```

```html
<h1>We Love Verdana</h1>
```

font-feature-settingsプロパティ

OpenTypeフォントの機能を指定する

{font-feature-settings: 機能 有効・無効; }

font-feature-settingsプロパティは、OpenTypeフォントの機能の有効・無効を指定します。OpenTypeフォントの機能（featureタグ）を指定することで、さまざまな表現が可能です。

初期値	normal	継承	あり
適用される要素	すべての要素		
モジュール	CSS Fonts Module Level 3		

値の指定方法

機能

- **normal** OpenTypeフォントの機能を利用しません。
- **タグ** OpenTypeフォントのfeatureタグを引用符（"）で囲んで指定します。複数のタグはカンマ（,）で区切って指定可能です。利用できるfeatureタグはフォントによって異なりますが、日本語のフォントであれば、異体字や半角文字、特殊記号などを表示できます。featureタグは、以下のURLで確認できます。
  https://docs.microsoft.com/ja-jp/typography/opentype/spec/featurelist

有効・無効

機能の値がタグの場合、続けて半角スペースで区切って記述します。

- **1** 機能を有効にします。この値は省略しても問題ありません。
- **0** 機能を無効にします。

以下の例では「hwid」タグを指定して、漢字以外の文字をすべて半角に指定しています。

```css
.text {
  font-feature-settings: "hwid";
}
```

漢字以外のフォントが半角文字で表示される

ポイント

- 互換性や動作の安定性を考慮すると、font-variantおよびその個別指定プロパティを使用するほうがよいでしょう。

text-transformプロパティ

英文字の大文字や小文字での表示方法を指定する

{text-transform: 表示方法; }

text-transformプロパティは、英文字の大文字や小文字での表示方法を指定します。

初期値	none	継承	あり
適用される要素	インラインボックス		
モジュール	CSS Text Module Level 3		

値の指定方法

表示方法

none	表示方法を指定しません。
capitalize	単語の先頭文字が大文字で表示されます。
uppercase	すべて大文字で表示されます。
lowercase	すべて小文字で表示されます。
full-width	東アジアの言語(日本語や中国語など)でアルファベットや数字、記号などが強制的に全角で表示されます。
full-size-kana	主にWebコンテンツにおいてルビで使用される捨て仮名(小書きの仮名)を通常の仮名に変換します。

```css
.description {
  text-transform: capitalize;
}
```

```html
<p class="description">
  This is a sample text of a text-transform property.
</p>
```

単語の先頭文字が大文字で表示される

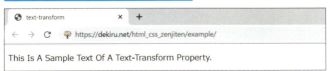

ポイント

- capitalize値は「iPhone」や「eBay」など、先頭が小文字であるべき単語も変換するので注意しましょう。なお、単語の先頭にある句読点や記号は無視されます。

text-alignプロパティ

文章の揃え位置を指定する

{text-align: 揃え位置; }

text-alignプロパティは、文章の揃え位置を指定します。

初期値	start	継承	あり
適用される要素	ブロックコンテナー		
モジュール	CSS Text Module Level 3		

値の指定方法

揃え位置

start	行の開始位置に揃えます。サポートしない環境においては、文章の記述方向がltrならleft、rtlならrightとして解釈されます。
end	行の終了位置に揃えます。
left	左揃えにします。
right	右揃えにします。
center	中央揃えにします。
justify	最終行を除いて均等割付にします。
match-parent	親要素の値を継承します。親要素の値がstartだった場合はleftを、endだった場合はrightを適用します。
justify-all	最終行も含めて強制的に均等割付にします。対応ブラウザーはありません。text-align-lastプロパティ(P.272)を使用しましょう。

```css
.box {
  width: 300px; height: 50px;
  border:solid red 1px;
  text-align: justify;
}
```

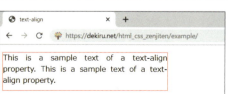

単語の間隔が調整されて均等割付になる

ポイント

- justify値(均等割付)によって単語間の空白が不規則になると、可読性が著しく低下する場合があるため注意が必要です。

text-justifyプロパティ

文章の均等割付の形式を指定する

USEFUL

{text-justify: 形式; }

text-justifyプロパティは、文章の均等割付の形式を指定します。text-alignプロパティ（P.270）の値がjustifyのときに併記することで、さまざまな言語の表記に合わせた形式を選択できます。

初期値	auto	継承	あり
適用される要素	インラインボックス		
モジュール	CSS Text Module Level 3		

値の指定方法

形式

- **auto** ブラウザーが自動的に適切な値を指定します。
- **none** 文章の均等割付を行いません。
- **inter-word** 単語間を調整して均等割付します。英語などに適しています。
- **inter-character** 文字間を調整して均等割付します。日本語などに適しています。

```
.box {                                               CSS
  width: 300px; height: 50px;
  border:solid red 1px;
  text-align: justify;
  text-justify: inter-character;
}
```

文字間隔が調整されて均等割付になる

text-align-lastプロパティ

文章の最終行の揃え位置を指定する

{text-align-last: 揃え位置; }

text-align-lastプロパティは、文章の最終行(あるブロックの最後の行、もしくは強制改行の直前にある行)の揃え位置を指定します。

初期値	auto	継承	あり
適用される要素	ブロックコンテナー		
モジュール	CSS Text Module Level 3		

値の指定方法

揃え位置

auto	text-alignプロパティ(P.270)の値に準じます。ただし、text-alignプロパティの値がjustifyの場合は、startと解釈されます。
start	行の開始位置に揃えます。日本語のように文章の記述方向がltrの場合はleftと同様です。
end	行の終了位置に揃えます。日本語のように文章の記述方向がltrの場合はrightと同様です。
left	最終行を左揃えにします。
right	最終行を右揃えにします。
center	最終行を中央揃えにします。
justify	最終行を均等割付にします。
match-parent	親要素の値を継承します。親要素の値がstartだった場合はleftを、endだった場合はrightを適用します。

```css
.box {
  width: 300px; height: 60px;
  border:solid red 1px;
  text-align: justify;
  text-align-last: right;
}
```

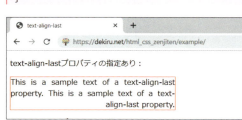

文章の最終行が右揃えになる

text-overflow プロパティ

ボックスに収まらない文章の表示方法を指定する

{text-overflow: 表示方法;}

text-overflowプロパティは、ボックスに収まらずあふれた文章の表示方法を指定します。overflowプロパティ（P.367）の値がhiddenのときに意味を持つプロパティです。

初期値	clip	継承	なし
適用される要素	ブロックコンテナー		
モジュール	CSS Basic User Interface Module Level 3およびLevel 4		

値の指定方法

表示方法

- **clip** 収まらない文章は切り取られます。
- **ellipsis** 収まらない文章は切り取られ、切り取られた部分に省略記号が表示されます。
- **任意の文字** 任意の文字を省略記号として指定できます。文字は引用符(")で囲って記述します。Fifefoxのみが対応しています。
- **fade** 収まらない文章は切り取られ、切り取られた部分にフェードアウト効果が適用されます。ただし、対応しているブラウザーはありません。
- **fade()** フェードアウト効果の範囲を指定できます。単位付き(P.514)の数値、もしくは%値で指定します。ただし、対応しているブラウザーはありません。

```css
.highlight {
  width: 23em; height: 20px;
  white-space: nowrap;
  border: 1px solid red;
  overflow: hidden;
  text-overflow: ellipsis;
}
```

収まらない部分に省略記号(…)が表示される

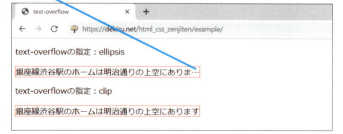

vertical-alignプロパティ

行内やセル内の縦方向の揃え位置を指定する

POPULAR

{vertical-align: 揃え位置;}

vertical-alignプロパティは、行内やセル内の縦方向の揃え位置（ベースライン）を指定します。

初期値	baseline	継承	なし
適用される要素	インラインレベルとテーブルセル要素		
モジュール	CSS Level 2 (Revision 1)		

値の指定方法

揃え位置

baseline	親要素のベースラインの位置になります。
sub	親要素の上付き文字の位置になります。
super	親要素の下付き文字の位置になります。
top	親要素、または先頭行のセルの上端と揃います。
bottom	親要素、または先頭行のセルの下端と揃います。
middle	半角英字の「x」の中央の高さに要素が揃います。
text-top	親要素のフォントと要素の上端が揃います。
text-bottom	親要素のフォントと要素の下端が揃います。
任意の数値+単位	ベースラインから移動する距離を単位付き（P.514）の数値で指定します。既定のベースラインを0として正の値なら上、負の値なら下に移動します。
%値	%値で指定します。値は要素の行の高さに対する割合となります。

```
td.tp {vertical-align: top;}
td.md {vertical-align: middle;}
td.bt {vertical-align: bottom;}
```
CSS

セル内での縦方向の揃え位置が調整される

text-indentプロパティ

文章の1行目の字下げ幅を指定する

{text-indent: 字下げ幅; }

text-indentプロパティは、文章の1行目の字下げ幅を指定します。

初期値	0	継承	あり
適用される要素	ブロックコンテナー		
モジュール	CSS Text Module Level 3		

値の指定方法

字下げ幅

任意の数値+単位	単位付き(P.514)の数値で指定します。
%値	%値で指定します。値は行の幅に対する割合になります。
each-line	強制的に改行された行が字下げされます。ただし、対応しているブラウザーはありません。
hanging	2行目以降が字下げされます。ただし、対応しているブラウザーはありません。

```css
.box {
  width: 450px; height: 100px;
  border: solid 1px red;
  text-indent: 1em;
}
```

1行目の行頭が下がる

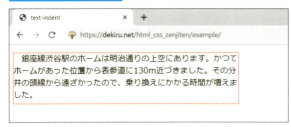

letter-spacingプロパティ

文字の間隔を指定する

{letter-spacing: 間隔; }

letter-spacingプロパティは、文字の間隔を指定します。

初期値	normal	継承	あり
適用される要素	インラインボックス		
モジュール	CSS Text Module Level 3		

値の指定方法

間隔

normal 文字の間隔を調整しません。フォント標準の間隔になります。
任意の数値＋単位 単位付き(P.514)の数値で指定します。負の値も指定できます。

```css
.text {
  font: 20px "Arial",sans-serif;
  letter-spacing: 0.1em;
}
```

文字の間隔が広がる

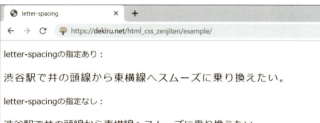

ポイント

- 正の値、負の値に限らず、letter-spacingにあまり大きな数値を指定すると可読性が著しく低下する場合があるので注意が必要です。特に負の値は文字同士が重なり合い、読めなくなる可能性もあります。

word-spacingプロパティ

単語の間隔を指定する

{**word-spacing**: 間隔; }

word-spacingプロパティは、単語の間隔を指定します。半角スペースが基準になるので、日本語の文章でも半角スペースが入る箇所には適用されます。

初期値	normal	継承	あり
適用される要素	インラインボックス		
モジュール	CSS Text Module Level 3		

値の指定方法

間隔

- **normal** 単語の間隔を調整しません。フォント標準の間隔になります。
- **任意の数値＋単位** 単位付き（P.514）の数値で指定します。負の値も指定できます。

```css
.text {
  font: 20px "Arial",sans-serif;
  word-spacing: 0.5em;
}
```

単語の間隔が広がる

tab-sizeプロパティ

タブ文字の表示幅を指定する

{tab-size: 幅; }

tab-sizeプロパティは、タブ文字の表示幅を指定します。このプロパティの指定が適用されるのはpre要素（P.71）の内容か、対象となる要素にwhite-spaceプロパティ（P.279）のpre、またはpre-wrapが適用されている場合です。

初期値	8	継承	あり
適用される要素	ブロックコンテナー		
モジュール	CSS Text Module Level 3		

値の指定方法

幅

任意の数値 タブの空白文字の文字数を任意の正の整数で指定します。

任意の数値+単位 単位付き（P.514）の正の数で指定します。

```css
.tab-adjust {
  tab-size: 4;
}
```

表示されるタブの幅が空白文字4文字分になる

ポイント

- Firefoxでは-moz-接頭辞が必要です。

white-spaceプロパティ

スペース、タブ、改行の表示方法を指定する

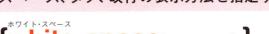

{**white-space**: 表示方法; }

white-spaceプロパティは、スペース、タブ、改行の表示方法を指定します。

初期値	normal	継承	あり
適用される要素	インラインボックス		
モジュール	CSS Text Module Level 3		

値の指定方法

表示方法

normal	表示方法を指定しません。
nowrap	スペース、タブ、改行は半角スペースとして表示されます。ボックスの幅で自動改行されません。
pre	スペース、タブ、改行はそのまま表示されます。ボックスの幅で自動改行されません。
pre-wrap	スペース、タブ、改行はそのまま表示されます。ボックスの幅で自動改行されます。
pre-line	改行はそのまま表示され、スペースとタブは半角スペースとして表示されます。ボックスの幅で自動改行されます。
break-spaces	基本的な動作はpre-wrapと同様ですが、文末に連続するスペースがある場合はそれらもそのまま表示され、ボックスの幅で自動改行されます。

```css
blockquote {
  white-space: pre;
}
```

```html
<blockquote>
            古池や
                    蛙飛び込む
                            水の音
</blockquote>
```

スペース、タブ、改行がそのまま表示される

word-breakプロパティ

文章の改行方法を指定する

{word-break: 改行方法;}

word-breakプロパティは、文章の改行方法を指定します。

初期値	normal	継承	あり
適用される要素	インラインボックス		
モジュール	CSS Text Module Level 3		

値の指定方法

改行方法

- **normal** 改行方法を指定しません。
- **keep-all** 日本語、中国語、韓国語の単語の途中では改行しません。
- **break-all** line-breakプロパティ(P.281)で禁止されていない限り、いつでも改行します。
- **break-word** 適切に改行できる場所が他にない場合は、単語の途中でも改行するようにします。互換性のために定義されていますが、非推奨の値です。

```css
.box {
  width: 300px; height: 60px;
  border:solid red 1px;
  word-break: keep-all;
}
```

日本語の単語の途中で改行しないように調整される

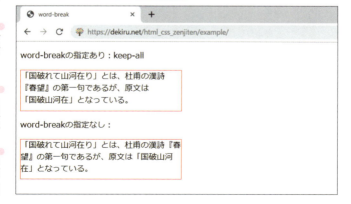

line-break プロパティ

改行の禁則処理を指定する

{**line-break**: 処理方法; }

line-breakプロパティは、日本語、中国語、韓国語に改行の禁則処理を指定します。

初期値	auto	継承	なし
適用される要素	インラインボックス		
モジュール	CSS Text Module Level 3		

値の指定方法

処理方法

- **auto** 禁則処理を指定せず、ブラウザーに任せます。
- **loose** 必要最低限の禁則処理を適用します。
- **normal** 通常の禁則処理を適用します。「々」「…」「:」「;」「!」「?」は、行頭に送られません。
- **strict** 厳格な禁則処理を適用します。normalの場合に加え、小さいカナ文字や、「〜」「-」「—」なども、行頭に送られません。
- **anywhere** 文字間のどこでも改行する可能性があります。また、ハイフネーションは適用されません。

以下の例では、通常および厳格な禁則処理を適用しています。ただし、対応ブラウザーでこれらの値を指定しても、意図通りに機能しないことがあります。

```css
.box {
  width: 300px; height: 60px;
  border:solid red 1px;
  line-break: normal;
}
.box2 {
  width: 300px; height: 60px;
  border:solid red 1px;
  line-break: strict;
}
```

overflow-wrap プロパティ

単語の途中での改行を指定する

{**overflow-wrap**: 改行方法; }

overflow-wrapプロパティは、単語の途中での改行を指定します。古くはword-wrapというプロパティ名で多くのブラウザーが実装していましたが、CSS3においてoverflow-wrapに改名され、最新のブラウザーはこの名称で実装しています。多くのブラウザーは、word-wrapをoverflow-wrapプロパティの別名として扱います。なお、Internet Explorerは旧プロパティ名での実装です。

初期値	normal	継承	あり
適用される要素	インラインボックス		
モジュール	CSS Text Module Level 3		

値の指定方法

改行方法

normal 単語間の空白など、通常折り返しが許可されている位置でのみ改行します。

break-word 適当な折り返し機会がない場合に、単語の途中で改行します。この値で加えられた折り返し機会は、該当要素の最小幅を計算する際に考慮されません。

anywhere 改行の制御はbreak-wordと同様ですが、この値で加えられた折り返し機会は、該当要素の最小幅を計算する際に使用されます。つまり該当要素の幅が最小になるよう、可能な限り折り返し機会を導入します。この値はFirefoxのみの対応です。

```css
.box {
  width: 320px; height: 80px;
  border:solid red 1px;
  word-wrap: break-word;
  overflow-wrap: break-word;
}
```

単語の途中で改行される

ポイント

- 最新のブラウザーはoverflow-wrapプロパティに問題なく対応していますが、Internet Explorerへのフォールバックとしてword-wrapプロパティを併記するとよいでしょう。

hyphens プロパティ

ハイフネーションの方法を指定する

{**hyphens**: 改行方法; }

hyphensプロパティは、1つの単語を複数行にわたって折り返す際、分割位置にハイフン(-)を挿入してひと続きの単語であることを表す「ハイフネーション」を行う方法を指定します。なお、ハイフネーションは言語に依存します。

初期値	manual	継承	あり
適用される要素	インラインボックス		
モジュール	CSS Text Module Level 3		

値の指定方法

改行方法

- **manual** HTMLソース内に­(不可視のソフトハイフン)が記述され、単語間での分割可能位置が指示されている場合はそれを使用して改行し、ハイフンが可視化されます。
- **auto** ­によって分割可能位置が指示されている場合はそれを使用しますが、ない場合はブラウザーが適切な位置で改行し、ハイフンを挿入します。
- **none** ­によって分割可能位置が指示されている場合でも、単語を分割しません。

```css
.box {
  width: 300px; height: 60px;
  border: solid red 1px;
  hyphens: auto;
}
```

適切な箇所で改行され、ハイフン(-)が挿入される

ポイント

- EdgeおよびInternet Explorerでは-ms-接頭辞が必要で、かつauto値には対応しません。また、Safari (Mac)では-webkit-接頭辞が必要です。Chromeはauto値に対応しますが、MacおよびAndroidのみで動作します。

directionプロパティ

文字を表示する方向を指定する

SPECIFIC

{direction: 方向; }
（ディレクション）

directionプロパティは、文字を表示する方向を指定します。

初期値	ltr		継承	あり
適用される要素	すべての要素			
モジュール	CSS Writing Modes Module Level 3			

値の指定方法

方向

ltr 文字が左から右へ表示されます。

rtl 文字が右から左へ表示されます。

unicode-bidiプロパティ

文字の書字方向決定アルゴリズムを制御する

SPECIFIC

{unicode-bidi: 上書き方法; }
（ユニコード・バイディレクショナル）

unicode-bidiプロパティは、文字の書字方向決定アルゴリズムの組み込みや上書きを制御します。ブラウザーでは通常、日本語や英語といった左から右に書く言語と、アラビア語のように右から左に書く言語を同時に表示する際、「Unicode双方向アルゴリズム」に基づいて各言語における書字方向を決定します。しかし、期待通りの表示とならない場合もあります。その場合に、directionプロパティで指定した書字方向でアルゴリズムを強制的に上書きするかどうかを指定できます。

初期値	normal		継承	なし
適用される要素	すべての要素。ただし、一部の値はインラインボックスに対してのみ有効			
モジュール	CSS Writing Modes Level 3			

値の指定方法

上書き方法

normal
双方向アルゴリズムを使用し、新たな書字方向決定アルゴリズムの組み込みや上書きを行いません。

enbed
インラインボックスにおいて、双方向アルゴリズムに加えてdirectionプロパティの値に応じた書字方向決定アルゴリズムが組み込まれて表示されます。UnicodeにおけるLRE/RLEに相当します。

bidi-override
インラインボックスにおいて、双方向アルゴリズムをdirectionプロパティの値に応じた書字方向決定アルゴリズムが上書きして表示されます。ブロックコンテナーにおいては、内包するインラインボックスに対してdirectionプロパティの値に応じた書字方向決定アルゴリズムが上書きされます。UnicodeにおけるLRO/RLOに相当します。

isolate
インラインボックスにおいて、双方向アルゴリズムに加えてdirectionプロパティの値に応じた書字方向決定アルゴリズムが組み込まれて表示されますが、その際に周囲のインラインボックスから独立したものとして扱われます。UnicodeにおけるLRI/RLIに相当します。

isolate-override
isolate同様、周囲のインラインボックスから独立したものとして扱われながら、インラインボックス内にbidi-override同様の上書き処理を適用します。UnicodeにおけるFSI、LRO/FSI、RLOに相当します。

plaintext
ブロックコンテナー、およびインラインボックスに対してisolateと同様に作用しますが、書字方向の決定はdirectionプロパティの値ではなく双方向アルゴリズムの規則P2、P3に基づいて決定されます。

writing-modeプロパティ

縦書き、または横書きを指定する

{writing-mode: 書字方向; }

ライティング・モード

writing-modeプロパティは、縦書き、または横書きの方向を指定します。

初期値	horizontal-tb	継承	あり
適用される要素	すべての要素。ただし、テーブルの行グループ、列グループ、行、列、およびルビのベースコンテナー、注釈コンテナーを除く		
モジュール	CSS Writing Modes Level 3およびLevel 4		

値の指定方法

書字方向

- **horizontal-tb** 横書きにして、上から下へ行ブロックを並べます。
- **vertical-rl** 縦書きにして、右から左へ行ブロックを並べます。
- **vertical-lr** 縦書きにして、左から右へ行ブロックを並べます。
- **sideways-rl** 縦書きにして、右から左へ行ブロックを並べ、さらにすべての文字を右方向に横倒し表示します。対応しているブラウザーはFirefoxのみです。
- **sideways-lr** 縦書きにして、右から左へ行ブロックを並べ、さらにすべての文字を左方向に横倒し表示します。対応しているブラウザーはFirefoxのみです。

```css
.text {
  writing-mode: vertical-rl;
}
```

文章が縦書きで表示される

ポイント

- Internet Explorerでは-ms-接頭辞が必要です。

text-combine-uprightプロパティ

縦中横を指定する

テキスト・コンバイン・アップライト

{text-combine-upright: 表示方法; }

text-combine-uprightプロパティは、日本語の縦書き文書の中で数文字の英数字などを1文字分のスペースに横書きする「縦中横」を指定します。

初期値	none	継承	あり
適用される要素	非置換インライン要素		
モジュール	CSS Writing Modes Module Level 3およびLevel 4		

値の指定方法

表示方法

- **none** 縦中横にしません。
- **all** 縦中横にします。すべての文字を1文字分のスペースに収めます。
- **digits 数値** 指定した桁数以下の数字を縦中横にし、1文字分のスペースに収めます。桁数はdigitsの後の半角スペースを空けて、2、3、4のいずれかで指定します。数値を省略した場合は2桁数以下の数字が縦横中になります。ただし、この値に対応するブラウザーは一部のみです。

```css
hgroup {
  writing-mode: vertical-rl;
  text-combine-upright: digits 2;
}
```

```html
<hgroup>
  <h1>平成31年4月10日</h1>
  <h2>第20回 表彰式</h2>
<hgroup>
```

Microsoft Edge

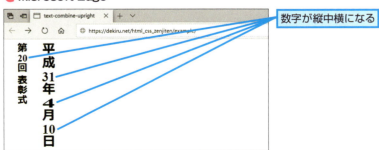

数字が縦中横になる

287

text-orientationプロパティ

縦書き時の文字の向きを指定する

{text-orientation: 書字方向;}

text-orientationプロパティは、縦書き時の文字の向きを指定します。ただし、writing-modeプロパティの値がhorizontal-tbの場合、このプロパティは無視されます。

初期値	mixed	継承	あり
適用される要素	すべての要素。ただしテーブルの行グループ、列グループ、行、列を除く		
モジュール	CSS Writing Modes Module Level 3		

値の指定方法

書字方向

mixed 日本語など縦書きの文字は縦書き(正立)として表示し、英数字など横書きのみの文字を右に90度回転(横倒し)させた状態で表示します。

upright 縦書きにおいて、すべての文字を正立に配置します。前提として、ブラウザーはすべての文字がltr(左から右へ)で書かれているものとみなします。

sideways 縦書きにおいて、すべての文字を90度回転(横倒し)させた状態で表示します。writing-modeプロパティの値がvertical-rlの場合は右へ、vertical-lrの場合は左へ90度回転(横倒し)します。

```css
.upright {
  writing-mode: vertical-rl;
  text-orientation: upright;
  unicode-bidi: bidi-override;
  direction: ltr;
}
```

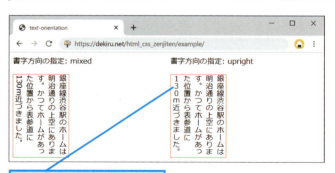

すべての文字が正立した状態で表示される

text-decoration-lineプロパティ

傍線の位置を指定する

{text-decoration-line: 位置; }

text-decoration-lineプロパティは、下線や上線など、文字に引く傍線の位置を指定します。

初期値	none	継承	なし
適用される要素	すべての要素		
モジュール	CSS Text Decoration Module Level 3		

値の指定方法

none以外の各値は半角スペースで区切って複数指定できます。noneを指定する場合は単体で使用しなければなりません。

位置

- **none** 　　文字に傍線は引かれません。
- **underline** 　文字に下線が引かれます。
- **overline** 　文字の上側に線が引かれます。
- **line-through** 文字の中央に線が引かれます。取り消し線、打ち消し線になります。

```css
.att {
  text-decoration-line: underline;
}
```

下線が表示される

289

text-decoration-colorプロパティ

傍線の色を指定する

テキスト・デコレーション・カラー
{text-decoration-color: 色; }

text-decoration-colorプロパティは、文字に引く傍線の色を指定します。

初期値	currentcolor	継承	なし
適用される要素	すべての要素		
モジュール	CSS Text Decoration Module Level 3		

値の指定方法

色

色　　キーワード、カラーコード、rgb()、rgba()によるRGBカラー、hsl()、hsla()によるHSLカラー、あるいはシステムカラーで指定します。色の指定方法（P.516）も参照してください。

currentcolor　該当要素に指定された文字色を使用します。

```css
.att {
  text-decoration-line: underline;
  text-decoration-color: red;
}
```

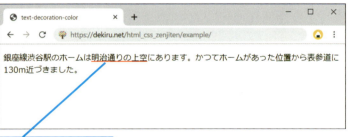

下線が赤で表示される

text-decoration-styleプロパティ

傍線のスタイルを指定する

テキスト・デコレーション・スタイル
{text-decoration-style: スタイル; }

text-decoration-styleプロパティは、二重線や点線など、文字に引く傍線のスタイルを指定します。

初期値	solid	継承	なし
適用される要素	すべての要素		
モジュール	CSS Text Decoration Module Level 3		

値の指定方法

スタイル

- **solid** 1本の実線で表示されます。
- **double** 2本の実線で表示されます。
- **dotted** 点線で表示されます。
- **dashed** 破線で表示されます。
- **wavy** 波線で表示されます。

```css
.att {
  text-decoration-line: underline;
  text-decoration-color: red;
  text-decoration-style: double;
}
```

下線が2本の実線で表示される

291

text-decoration-thickness プロパティ

傍線の太さを指定する

RARE

テキスト・デコレーション・シックネス
{text-decoration-thickness: 太さ; }

text-decoration-thicknessプロパティは、文字に引く傍線の太さを指定します。

初期値	auto	継承	なし
適用される要素	すべての要素		
モジュール	CSS Text Decoration Module Level 4		

値の指定方法

太さ

auto	ブラウザーが適切な太さを設定します。
from-font	使用しているフォントに傍線の適切な太さに関する情報が含まれている場合、それを使用します。含まれていない場合はautoと同様の動作をします。
任意の数値+単位	単位付き(P.514)の数値で指定します。

```css
.att {
  text-decoration-thickness: 2px;
  text-decoration-line: underline;
  text-decoration-style: solid;
  text-decoration-color: red;
}
```

🦊 Firefox

下線が2pxの太さで表示される

☑ text-decorationプロパティ

傍線をまとめて指定する

テキスト・デコレーション
{text-decoration: -line -style -color -thickness ; }

text-decorationプロパティは、文字の傍線を一括指定するショートハンドです。

初期値	各プロパティに準じる	継承	なし
適用される要素	すべての要素		
モジュール	CSS Text Decoration Module Level 3およびLevel 4		

値の指定方法

個別指定の各プロパティと同様です。値は半角スペースで区切って指定します。省略した場合は、各プロパティの初期値が適用されます。

```
a:link {                                                    CSS
  text-decoration: underline red;
}
```

上の例で指定したtext-decorationプロパティは、各プロパティを以下のように指定した場合と同様の表示になります。

```
a:link {                                                    CSS
  text-decoration-line: underline;
  text-decoration-style: solid;
  text-decoration-color: red;
}
```

ポイント

- text-decorationプロパティは、CSS2.1では文字に傍線を引くためのプロパティとして定義されていましたが、CSS3では傍線のスタイルや色も指定できるショートハンドとして定義されています。
- Edge（Edge HTML）およびInternet Explorerではショートハンドとして機能せず、text-decoration-lineプロパティで指定可能な値のみ使用できます。
- CSS4で定義されたtext-decoration-thicknessプロパティの一括指定は、Firefoxのみの対応です。

セレクター

フォント／テキスト

色／背景／ボーダー

ボックス／テーブル

段組み

フレキシブルボックス

グリッドレイアウト

アニメーション

トランスフォーム

コンテンツ

できる 293

text-underline-position プロパティ

下線の位置を指定する

テキスト・アンダーライン・ポジション
{text-underline-position: 位置; }

text-underline-positionは、text-decorationプロパティにおけるunderlineで指定された下線の位置を指定します。

初期値	auto	継承	あり
適用される要素	すべての要素		
モジュール	CSS Text Decoration Module Level 3		

値の指定方法

位置

- **auto**　ブラウザーが適切な下線の位置を判断します。
- **under**　下線をアルファベットのベースラインの下に表示します。下付き文字を多用しているような文章で、可読性が向上するかもしれません。
- **left**　縦書きにおいて、テキストの左に傍線を表示します。横書きにおいては、underと同等となります。
- **right**　縦書きにおいて、テキストの右に傍線を表示します。横書きにおいては、underと同等となります。

```css
.att {
  text-decoration-line: underline;
  text-underline-position: under;
}
```

下線の位置が通常より少し低く表示される

text-emphasis-style プロパティ

傍点のスタイルと形を指定する

SPECIFIC

テキスト・エンファシス・スタイル
{text-emphasis-style: スタイル 形; }

text-emphasis-styleプロパティは、文字に付ける傍点のスタイルと形を指定します。

初期値	none	継承	あり
適用される要素	すべての要素		
モジュール	CSS Text Decoration Module Level 3		

値の指定方法

スタイル

- **none**　傍点を表示しません。
- **filled**　塗りつぶしの傍点が表示されます。
- **open**　白抜きの傍点が表示されます。filledもopenもどちらも指定されなかった場合は初期値になります。
- **任意の文字**　任意の1文字を傍点として指定できます。文字は引用符(")で囲って記述します。

形

スタイルの値がfilled、openの場合、続けて半角スペースで区切って1つだけ記述します。

- **dot**　　　　　　小さな円の傍点が表示されます。
- **circle**　　　　　大きな円の傍点が表示されます。
- **double-circle**　二重丸の傍点が表示されます。
- **triangle**　　　　三角形の傍点が表示されます。
- **sesame**　　　　ゴマの形の傍点が表示されます。

```css
.att {
  text-emphasis-style: filled triangle;
}
```

三角形の傍点が表示される

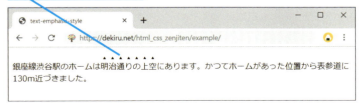

銀座線渋谷駅のホームは明治通りの上空にあります。かつてホームがあった位置から表参道に130m近づきました。

text-emphasis-color プロパティ

傍点の色を指定する

テキスト・エンファシス・カラー
{text-emphasis-color: 色; }

text-emphasis-colorプロパティは、文字に付ける傍点の色を指定します。

初期値	currentcolor	継承	あり
適用される要素	すべての要素		
モジュール	CSS Text Decoration Module Level 3		

値の指定方法

色

色　　キーワード、カラーコード、rgb()、rgba()によるRGBカラー、hsl()、hsla()によるHSLカラー、あるいはシステムカラーで指定します。色の指定方法(P.516)も参照してください。

currentcolor　該当要素に指定された文字色を使用します。

```css
.att {
  text-emphasis-style: triangle;
  text-emphasis-color: red;
}
```

傍点が赤で表示される

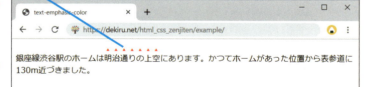

☑ text-emphasis プロパティ

文字の傍点をまとめて指定する

テキスト・エンファシス
{text-emphasis: -style -color ; }

text-emphasisプロパティは、文字の傍点を一括指定するショートハンドです。

初期値	各プロパティに準じる	継承	あり
適用される要素	すべての要素		
モジュール	CSS Text Decoration Module Level 3		

値の指定方法

個別指定の各プロパティと同様です。値は半角スペースで区切って指定します。省略した場合は、各プロパティの初期値が適用されます。

```css
.att {
  text-emphasis: circle red;
}
```

上の例で指定したtext-emphasisプロパティは、各プロパティを以下のように指定した場合と同様の表示になります。

```css
.att {
  text-emphasis-style: circle;
  text-emphasis-color: red;
}
```

できる 297

text-emphasis-positionプロパティ

傍点の位置を指定する

テキスト・エンファシス・ポジション
{text-emphasis-position: 位置; }

text-emphasis-positionプロパティは、文字に付ける傍点の位置を指定します。

初期値	over right	継承	あり
適用される要素	すべての要素		
モジュール	CSS Text Decoration Module Level 3		

値の指定方法

位置

横書きの場合、縦書きの場合の傍点の位置を半角スペースで区切って指定します。望ましい傍点の位置は言語に依存します。例えば、日本語の場合はover rightが適しています。この値は初期値なので指定自体を省略しても問題ありません。

- **over** 横書きにおいて、傍点は文字の上に表示されます。
- **under** 横書きにおいて、傍点は文字の下に表示されます。
- **right** 縦書きにおいて、傍点は文字の右に表示されます。
- **left** 縦書きにおいて、傍点は文字の左に表示されます。

```css
.att {
  text-emphasis: circle red;
  text-emphasis-position: under;
}
```

傍点が文字の下に表示される

text-shadowプロパティ

文字の影を指定する

{**text-shadow**: オフセット ぼかし半径 色; }

text-shadowプロパティは、文字の影を指定します。影はカンマ(,)区切りで複数指定できます。

初期値	none	継承	あり
適用される要素	すべての要素		
モジュール	CSS Text Decoration Module Level 3		

値の指定方法

オフセット

none 影を表示しません。

任意の数値+単位 影のオフセット位置を単位付き(P.514)の数値で指定します。1つ目に水平方向、2つ目に垂直方向の値を半角スペースで区切って記述します。必須の値です。

ぼかし半径

任意の数値+単位 影のぼかし半径を単位付き(P.514)の数値で指定します。オフセット値の2つに続いて3つ目に記述される数値です。

色

色 影の色をキーワード、カラーコード、rgb()、rgba()によるRGBカラー、hsl()、hsla()によるHSLカラー、あるいはシステムカラーで指定します。色の指定がない場合、currentcolor(該当要素に指定された文字色)が使用されます。色の指定方法(P.516)も参照してください。

```css
.shadow {
  font-size: 30px;
  text-shadow: 2px 2px 2px #bc8f8f, 3px 3px 3px #dc143c;
}
```

2つの影が文字に適用される

list-style-imageプロパティ

リストマーカーの画像を指定する

{list-style-image: 画像; }

list-style-imageプロパティは、リストマーカーの画像を指定します。

初期値	none	継承	あり
適用される要素	リストアイテム		
モジュール	CSS Lists Module Level 3		

値の指定方法

画像

- **none** リストマーカーの画像を指定しません。
- **url()** 関数型の値です。括弧内にリストマーカーに使用する画像のURLを指定します。

```css
ul {
  list-style-image: url(marker.png);
}
```

画像がリストマーカーとして表示される

list-style-position プロパティ

リストマーカーの位置を指定する

{list-style-position: 位置; }
リスト・スタイル・ポジション

list-style-positionプロパティは、リストマーカーの位置を指定します。

初期値	outside	継承	あり
適用される要素	リストアイテム		
モジュール	CSS Lists Module Level 3		

値の指定方法

位置

- **inside** リストマーカーはボックスの内側に表示されます。
- **outside** リストマーカーはボックスの外側に表示されます。

```
li {background-color: yellow;}
.us {list-style-position: outside;}
.is {list-style-position: inside;}
```
CSS

リストマーカーがli要素のボックスの
外側・内側に表示される

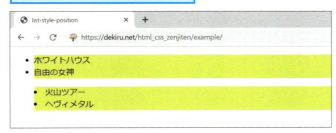

ポイント

- list-style-position: insideが指定されたリスト要素の最初の子要素としてブロックレベルの要素が配置された場合、マーカーの表示位置はブラウザーによって異なる場合があります。

list-style-typeプロパティ

リストマーカーのスタイルを指定する

POPULAR

```
{list-style-type: スタイル; }
```

list-style-typeプロパティは、リストマーカーのスタイルを指定します。

初期値	disc	継承	あり
適用される要素	リストアイテム		
モジュール	CSS Lists Module Level 3およびCSS Counter Styles Level 3		

値の指定方法

以下のいずれかの値を指定できます。

スタイル(種類)

none	リストマーカーを表示しません。
文字列	リストマーカーとして特定の文字列を使用します。文字列は引用符(")で囲んで指定します。

スタイル(定義済みキーワード)

リストマーカーの種類を定義したキーワードで指定します。代表的なものには以下があります。定義されていないキーワードが指定された場合は、decimalとして扱われます。

disc	塗りつぶされた円形(●)のマーカーが表示されます。
circle	白抜きの円形(○)のマーカーが表示されます。
square	塗りつぶされた四角形(■)のマーカーが表示されます。
decimal	10進数(1、2、3…)のマーカーが表示されます。
decimal-leading-zero	ゼロ埋めされた10進数(01、02、03…)のマーカーが表示されます。
lower-roman	小文字ASCIIによるローマ数字(i、ii、iii…)のマーカーが表示されます。
upper-roman	大文字ASCIIによるローマ数字(I、II、III…)のマーカーが表示されます。
lower-alpha/lower-latin	小文字ASCIIアルファベット(a、b、c…)のマーカーが表示されます。
upper-alpha/upper-latin	大文字ASCIIアルファベット(A、B、C…)のマーカーが表示されます。
cjk-decimal	漢数字(一、二、三)のマーカーが表示されます。
cjk-earthly-branch	漢字による十二支(子、丑、寅…)のマーカーが表示されます。
cjk-heavenly-stem	漢字による十干(甲、乙、丙…)のマーカーが表示されます。
hiragana	平仮名(あ、い、う…)のマーカーが表示されます。

hiragana-iroha	いろは順の平仮名(い、ろ、は…)のマーカーが表示されます。
katakana	片仮名(ア、イ、ウ…)のマーカーが表示されます。
katakana-iroha	いろは順の片仮名(イ、ロ、ハ…)のマーカーが表示されます。
japanese-informal	略式的な日本語漢字による数字表記(一、二、三…)のマーカーが表示されます。
japanese-formal	正式な日本語漢字による数字表記(壱、弐、参…)のマーカーが表示されます。

スタイル(独自定義)

symbols()関数を使用することで、独自のリストマーカーを定義します。symbols(キーワード "文字列または画像");という形式で、文字列と画像は複数指定可能です。独自のリストマーカーは@counter-style規則を用いても定義できますが、ある要素で一度しか使わないような定義であれば、symbols()関数を使用したほうが楽でしょう。以下のキーワードを指定できます。

cyclic	指定されたシンボルをループして使用します。
numeric	指定されたシンボルを、位の値の数字と解釈して使用します。2つ以上の文字または画像が指定されていなければなりません。
alphabetic	指定されたシンボルを、アルファベット式番号付けの数字と解釈して使用します。2つ以上の文字、または画像が指定されていなければなりません。
symbolic	指定されたシンボルをループして使用しますが、ループした回数分、シンボルを重ねて表示します。つまり、2巡目は同じシンボルが2つ、3巡目では3つと増えていきます。
fixed	指定されたシンボルを1回だけ使用し、その後はアラビア数字にフォールバックします。もし定義されたシンボルが3つあった場合、3つ目までは定義されたシンボルを使用し、その後は4、5、6…とアラビア数字で表示します。

```
ul.sample01 {
  list-style-type: symbols(cyclic "\1F34E" "\1F34F");
}
```
CSS

Firefox

指定した絵文字がマーカーとして繰り返し表示される

☑ list-styleプロパティ

リストマーカーをまとめて指定する

POPULAR

リスト・スタイル
{list-style: -type -position -image ; }

list-styleプロパティは、リストマーカーを一括指定するショートハンドです。

初期値	各プロパティに準じる	継承	あり
適用される要素	リストアイテム		
モジュール	CSS Lists Module Level 3		

値の指定方法

個別指定の各プロパティと同様です。各プロパティは半角スペースで区切って指定します。ただし、noneを単独で指定すると、list-style-image、list-style-typeプロパティの両方に適用され、リストマーカーが表示されなくなります。

```css
.list {
  list-style: disc outside;
}
```
CSS

上記のようにlist-styleプロパティを指定すると、各プロパティを以下のように指定した場合と同様の表示になります。

```css
.list {
  list-style-type: disc;
  list-style-position: outside;
}
```
CSS

colorプロパティ

文字の色を指定する

{color: 値; }

colorプロパティは、文字の色を指定します。

初期値	ブラウザーに依存	継承	あり
適用される要素	すべての要素		
モジュール	CSS Color Module Level 3およびLevel 4		

値の指定方法

色

色	キーワード、カラーコード、rgb()、rgba()によるRGBカラー、hsl()、hsla()によるHSLカラー、あるいはシステムカラーで指定します。色の指定方法（P.516）も参照してください。
currentcolor	このキーワードが指定された場合、「color: inherit;」として扱われます。

```css
.att {
  color: #f00;
}
```

```html
<p>
銀座線渋谷駅のホームは<span class="att">明治通りの上空</span>にあります。かつてホームがあった位置から表参道に130m近づきました。
</p>
```

文字が赤で表示される

ポイント

- 文字の色を指定するときは、背景の色とのコントラスト比を考慮すべきです。Webコンテンツアクセシビリティガイドライン（Web Content Accessibility Guidelines）では、文字と背景の色のコントラスト比として4.5:1以上（見出しのような大きめのテキストの場合は3:1以上）が推奨されています。

background-colorプロパティ

背景色を指定する

{background-color: 色; }

background-colorプロパティは、背景色を指定します。

初期値	transparent（透明）	継承	なし
適用される要素	すべての要素		
モジュール	CSS Backgrounds and Borders Module Level 3		

値の指定方法

色

色 キーワード、カラーコード、rgb()、rgba()によるRGBカラー、hsl()、hsla()によるHSLカラー、あるいはシステムカラーで指定します。色の指定方法（P.516）も参照してください。

```css
body {background-color: #ffe4e1;}
article {background-color: #ffe4b5;}
h1 {background-color: #90ee90;}
```

```html
<article>
    <h1>カフェラテとカプチーノの違い</h1>
    <p>当店のメニューには、カフェラテとカプチーノがあります。</p><!--省略-->
</article>
```

対象となる要素にそれぞれの背景色が表示される

ポイント

- 背景色を指定するときは、文字色とのコントラストに気を配りましょう。詳しくはcolorプロパティ（P.305）のポイントを参照してください。

background-imageプロパティ

背景画像を指定する

{background-image: 画像; }

background-imageプロパティは、背景画像を指定します。

初期値	none	継承	なし
適用される要素	すべての要素		
モジュール	CSS Backgrounds and Borders Module Level 3		

値の指定方法

画像

- **url()** 背景画像のURLをurl()関数で指定します。例えば「url(image.jpg)」のように記述します。関数の引数はカンマ(,)で区切って複数指定でき、その場合は先に指定した画像が前面に、後に指定した画像が背面に配置されます。
- **none** 背景画像を指定しません。

```css
body {
  background-image: url(bg_body.jpg);
}
```

背景画像が表示される

ポイント

- 濃い色の背景画像に淡い色のテキストを合わせるときは、background-colorプロパティも併用して濃い背景色を指定しましょう。背景画像の読み込みに時間がかかる場合、あるいは読み込めなかった場合にテキストが読めなくなることを防げます。
- このプロパティの値は画像のデータ型なので、linear-gradient()関数(P.322)なども指定できます。

background-repeatプロパティ

背景画像の繰り返しを指定する

{background-repeat: 繰り返し; }
（バックグラウンド・リピート）

background-repeatプロパティは、背景画像の繰り返しを指定します。

初期値	repeat	継承	なし
適用される要素	すべての要素		
モジュール	CSS Backgrounds and Borders Module Level 3		

値の指定方法

繰り返し

値は1つ、または半角スペースで区切って2つ指定できます。1つの場合は水平・垂直方向の両方、2つの場合は水平方向、垂直方向の順の指定になります。また、カンマ (,) で区切って複数の背景画像の繰り返しを指定できます。

- **repeat** 背景画像は繰り返して表示されます。領域からはみ出る部分は切り取られます。
- **space** 背景画像は繰り返して表示されます。領域からはみ出ないように、間隔が調整されて配置されます。
- **round** 背景画像は繰り返して表示されます。領域内に収まるように、自動的に拡大・縮小されます。
- **repeat-x** 1つだけ指定することで背景画像は水平方向に繰り返して表示されます。「repeat no-repeat」と同値です。
- **repeat-y** 1つだけ指定することで背景画像は垂直方向に繰り返して表示されます。「no-repeat repeat」と同値です。
- **no-repeat** 背景画像を繰り返しません。

```css
body {
  background-image: url(bg_artdeco.jpg);
  background-repeat: repeat-x;
}
```

水平方向にのみ背景画像が繰り返し表示される

☑ **background-positionプロパティ**

背景画像を表示する水平・垂直位置を指定する

POPULAR

バックグラウンド・ポジション
{background-position: 位置; }

background-positionプロパティは、背景画像を表示する水平・垂直位置を指定します。

初期値	0% 0%	継承	なし
適用される要素	すべての要素		
モジュール	CSS Backgrounds and Borders Module Level 3		

値の指定方法

位置

値は1つ、または半角スペースで区切って2つ、もしくはキーワードと距離、%値の組み合わせで最大4つの値まで指定できます。値として距離または%値を1つ指定した場合、垂直位置の指定はcenterとなります。キーワードを1つ指定した場合は、もう一方の指定がcenterとなります。2つの場合は水平位置、垂直位置の順の指定になります。また、カンマ(,)で区切って複数の画像の位置を指定できます。

任意の数値＋単位	背景画像を表示する領域の左上端からの距離を単位付き(P.514)の数値で指定します。例えば「0.5em 0px」と指定すると、左端から0.5em、上から0pxに配置されます。
%値	背景画像を表示する領域と画像のサイズに対して、それぞれの割合が一致する位置に表示されます。例えば「20% 50%」と指定すると、領域の左端から20%、上端から50%の位置に、画像の左端から20%、上端から50%の位置が一致するように配置されます。
top	垂直0%と同じです。
right	水平100%と同じです。
bottom	垂直100%と同じです。
left	水平0%と同じです。
center	水平50%、垂直50%と同じです。

以下のような指定は無効です。1つ目の値がbottom(またはtop、left、right)だった場合、2つ目の値に同じ値を指定してはいけません。

```css
div {
  background-position: bottom bottom; /*この指定は無効*/
}
```

次のページの例では、キーワード値と数値を同時に指定することで、画像を右端から100px、下端から50pxの位置に表示しています。

次のページに続く

```css
body {
  background-image: url(body.jpg);
  background-repeat: no-repeat;
  background-position: right 100px bottom 50px;
}
```

背景画像が指定した位置に表示される

実践例　文書全体の背景画像を複数指定する

{background-image: 画像1, 画像2; }
{background-repeat: 画像1の繰り返し, 画像2の繰り返し; }
{background-position: 画像1の位置, 画像2の位置; }

以下の例では、body要素を対象にbackground-imageプロパティで2つの画像を指定したうえで、background-repeatプロパティではそれぞれの繰り返しを、background-positionプロパティではそれぞれの位置を指定しています。background-imageプロパティの値は、カンマ (,) で区切ることで複数の画像を指定可能です。同様にして、background-repeat、background-positionプロパティも複数の画像に対する指定ができます。

```css
body {
  background-image: url(bg_artdeco.jpg), url(bg_coffee.jpg);
  background-repeat: repeat-x, no-repeat;
  background-position: top, bottom right 20px;
}
```

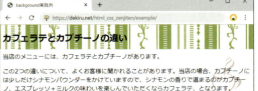

複数の画像が表示される

それぞれの画像が指定した位置と繰り返し方法で表示される

background-attachment プロパティ

スクロール時の背景画像の表示方法を指定する

{**background-attachment**: 表示方法; }

background-attachmentプロパティは、ページをスクロールしたときの背景画像の表示方法を指定します。

初期値	scroll	継承	なし
適用される要素	すべての要素		
モジュール	CSS Backgrounds and Borders Module Level 3		

値の指定方法

表示方法

- **scroll** 背景画像も一緒にスクロールします。
- **fixed** 背景画像は固定されてスクロールしません。
- **local** 背景画像は指定された要素の領域に固定されます。その領域にスクロール機能がある場合は、内容と一緒に背景画像もスクロールします。

```css
body {
  background-image: url(bg_artdeco.jpg);
  background-repeat: repeat-x;
  background-attachment: fixed;
}
```

ページをスクロールしても背景画像は移動しない

background-sizeプロパティ

背景画像の表示サイズを指定する

{**background-size**: 表示サイズ; }

background-sizeプロパティは、背景画像の表示サイズを指定します。カンマ(,)で区切って複数の画像のサイズを指定できます。

初期値	auto	継承	なし
適用される要素	すべての要素		
モジュール	CSS Backgrounds and Borders Module Level 3		

値の指定方法

表示サイズ

cover	縦横比を保ったまま、背景画像が領域をすべてカバーする表示サイズに調整されます。
contain	縦横比を保ったまま、さらに画像を切り取ることなく、背景画像が領域に収まる最大の表示サイズに調整されます。
auto	背景画像の表示サイズが自動的に調整されます。
任意の数値+単位	背景画像の幅と高さを半角スペースで区切って、単位付き(P.514)の数値で指定します。1つだけ指定した場合は、2つ目の値はautoになります。
%値	背景画像の幅と高さを半角スペースで区切って、％値で指定します。値は背景画像を表示する領域に対する割合となります。1つだけ指定した場合は、2つ目の値はautoになります。

```
body {
  /*省略*/
  background-size: contain;
}
```

背景画像が要素の領域に合わせて拡大・縮小される

ポイント

- 背景画像を配置する領域はプロパティを指定する要素のボックスに当たります。background-originプロパティ（P.313）で領域を指定している場合は、その設定に従います。

background-origin プロパティ

背景画像を表示する基準位置を指定する

{**background-origin**: 基準位置; }

background-originプロパティは、背景画像をボックスに表示する基準位置を指定します。

初期値	padding-box	継承	なし
適用される要素	すべての要素		
モジュール	CSS Backgrounds and Borders Module Level 3		

値の指定方法

基準位置

カンマ (,) で区切って複数の画像の基準位置を指定できます。ただし、background-attachmentプロパティ (P.311) の値がfixedの場合、このプロパティの指定は無効となります。

- **border-box** ボーダーを含めた要素の端を基準にします。
- **padding-box** ボーダーを除いた要素の内側の領域(パディング領域)を基準にします。
- **content-box** ボックス内の余白を含まない、要素の内容領域(コンテンツ領域)を基準にします。

```css
.sample1 {background-origin: border-box;}
.sample2 {background-origin: padding-box;}
.sample3 {background-origin: content-box;}
```

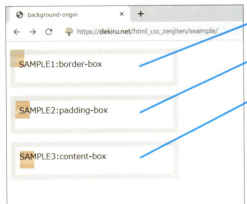

ボーダー領域が背景画像の基準位置となる

パディング領域が背景画像の基準位置となる

コンテンツ領域が背景画像の基準位置となる

background-clipプロパティ

背景画像を表示する領域を指定する

{**background-clip**: 表示領域; }

background-clipプロパティは、背景画像を表示する領域を指定します。

初期値	border-box	継承	なし
適用される要素	すべての要素		
モジュール	CSS Backgrounds and Borders Module Level 3 および Level 4		

値の指定方法

表示領域

カンマ(,)で区切って複数の画像の表示領域を指定できます。

- **border-box** ボーダーを含めた要素の端まで表示されます。
- **padding-box** ボーダーを除いた要素の内側の領域(パディング領域)に表示されます。
- **content-box** ボックス内の余白を含まない、要素の内容領域(コンテンツ領域)に表示されます。
- **text** 前景にあるテキストで切り取ったように表示されます。ただし、対応するブラウザーは一部のみです。

```css
.sample1 {background-clip: border-box;}
.sample2 {background-clip: padding-box;}
.sample3 {background-clip: content-box;}
```

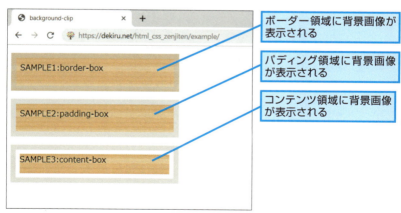

ボーダー領域に背景画像が表示される

パディング領域に背景画像が表示される

コンテンツ領域に背景画像が表示される

☑ backgroundプロパティ

背景のプロパティをまとめて指定する

POPULAR

{**background**: -color -image -repeat
-position -attachment -clip -size -origin ; }

backgroundプロパティは、背景色、画像、繰り返し、位置などを一括指定するショートハンドです。

初期値	各プロパティに準じる	継承	なし
適用される要素	すべての要素		
モジュール	CSS Backgrounds and Borders Module Level 3		

値の指定方法

個別指定の各プロパティと同様です。それぞれの値は半角スペースで区切って指定します。任意の順序で指定できますが、background-sizeプロパティの値は、background-positionプロパティの値にスラッシュ (/)で続けて指定します。また、background-origin、background-clipプロパティの値は、1つ目が前者に、2つ目が後者に適用されます。1つだけの場合は、両方に適用されます。

```css
body {                                                           CSS
  background: url(bg.png) 40% / 100px gray round fixed border-box;
}
```

上の例で指定したbackgroundプロパティは、各プロパティを以下のように指定した場合と同様の表示になります。

```css
body {                                                           CSS
  background-color: gray;
  background-position: 40% 50%;
  background-size: 100px 100px;
  background-clip: border-box;
  background-origin: round;
  background-attachment: fixed;
  background-image: url(bg.png);
}
```

mix-blend-mode プロパティ

要素同士の混合方法を指定する

SPECIFIC

ミックス・ブレンド・モード

{mix-blend-mode: 混合モード; }

mix-blend-modeプロパティは、要素同士をどのようにブレンド（混合）するかを指定します。例えば、img要素で配置された画像と親要素の背景画像を合成したり、重なり合う要素同士を合成したりできます。

初期値	normal	継承	なし
適用される要素	すべての要素。SVGではコンテナー要素、グラフィック要素、グラフィック参照要素		
モジュール	Compositing and Blending Level 1		

値の指定方法

混合モード

normal	ブレンドしません。
multiply	上の色（画像の各色成分も含む）と下の色を乗算します。
screen	上の色と下の色を反転したうえで乗算した結果を反転します。
overlay	上の色と下の色を比較して、下の色が暗ければmultiply、明るければscreenとしてブレンドされます。hard-lightを反転したものです。
darken	色成分ごとにもっとも暗い値が選択されます。比較（暗）です。
lighten	色成分ごとにもっとも明るい値が選択されます。比較（明）です。
color-dodge	明るいところはより明るく、暗いところも少し明るくしながらコントラストを強調する「覆い焼き」の効果があります。
color-burn	暗いところはより暗く、明るいところも少し暗くしながらコントラストを強調する「焼き込み」の効果があります。
hard-light	上の色と下の色を比較して、上の色が暗ければmultiply、明るければscreenとしてブレンドされます。
soft-light	上の色と下の色を比較して、明るい場合はより明るく、暗い場合はより暗くします。
difference	差の絶対値です。2つの色のより明るいほうの色から、より暗い方の色を減算します。
exclusion	除外します。differenceと同様の効果ですが、コントラストは弱くなります。
hue	上の色の色調を持ちながら、下の色の彩度、明度をブレンドします。
saturation	上の色の彩度を持ちながら、下の色の色調、明度をブレンドします。
color	上の色の色調と彩度を持ちながら、下の色の明度をブレンドします。
luminosity	上の色の明度を持ちながら、下の色の色調、彩度をブレンドします。

```css
div.sample01 {
  background: url(bg_leather.png) no-repeat #eee;
  display: flex;
  align-items: center;
  justify-content: center;
}
div.sample01 h1 {
  mix-blend-mode: overlay;
}
```

```html
<div class="sample01">
 <h1>Mix Blend Mode</h1>
</div>
```

背景画像と文字が合成されて表示される

background-blend-modeプロパティ

背景色と背景画像の混合方法を指定する

{**background-blend-mode**: 混合モード; }
（バックグラウンド・ブレンド・モード）

background-blend-modeプロパティは、ある要素の背景色同士、あるいは背景画像同士、または背景色と背景画像をどのようにブレンド（混合）するかを指定します。

初期値	normal	継承	なし
適用される要素	すべての要素		
モジュール	Compositing and Blending Level 1		

値の指定方法

mix-blend-modeプロパティと同様です。

```css
div {
  background-image: url(background-01.png), url(background-02.png);
  background-blend-mode: screen;
}
```

317

isolationプロパティ

重ね合わせコンテキストの生成を指定する

{isolation: 重なり; }

isolationプロパティは、要素が新しい重ね合わせコンテキスト（スタックコンテキスト）を生成する必要があるかどうかを指定します。例えば、mix-blend-modeプロパティでブレンドされる要素は必ず同じ重ね合わせコンテキスト内に配置される必要がありますが、その要素に新たな重ね合わせコンテキストを生成し、ブレンドの対象範囲から外すといった制御ができます。

初期値	auto	継承	なし
適用される要素	すべての要素。SVGではコンテナー要素、グラフィック要素、グラフィック参照要素		
モジュール	Compositing and Blending Level 1		

値の指定方法

重なり

- **auto**　既存の重ね合わせコンテキストから分離しません。
- **isolate**　新しい重ね合わせコンテキストを作成し、既存の重ね合わせコンテキストから分離します。

```css
div.sample02 {
  isolation: isolate;
}
```

opacityプロパティ

色の透明度を指定する

{opacity: 透明度; }

opacityプロパティは、要素の色の透明度を指定します。

初期値	1	継承	なし
適用される要素	すべての要素		
モジュール	CSS Color Module Level 3		

値の指定方法

透明度

- **数値**　0.0〜1.0までの値を指定します。0で完全な透明、1で完全な不透明です。

```css
a:hover img {
  opacity: 0.5;
}
```

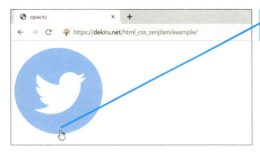

ボタンにマウスポインターを合わせると半透明になる

✓ color-adjustプロパティ

画面を表示する端末に応じた色の設定を許可する

{**color-adjust**: 表示方法; }
（カラー・アジャスト）

color-adjustプロパティは、ブラウザーが画面を表示する端末や機器に応じて色の調整を行うかどうかを制御します。

初期値	economy	継承	あり
適用される要素	すべての要素		
モジュール	CSS Color Adjustment Module Level 1		

値の指定方法

表示方法

- **economy** ブラウザーが必要と判断した場合、画面を表示する端末に合わせて最適化します。例えば、プリンターへの出力時に背景画像を除去し、テキストの色を調整して、白い紙に印刷した際にもっとも読みやすい状態にできます。
- **exact** ブラウザーに調整を許可しません。

```css
div {
  color-adjust: exact;
  background-color: black;
  color: white;
  padding: 1em;
}
```

filterプロパティ

グラフィック効果を指定する

{filter: 効果; }

filterプロパティは、要素に適用するぼかしや色変化などのグラフィック効果を指定します。

初期値	none	継承	なし
適用される要素	すべての要素。SVGではdefs要素とすべてのグラフィック要素、use要素を除くコンテナー要素		
モジュール	Filter Effects Module Level 1		

値の指定方法

noneを除き関数型の値となり、半角スペースで区切って複数のグラフィック効果を指定できます。同様にSVGフィルターのURLも指定できます。

効果

none	要素にフィルターを適用しません。
blur()	要素をぼかします。blur(4px)のように指定することで、半径4pxですりガラスのようなぼかし効果を加えます。
brightness()	要素の明るさを指定します。brightness(.5)で明るさを50%（半分）にしたり、brightness(200%)で明るさを倍にしたりできます。
contrast()	要素のコントラストを指定します。brightness()と同様の指定でコントラストを変化させます。
drop-shadow()	要素にドロップシャドウを適用します。drop-shadow(20px 20px 10px black)のように指定します。box-shadowプロパティと指定方法は同じです。
grayscale()	要素をグレースケールに変換します。grayscale(100%)で完全なグレースケールに、grayscale(50%)あるいはgrayscale(.5)で50%グレースケールとなります。
hue-rotate()	要素の色相を全体的に変更します。hue-rotate(90deg)のように色相の変化を角度で指定します。
invert()	要素の色を反転させます。invert(.5)あるいはinvert(70%)のように色相の反転を数値、または%値で指定します。
opacity()	要素を半透明にします。opacity(50%)で50%の透過率となります。
saturate()	要素の彩度を指定します。saturate(50%)など、引数に100%未満を指定すると彩度を下げます。saturate(200%)など、100%を超えるように指定すると彩度を上げます。
sepia()	要素をセピア調に変換します。sepia(.5)あるいはsepia(100%)のように指定します。100%を指定すると完全なセピア調になります。
url()	SVGフィルターへのURLを指定します。

以下の例では、url()関数を使用しSVGフィルターを適用しています。

```css
img.sample03 {
  filter: url(#blur);
}
```

```html
<img class="sample03" src="sample.png" alt="サンプル画像" />
<svg height="0" width="0">
  <defs>
    <filter id="blur" x="0" y="0">
      <feGaussianBlur in="SourceGraphic" stdDeviation="15" />
    </filter>
  </defs>
</svg>
```

画像にぼかしがかかった状態で表示される

☑ backdrop-filterプロパティ

要素の背後のグラフィック効果を指定する

バックドロップ・フィルター
{backdrop-filter: 効果; }

backdrop-filterプロパティは、要素の背後の領域に適用するぼかしや色変化などのグラフィック効果を指定します。

初期値	none	継承	なし
適用される要素	すべての要素。SVGではdefs要素とすべてのグラフィック要素を除くコンテナー要素		
モジュール	Filter Effects Module Level 2		

値の指定方法

filterプロパティと同様です。スタイルは要素の背後の領域に適用されます。

```css
.dialog {
  backdrop-filter: blur(5px);
  background-color: rgba(255, 255, 255, 0.3);
}
```

| linear-gradient()関数 |

線形のグラデーションを表示する

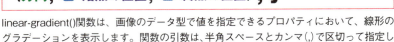

linear-gradient()関数は、画像のデータ型で値を指定できるプロパティにおいて、線形のグラデーションを表示します。関数の引数は、半角スペースとカンマ(,)で区切って指定します。

使用できるプロパティ	背景関連プロパティ
モジュール	CSS Images Module Level 3 および Level 4

引数の指定方法

方向

グラデーションの方向を以下の数値、またはキーワードで指定します。

任意の数値+単位	degなどの単位付き(P.514)の数値を指定します。0degで下から上へ向かうグラデーションとなり、正の値を指定することで時計回りに方向が決まります。
to top	領域内を上へ向かうグラデーションとなります。
to top right	領域内を右上角へ向かうグラデーションとなります。
to right	領域内を右へ向かうグラデーションとなります。
to bottom right	領域内を右下角へ向かうグラデーションとなります。
to bottom	領域内を下へ向かうグラデーションとなります(初期値)。
to bottom left	領域内を左下角へ向かうグラデーションとなります。
to left	領域内を左へ向かうグラデーションとなります。
to top left	領域内を左上角へ向かうグラデーションとなります。

色

グラデーションの始点と終点の色を指定します。始点と終点はカンマ(,)で区切ります。

色 キーワード、カラーコード、rgb()、rgba()によるRGBカラー、hsl()、hsla()によるHSLカラー、あるいはシステムカラーで指定します。色の指定方法(P.516)も参照してください。

始点、終点の位置

グラデーションの始点と終点の位置を指定します。各点の色に続けて、半角スペースで区切って記述します。省略した場合は始点が0%、終点が100%となります。

| 任意の数値+単位 | 各点の位置を単位付き(P.514)の数値で指定します。負の値も指定可能です。 |
| **%値** | 各点の位置を%値で指定できます。値はグラデーションの長さに対する割合となります。負の値も指定可能です。 |

```css
div.Sample1 {
  width: 500px; height: 100px;
  background-image: linear-gradient(180deg, rgba(49,164,203,1),
  rgba(236,65,145,1));
}
div.Sample2 {
  width: 500px; height: 100px;
  background-image: linear-gradient(to top right, red 0%, white
  50%, blue 100%);
}
```

```html
<p>以下の領域にSample1グラデーションを指定します。</p>
<div class="Sample1">
</div>
<p>以下の領域にSample2グラデーションを指定します。</p>
<div class="Sample2">
</div>
```

上から下へ向かって2色の線形グラデーションが表示される

右上角に向かって3色の線形グラデーションが表示される

ポイント

- 始点、終点だけでなく、途中点を指定して3色以上のグラデーションを表示することもできます。各点の位置を省略した場合は、色の数に合わせて均一に変化します。

☑ radial-gradient()関数

円形のグラデーションを表示する

POPULAR

ラジアル・グラディエント
{プロパティ: **radial-gradient**
（**形状 サイズ 中心の位置**, **色** **始点の位置**, **色** **終点の位置**）; }

radial-gradient()関数は、画像のデータ型で値を指定できるプロパティにおいて、円形の
グラデーションを表します。関数の引数は、半角スペースとカンマ(,)で区切って指定しま
す。

使用できるプロパティ	背景関連プロパティ
モジュール	CSS Images Module Level 3

引数の指定方法

形状

グラデーションの形状を以下の2つのキーワードから指定します。

circle	正円のグラデーションを表します。
ellipse	楕円のグラデーションを表します(初期値)。

サイズ

グラデーションのサイズを指定します。

closet-side	円の中心から領域のもっとも近い辺に内接するサイズになります。
farset-side	円の中心から領域のもっとも遠い辺に内接するサイズになります。
closet-corner	円の中心から領域のもっとも近い頂点に接するサイズになります。
farset-corner	円の中心から領域のもっとも遠い頂点に接するサイズになります。
任意の数値+単位	水平・垂直方向の半径を半角スペースで区切って、単位付き(P.514)の数値で指定します。
%値	水平・垂直方向の半径を半角スペースで区切って、%値で指定します。値は親ボックスの幅と高さに対する割合となります。

中心の位置

グラデーションの中心位置を指定します。省略した場合はat centerとなります。

at top	領域の上辺が中心になります。
at top right	領域の右上角が中心になります。
at right	領域の右辺が中心になります。
at bottom right	領域の右下角が中心になります。
at bottom	領域の下辺が中心になります。
at bottom left	領域の左下角が中心になります。

中央から2色の円形グラデーションが表示される

サイズと中心の位置を指定した3色の円形グラデーションが表示される

ポイント

- 始点、終点だけでなく、途中点を指定して3色以上のグラデーションを表示することもできます。各点の位置を省略した場合は、色の数に合わせて均一に変化します。

☑ repeating-linear-gradient()関数

線形のグラデーションを繰り返して表示する

POPULAR

リピーティング・ライナー・グラディエント
{プロパティ: **repeating-linear-gradient**
（**方向**, **色** 始点の位置, **色** 終点の位置）; }

repeating-linear-gradient()関数は、画像のデータ型で値を指定できるプロパティにおいて、繰り返される線形のグラデーションを表示します。

使用できるプロパティ	背景関連プロパティ
モジュール	CSS Images Module Level 3

引数の指定方法

linear-gradient()関数（P.322）と同様です。

```css
div.Sample1 {
  width: 500px; height: 100px;
  background-image: repeating-linear-gradient(red 20%, blue 80%);
}
div.Sample2 {
  width: 500px; height: 100px;
  background-image: repeating-linear-gradient(-45deg, #fff, #fff 5px,
  #008000 5px, #008000 10px);
}
```

○ repeating-linear-gradient   ×   +

← → C   🌼 https://dekiru.net/html_css_zenjiten/example/

以下の領域にSample1グラデーションを指定します。

> 2色の線形グラデーションが繰り返し表示される

> 2色の線形グラデーションがストライプ状に表示される

以下の領域にSample2グラデーションを指定します。

326 できる

repeating-radial-gradient()関数

円形のグラデーションを繰り返して表示する

リピーティング・ラジアル・グラディエント

{プロパティ: **repeating-radial-gradient**
(形状 サイズ 中心の位置, 色 始点の位置, 色 終点の位置); }

repeating-radial-gradient()関数は、画像のデータ型で値を指定できるプロパティにおいて、繰り返される円形のグラデーションを表します。

使用できるプロパティ	背景関連プロパティ
モジュール	CSS Images Module Level 3

引数の指定方法

radial-gradient()関数(P.324)と同様です。

```css
div.Sample1 {
  width: 500px; height: 100px;
  background-image: repeating-radial-gradient(circle closest-side,
  white 0px, black 20px);
}
div.Sample2 {
  width: 500px; height: 100px;
  background-image: repeating-radial-gradient(circle, #fff, #fff
  5px, #008000 5px, #008000 10px);
}
```

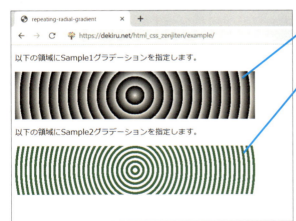

2色の円形グラデーションが繰り返し表示される

2色の円形グラデーションがストライプ状に表示される

shape-outsideプロパティ

テキストの回り込みの形状を指定する

シェイプ・アウトサイド
{shape-outside: 形状; }

SPECIFIC

shape-outsideプロパティは、フロートした要素に対して続くテキストが回り込むときの境界線の形状を指定します。

初期値	none		継承	なし
適用される要素	フロートされたコンテンツ			
モジュール	CSS Shapes Module Level 1 および Level 2			

値の指定方法

以下のいずれかの値を指定できます。

形状

none	回り込みの形状を指定しません。
margin-box	マージンボックスに沿って回り込みます。
border-box	境界ボックスに沿って回り込みます。
padding-box	パディングボックスに沿って回り込みます。
content-box	コンテンツボックスに沿って回り込みます。

形状（基本図形）

回り込みの形状をシェイプ関数で指定します。

inset()	四角形のシェイプに沿って回り込みます。
circle()	正円形のシェイプに沿って回り込みます。
ellipse()	楕円形のシェイプに沿って回り込みます。
polygon()	多角形のシェイプに沿って回り込みます。
path()	座標で指定したシェイプに沿って回り込みます。

形状（画像）

url()	アルファチャネルを持つ画像のURLをurl()関数で指定します。画像のアルファチャネルに沿って回り込みます。

以下の例では、shape-outside: circle(50%)と指定することで、正円形のシェイプに沿ってテキストを配置しています。通常、この指定がない場合、各要素が生成するボックスは四角形です。例えば、float: leftされた画像に対して続くテキストは、画像が生成する四角形のマージンボックスに沿って配置されます。

```css
.sample img {
  shape-outside: circle(50%);
  shape-margin: 5px;
  float: left;
}
```

```html
<div class="sample">
  <img src="coffee.jpg" width="150" height="150">
  <p><!--省略--></p>
</div>
```

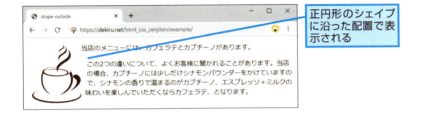

正円形のシェイプに沿った配置で表示される

shape-marginプロパティ

テキストの回り込みの形状にマージンを指定する

{**shape-margin**: 幅; }

shape-marginプロパティは、shape-outsideプロパティによって指定された回り込みの形状に対してマージンを指定します。

初期値	0	継承	なし
適用される要素	フロートされたコンテンツ		
モジュール	CSS Shapes Module Level 1		

値の指定方法

幅

任意の数値+単位 単位付き(P.514)の数値で指定します。

%値 %値で指定します。値は包含ブロックの幅に対する割合となります。

```css
.sample img {
  shape-outside: circle(50%);
  shape-margin: 5px;
  float: left;
}
```

shape-image-thresholdプロパティ

テキストの回り込みの形状を画像から抽出する際のしきい値を指定する

{shape-image-threshold: しきい値; }

shape-image-thresholdプロパティは、shape-outsideプロパティの値に画像を指定して形状を指定した場合に、抽出されるアルファチャネルのしきい値を指定します。

初期値	0	継承	なし
適用される要素	フロートされたコンテンツ		
モジュール	CSS Shapes Module Level 1		

値の指定方法

しきい値

数値 画像から回り込みの形状を抽出するために使用されるしきい値を数値で指定します。ここで指定した値よりもアルファ値が大きいピクセルによって回り込みの形状が定義されます。0（完全に透明）から1（完全に不透明）の範囲で指定し、この範囲外の値は0未満なら0として、1より大きければ1として扱われます。

以下の例では、shape-image-threshold: 0.3と指定することで、アルファ値（透明度）が30%以下のピクセルを境界線として回り込みの形状を指定しています。

```css
.shape {
  float: left;
  width: 200px; height: 200px;
   background-image: linear-gradient(45deg, maroon, transparent 80%,transparent);
  shape-outside: linear-gradient(45deg, maroon, transparent 80%, transparent);
  shape-image-threshold: 0.3;
}
```

指定されたしきい値に沿って表示される

caret-colorプロパティ

入力キャレットの色を指定する

{caret-color: 色; }
（キャレット・カラー）

caret-colorプロパティは、input要素やtextarea要素などの入力欄に表示される、文字が入力される位置を示すマーカー「入力キャレット」の色を指定します。

初期値	auto	継承	あり
適用される要素	すべての要素		
モジュール	CSS Basic User Interface Module Level 3		

値の指定方法

色

- **auto** ブラウザーが適切な色を選択します。
- **色** キーワード、カラーコード、rgb()、rgba() によるRGBカラー、hsl()、hsla()によるHSLカラー、あるいはシステムカラーで指定します。色の指定方法（P.516）も参照してください。

```css
textarea {
  caret-color: red;
}
```

入力キャレットの色が赤色で表示される

border-style系プロパティ

ボーダーのスタイルを指定する

POPULAR

ボーダー・トップ・スタイル
{border-top-style: スタイル; }

ボーダー・ライト・スタイル
{border-right-style: スタイル; }

ボーダー・ボトム・スタイル
{border-bottom-style: スタイル; }

ボーダー・レフト・スタイル
{border-left-style: スタイル; }

border-style系の各プロパティは、ボーダーのスタイルを指定します。それぞれ上辺、右辺、下辺、左辺に対応しています。

初期値	none	継承	なし
適用される要素	すべての要素		
モジュール	CSS Backgrounds and Borders Module Level 3		

値の指定方法

スタイル

none	ボーダーは表示されません。他のボーダーと重なる場合、他の値が優先されます。
hidden	noneと同様に表示されませんが、他のボーダーと重なる場合、この値が優先されます。
dotted	点線で表示されます。
dashed	破線で表示されます。
solid	1本の実線で表示されます。
double	2本の実線で表示されます。ボーダーの幅が3px以上必要になります。
groove	立体的にくぼんだ線で表示されます。
ridge	立体的に隆起した線で表示されます。
inset	四辺すべてに指定すると、ボーダーの内部が立体的にくぼんだように表示されます。
outset	四辺すべてに指定すると、ボーダーの内部が立体的に隆起したように表示されます。

border-styleプロパティ

ボーダーのスタイルをまとめて指定する

{border-style: -top -right -bottom -left ; }

border-styleプロパティは、ボーダーのスタイルを一括指定するショートハンドです。

初期値	各プロパティに準じる	継承	なし
適用される要素	すべての要素		
モジュール	CSS Backgrounds and Borders Module Level 3		

値の指定方法

個別指定の各プロパティと同様です。それぞれの値は半角スペースで区切って4つまで指定でき、上辺、右辺、下辺、左辺の順に適用されます。いずれかの値を省略した場合は以下のような指定となります。

- 値が1つ　すべての辺に同じ値が適用されます。
- 値が2つ　1つ目が上下辺、2つ目が左右辺に適用されます。
- 値が3つ　1つ目が上辺、2つ目が左右辺、3つ目が下辺に適用されます。

以下の例では、ボーダーのスタイルをborder-styleプロパティでまとめて指定しています。その上で、左右辺のボーダーだけ非表示にするために、border-right-style、border-left-styleプロパティで左右辺のスタイルを上書きしています。

```css
div {
   border-style: solid;
   border-right-style: hidden;
   border-left-style: hidden;
}
```

指定したスタイルでボーダーが表示される

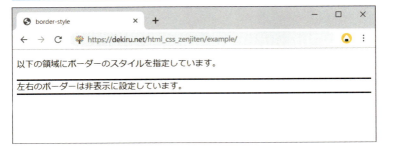

border-width系プロパティ

ボーダーの幅を指定する

{**border-top-width**: 幅; }
{**border-right-width**: 幅; }
{**border-bottom-width**: 幅; }
{**border-left-width**: 幅; }

border-width系の各プロパティは、ボーダーの幅(太さ)を指定します。それぞれ上辺、右辺、下辺、左辺に対応しています。

初期値	medium	継承	なし
適用される要素	すべての要素		
モジュール	CSS Backgrounds and Borders Module Level 3		

値の指定方法

幅

thin	細いボーダーとなります。
medium	通常のボーダーとなります。
thick	太いボーダーとなります。
任意の数値+単位	ボーダーの幅を単位付き(P.514)の数値で指定します。

```css
div {
  border-style: solid;
  border-top-width: medium;
  border-right-width: 30px;
  border-bottom-width: 1px;
  border-left-width: 5px;
  border-color: #ff0000;
}
```

指定した幅でボーダーが表示される

☑ **border-width プロパティ**

ボーダーの幅をまとめて指定する

POPULAR

ボーダー・ウィズ
{border-width: -top -right -bottom -left ; }

border-widthプロパティは、ボーダーの幅（太さ）を一括指定するショートハンドです。

初期値	各プロパティに準じる	継承	なし
適用される要素	すべての要素		
モジュール	CSS Backgrounds and Borders Module Level 3		

値の指定方法

個別指定の各プロパティと同様です。それぞれの値は半角スペースで区切って4つまで指定でき、上辺、右辺、下辺、左辺の順に適用されます。いずれかの値を省略した場合は以下のような指定となります。

・値が1つ　すべての辺に同じ値が適用されます。
・値が2つ　1つ目が上下辺、2つ目が左右辺に適用されます。
・値が3つ　1つ目が上辺、2つ目が左右辺、3つ目が下辺に適用されます。

```css
div {
  border-top-width: 10px;
  border-right-width: 10px;
  border-bottom-width: 2px;
  border-left-width: 10px;
}
```

上の例は、border-widthプロパティを利用して以下のように指定できます。四辺すべてのボーダーの幅を10pxに指定したあと、border-bottom-widthプロパティで下辺のみ2pxで上書きしています。

```css
div {
  border-width: 10px;
  border-bottom-width: 2px;
}
```

ポイント

● このプロパティは要素の書字方向と組み合わせることで、CSS Logical Properties and Values Level 1で定義されたborder-block-start-width、border-block-end-width、border-inline-start-width、border-inline-end-widthプロパティを一括指定するショートハンドとしても機能します。

☑ border-color系プロパティ

ボーダーの色を指定する

POPULAR

{border-top-color: 色; }
ボーダー・トップ・カラー

{border-right-color: 色; }
ボーダー・ライト・カラー

{border-bottom-color: 色; }
ボーダー・ボトム・カラー

{border-left-color: 色; }
ボーダー・レフト・カラー

border-color系の各プロパティは、ボーダーの色を指定します。それぞれ上辺、右辺、下辺、左辺に対応しています。

初期値	currentcolor	継承	なし
適用される要素	すべての要素		
モジュール	CSS Backgrounds and Borders Module Level 3		

値の指定方法

色

色 キーワード、カラーコード、rgb()、rgba()によるRGBカラー、hsl()、hsla()によるHSLカラー、あるいはシステムカラーで指定します。色の指定方法(P.516)も参照してください。

以下の例では、borderプロパティで指定したボーダーの色をborder-top-colorプロパティで上書きして、上辺だけ黒色に指定しています。

```css
.box {
  border: 10px solid #cccccc;
  border-top-color: #000000;
}
```

上辺のボーダーが黒色で表示される

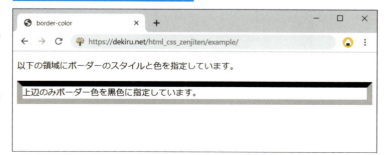

☑ border-color プロパティ

ボーダーの色をまとめて指定する

ボーダー・カラー
{border-color: -top -right -bottom -left ; }

border-colorプロパティは、ボーダーの色を一括指定するショートハンドです。

初期値	各プロパティに準じる	継承	なし
適用される要素	すべての要素		
モジュール	CSS Backgrounds and Borders Module Level 3		

値の指定方法

個別指定の各プロパティと同様です。それぞれの値は半角スペースで区切って4つまで指定でき、上辺、右辺、下辺、左辺の順に適用されます。いずれかの値を省略した場合は以下のような指定となります。

・値が1つ　すべての辺に同じ値が適用されます。
・値が2つ　1つ目が上下辺、2つ目が左右辺に適用されます。
・値が3つ　1つ目が上辺、2つ目が左右辺、3つ目が下辺に適用されます。

```css
.box {                                            CSS
  border-width: 5px;
  border-style: solid;
  border-color: #ccc;
}
```

上の例で指定したborder-colorプロパティは、各プロパティを以下のように指定した場合と同様の表示になります。

```css
.box {                                            CSS
  border-width: 5px;
  border-style: solid;
  border-top-color: #ccc;
  border-right-color: #ccc;
  border-bottom-color: #ccc;
  border-left-color: #ccc;
}
```

できる | 337

border系プロパティ

ボーダーの各辺をまとめて指定する

POPULAR

ボーダー・トップ
{border-top: -style -width -color ; }
ボーダー・ライト
{border-right: -style -width -color ; }
ボーダー・ボトム
{border-bottom: -style -width -color ; }
ボーダー・レフト
{border-left: -style -width -color ; }

border系の各プロパティは、ボーダーの各辺の幅（太さ）、スタイル、色を一括指定する
ショートハンドです。

初期値	各プロパティに準じる	継承	なし
適用される要素	すべての要素		
モジュール	CSS Backgrounds and Borders Module Level 3		

値の指定方法

個別指定の各プロパティと同様です。それぞれの値は半角スペースで区切って指定します。値は任意の順序で指定できます。

以下の例では、まずborder-bottom-styleプロパティで実線のボーダーを指定していますが、その後ろに記述したborder-bottomプロパティでは、スタイルの指定を省略しています。従って、border-bottom-styleプロパティの値は初期値であるnoneで上書きされ、ボーダーは表示されません。

```css
div {
    border-bottom-style: solid;
    border-bottom: 10px green;
}
/*以下のように指定したことになる*/
div {
    border-bottom-style: solid;
    border-bottom: none 10px green;
}
```

セレクター

フォント／テキスト

色／背景／ボーダー

ボックス／テーブル

段組み

ボックス／フレキシブル

レイアウト／グリッド

アニメーション

トランスフォーム

コンテンツ

338 **できる**

borderプロパティ

ボーダーをまとめて指定する

borderプロパティは、ボーダーの四辺すべての幅（太さ）、スタイル、色を一括指定するショートハンドです。

初期値	各プロパティに準じる	継承	なし
適用される要素	すべての要素		
モジュール	CSS Backgrounds and Borders Module Level 3		

値の指定方法

border系のプロパティ、およびその個別指定の各プロパティと同様です。それぞれの値は半角スペースで区切って指定します。値は任意の順で指定でき、省略した場合には各プロパティの初期値が適用されます。

以下の例では、四辺すべてに幅5px、緑色の実線のボーダーを適用した後に、border-bottomプロパティを使用して下辺のみ、幅1px、黒色の破線を指定しています。

```css
div {
  border: solid 5px green;
  border-bottom: 1px dashed black;
}
```

指定した幅、スタイル、色でボーダーが表示される

☑ border-block-style、border-inline-style系プロパティ

書字方向に応じてボーダーのスタイルを指定する

SPECIFIC

ボーダー・ブロック・スタート・スタイル
{border-block-start-style: スタイル ; }

ボーダー・ブロック・エンド・スタイル
{border-block-end-style: スタイル ; }

ボーダー・インライン・スタート・スタイル
{border-inline-start-style: スタイル ; }

ボーダー・インライン・エンド・スタイル
{border-inline-end-style: スタイル ; }

border-block-style、border-inline-style系プロパティは、border-top-styleまたはborder-bottom-styleプロパティ、border-left-styleまたはborder-right-styleプロパティの働きを、要素の書字方向に応じて指定します。writing-mode、direction、text-orientationプロパティで指定した値によって、その対応が決定されるプロパティです。

例えば、writing-modeプロパティの値がvertical-rlの場合、書字方向は縦書きで上から下へ、各行は右から左へ配置されます。このときにおけるborder-block-start-styleプロパティの値はborder-left-styleに、border-block-end-styleプロパティの値はborder-right-styleにそれぞれ対応します。また、border-inline-start-styleプロパティの値はborder-top-styleに、border-inline-end-styleプロパティの値はborder-bottom-styleにそれぞれ対応します。

初期値	none		継承	なし
適用される要素	すべての要素			
モジュール	CSS Logical Properties and Values Level 1			

値の指定方法

border-styleプロパティ（P.333）、およびその個別指定の各プロパティと同様です。

```css
div {
    border-block-start-style: solid;
    border-block-end-style: dotted;
    border-inline-start-style: dashed;
    border-inline-end-style: double;
}
```

.border-block-style、border-inline-style プロパティ

書字方向に応じてボーダーのスタイルをまとめて指定する

{**border-block-style**: スタイル ; }
{**border-inline-style**: スタイル ; }

border-block-styleプロパティはborder-block-start-style、border-block-end-styleプロパティの、border-inline-styleプロパティはborder-inline-start-style、border-inline-end-styleプロパティの値を一括指定するショートハンドです。

初期値	各プロパティに準じる	継承	なし
適用される要素	すべての要素		
モジュール	CSS Logical Properties and Values Level 1		

値の指定方法

個別指定の各プロパティと同様です。値が2つ指定された場合は、順に始端辺、終端辺のスタイルとなります。値が1つだけ指定された場合は、始端辺、終端辺の両方にその値が適用されます。

以下の例では、上下辺のボーダーと左右辺のボーダーにそれぞれ別のスタイルをまとめて指定しています。そのうえで、下辺だけを非表示にするために、border-block-end-styleプロパティでスタイルを上書きしています。

```css
div {
  border-block-style: solid;
  border-inline-style: double;
  border-block-end-style: hidden;
}
```

Firefox

指定したスタイルでボーダーが表示される

☑ border-block-width、border-inline-width系プロパティ

書字方向に応じてボーダーの幅を指定する

SPECIFIC

ボーダー・ブロック・スタート・ウィズ
{border-block-start-width: 幅 ; }

ボーダー・ブロック・エンド・ウィズ
{border-block-end-width: 幅 ; }

ボーダー・インライン・スタート・ウィズ
{border-inline-start-width: 幅 ; }

ボーダー・インライン・エンド・ウィズ
{border-inline-end-width: 幅 ; }

ボーダー・ブロック・ウィズ
{border-block-width: 幅 ; }

ボーダー・インライン・ウィズ
{border-inline-width: 幅 ; }

border-block-width、border-inline-width系プロパティは、border-top-widthまたはborder-bottom-widthプロパティ、border-left-widthまたはborder-right-widthプロパティの働きを、要素の書字方向に応じて指定します。writing-mode、direction、text-orientationプロパティで指定した値によって、その対応が決定されるプロパティです。また、border-block-widthプロパティはborder-block-start-width、border-block-end-widthプロパティの、border-inline-widthプロパティはborder-inline-start-width、border-inline-end-widthプロパティの値を一括指定するショートハンドです。

初期値	medium	継承	なし
適用される要素	すべての要素		
モジュール	CSS Logical Properties and Values Level 1		

値の指定方法

border-widthプロパティ（P.335）、およびその個別指定の各プロパティと同様です。ショートハンドに値が2つ指定された場合は、順に始端辺、終端辺の幅となります。値が1つだけ指定された場合、始端辺、終端辺の両方にその値が適用されます。

ポイント

● border-block-width、border-inline-widthプロパティは、Safari（Mac/iOS）には対応していません。

セレクター

フォント／テキスト

色／背景／ボーダー

テーブル／ボックス

段組み

フレキシブルボックス

グリッドレイアウト

アニメーション

トランスフォーム

コンテンツ

342 できる

☑ border-block-color、border-inline-color系プロパティ

書字方向に応じてボーダーの色を指定する

SPECIFIC

ボーダー・ブロック・スタート・カラー
{border-block-start-color: 色 ; }

ボーダー・ブロック・エンド・カラー
{border-block-end-color: 色 ; }

ボーダー・インライン・スタート・カラー
{border-inline-start-color: 色 ; }

ボーダー・インライン・エンド・カラー
{border-inline-end-color: 色 ; }

ボーダー・ブロック・カラー
{border-block-color: 色 ; }

ボーダー・インライン・カラー
{border-inline-color: 色 ; }

border-block-color、border-inline-color系プロパティは、border-top-colorまたはborder-bottom-colorプロパティ、border-left-colorまたはborder-right-colorプロパティの働きを、要素の書字方向に応じて指定します。writing-mode、direction、text-orientationプロパティで指定した値によって、その対応が決定されるプロパティです。また、border-block-colorプロパティはborder-block-start-color、border-block-end-colorプロパティの、border-inline-colorプロパティはborder-inline-start-color、border-inline-end-colorプロパティの値を一括指定するショートハンドです。

初期値	currentcolor	継承	なし
適用される要素	すべての要素		
モジュール	CSS Logical Properties and Values Level 1		

値の指定方法

border-colorプロパティ(P.337)、およびその個別指定の各プロパティと同様です。ショートハンドに値が2つ指定された場合は、順に始端辺、終端辺の幅となります。値が1つだけ指定された場合、始端辺、終端辺の両方にその値が適用されます。

ポイント

● border-block-color、border-inline-colorプロパティは、Safari (Mac/iOS)には対応していません。また、border-block-colorプロパティに関して、Chromeでは「Experimental Web Platform Features」設定を「enabled」にする必要があります。

☑ border-block、border-inline系プロパティ

書字方向に応じてボーダーの各辺をまとめて指定する

{border-block-start: -style -width -color **; }**
ボーダー・ブロック・スタート

{border-block-end: -style -width -color **; }**
ボーダー・ブロック・エンド

{border-inline-start: -style -width -color **; }**
ボーダー・インライン・スタート

{border-inline-end: -style -width -color **; }**
ボーダー・インライン・エンド

{border-block: -style -width -color **; }**
ボーダー・ブロック

{border-inline: -style -width -color **; }**
ボーダー・インライン

border-block、border-inline系プロパティは、border-topまたはborder-bottom、border-leftまたはborder-rightプロパティの働きを、要素の書字方向に応じて一括指定するショートハンドです。また、border-blockプロパティはborder-block-start、border-block-endプロパティの、border-inlineプロパティはborder-inline-start、border-inline-endプロパティの値を一括指定するショートハンドです。writing-mode、direction、text-orientationプロパティで指定した値によって、その対応が決定されます。

初期値	各プロパティに準じる	継承	なし
適用される要素	すべての要素		
モジュール	CSS Logical Properties and Values Level 1		

値の指定方法

border系プロパティ、およびその個別指定の各プロパティと同様です。それぞれの値は半角スペースで区切って指定します。値は任意の順序で指定でき、省略した場合には各プロパティの初期値が適用されます。

ポイント

● border-block、border-inlineプロパティは、Safari (Mac/iOS)には対応していません。

border-radius系プロパティ

ボーダーの角丸を指定する

POPULAR

ボーダー・トップ・レフト・ラディウス
{**border-top-left-radius**: 角丸の半径; }

ボーダー・トップ・ライト・ラディウス
{**border-top-right-radius**: 角丸の半径; }

ボーダー・ボトム・ライト・ラディウス
{**border-bottom-right-radius**: 角丸の半径; }

ボーダー・ボトム・レフト・ラディウス
{**border-bottom-left-radius**: 角丸の半径; }

border-radius系の各プロパティは、ボーダーの角丸を指定します。角丸の形状は半径で指定し、ボーダーの外側の輪郭に反映されます。

初期値	0	継承	なし
適用される要素	すべての要素。ただし、border-collapseプロパティの値にcollapseが指定されたtable内要素を除く		
モジュール	CSS Backgrounds and Borders Module Level 3		

値の指定方法

角丸の半径

値は1つ、または半角スペースで区切って2つ指定できます。1つの場合は水平・垂直方向の両方、2つの場合は水平方向、垂直方向の順の指定になります。

任意の数値+単位 半径を単位付き(P.514)の数値で指定します。

%値 半径を%値で指定します。値はボックスの幅と高さに対する割合となります。

```css
div {
  width: 500px; height: 100px;
  background: #66cdaa;
  border-top-left-radius: 30px 30px;
  border-top-right-radius: 40px 40px;
  border-bottom-right-radius: 40px 40px;
  border-bottom-left-radius: 100px 50px;
}
```

指定した半径でボーダーが角丸になる

border-radiusプロパティ

ボーダーの角丸をまとめて指定する

{**border-radius**: -top-left -top-right -bottom-right -bottom-left ; }

border-radiusプロパティは、ボーダーの角丸を一括指定するショートハンドです。

初期値	各プロパティに準じる	継承	なし
適用される要素	すべての要素。ただし、border-collapseプロパティの値にcollapseが指定されたtable内要素を除く		
モジュール	CSS Backgrounds and Borders Module Level 3		

値の指定方法

個別指定の各プロパティと同様です。それぞれの値は半角スペースで区切って4つまで指定でき、左上、右上、右下、左下の角の順に適用されます。いずれかの値を省略した場合は以下のような指定となります。なお、水平、垂直方向を個別に指定する場合は半角スラッシュ（/）で区切り、前に水平方向の指定、後ろに垂直方向の指定をそれぞれ記述します。

- 値が1つ　すべての角に同じ値が適用されます。
- 値が2つ　1つ目が左右上角、2つ目が左右下角に適用されます。
- 値が3つ　1つ目が左上角、2つ目が右上角と左下角、3つ目が右下角に適用されます。

```css
div {
  width: 500px; height: 100px;
  background: #00ff00;
  border-radius: 60px 15% 120px 80px / 60px 25% 60px 40px;
}
```

指定した半径でボーダーが角丸になる

border-image-source プロパティ

ボーダーに利用する画像を指定する

SPECIFIC

{border-image-source: 画像; }
ボーダー・イメージ・ソース

border-image-sourceプロパティは、ボーダーに利用する画像を指定します。border-styleプロパティ（P.333）で指定したボーダーの代わりとなるので、ボーダーを表示する指定を併記しておく必要があります。画像は指定した要素の領域の角に表示されます。

初期値	none	継承	なし
適用される要素	すべての要素。ただし、border-collapseプロパティの値にcollapseが指定されたtable内要素を除く		
モジュール	CSS Backgrounds and Borders Module Level 3		

値の指定方法

画像

- **none** ボーダー画像を指定しません。
- **url()** ボーダー画像のURLをurl()関数で指定します。

```css
.box {
  width: 400px; height: 120px;
  border: 20px solid gray;
  border-image-source: url(coffee.jpg);
}
```

領域の角にボーダー画像が表示される

ポイント

- このプロパティの値は画像のデータ型なので、linear-gradient()関数（P.322）なども指定できます。

border-image-widthプロパティ

ボーダー画像の幅を指定する

{border-image-width: 幅; }

border-image-widthプロパティは、ボーダー画像の幅を指定します。通常、border-widthプロパティの幅に従うボーダー画像の幅をこのプロパティで上書きできます。

初期値	1	継承	なし
適用される要素	すべての要素。ただし、border-collapseプロパティの値にcollapseが指定されたtable内要素を除く		
モジュール	CSS Backgrounds and Borders Module Level 3		

値の指定方法

幅

値は半角スペースで区切って4つまで指定でき、上辺、右辺、下辺、左辺の幅の順に適用されます。いずれかの値を省略した場合は以下のような指定になります。

・値が1つ　すべての辺に同じ値が適用されます。
・値が2つ　1つ目が上下辺、2つ目が左右辺に適用されます。
・値が3つ　1つ目が上辺、2つ目が左右辺、3つ目が下辺に適用されます。

auto	border-image-sliceプロパティ(P.349)の値と同じになります。指定がない場合は、border-widthプロパティ(P.335)の値と同じになります。
任意の数値+単位	各辺の幅を単位付き(P.514)の数値で指定します。
数値	border-widthプロパティの値を基準とした倍数を指定します。
%値	各辺の幅を%値で指定します。値は画像の幅と高さに対する割合となります。

```css
.box {
  width: 400px; height: 100px;
  border: 20px solid gray;
  border-image-source: url(coffee.jpg);
  border-image-width: 30px;
}
```

指定した幅でボーダー画像が表示される

border-image-slice プロパティ

ボーダー画像の分割位置を指定する

{**border-image-slice**: 分割位置; }

border-image-sliceプロパティは、ボーダー画像の分割位置を指定します。ボーダー画像の各辺は、指定された長さで元の画像から3×3の九等分に切り取られて、角と四辺に当たる部分がボーダー画像として表示されます。

初期値	100%	継承	なし
適用される要素	すべての要素。ただし、border-collapseプロパティの値にcollapseが指定されたtable内要素を除く		
モジュール	CSS Backgrounds and Borders Module Level 3		

値の指定方法

分割位置

値は半角スペースで区切って4つまで指定でき、上辺、右辺、下辺、左辺からの長さに適用されます。いずれかの値を省略した場合は以下のような指定になります。

- 値が1つ　すべての辺に同じ値が適用されます。
- 値が2つ　1つ目が上下辺、2つ目が左右辺に適用されます。
- 値が3つ　1つ目が上辺、2つ目が左右辺、3つ目が下辺に適用されます。

数値　長さをラスター画像の場合はピクセル数で、ベクター画像の場合は座標で指定します。
%値　長さを%値で指定します。値は画像の幅と高さに対する割合となります。
fill　分割されたボーダー画像の中央部分は通常表示されませんが、長さの指定に加えて半角スペースで区切ってfillを指定すると、中央部分が表示されます。

```css
.box {
  width: 400px; height: 100px;
  border: 20px solid gray;
  border-image-source: url(frame.png);
  border-image-slice: 20;
}
```

ボーダー画像が分割され、ボーダー画像領域に表示される

border-image-repeatプロパティ

ボーダー画像の繰り返しを指定する

{border-image-repeat: 繰り返し; }

border-image-repeatプロパティは、ボーダー画像の繰り返しを指定します。通常、ボーダー画像は領域に合わせて伸縮しますが、このプロパティによって領域を埋めるように繰り返して表示できます。

初期値	stretch	継承	なし
適用される要素	すべての要素。ただし、border-collapseプロパティの値にcollapseが指定されたtable内要素を除く		
モジュール	CSS Backgrounds and Borders Module Level 3		

値の指定方法

繰り返し

値は半角スペースで区切って2つまで指定できます。1つ目は上下辺、2つ目は左右辺の繰り返しに適用されます。1つだけ指定した場合は、上下辺と左右辺に同じ値が適用されます。

- **stretch** ボーダー画像は領域に合わせて伸縮して表示されます。
- **repeat** ボーダー画像は領域を埋めるように繰り返して配置されたのち、生じた余分は切り取られます。
- **round** ボーダー画像は領域を埋めるように繰り返して配置されたのち、余分が生じないようにサイズが調整されて表示されます。
- **space** ボーダー画像は領域を埋めるように繰り返して配置されたのち、生じた余分は画像間のすき間として当てられて表示されます。

```css
.box {
  width: 400px; height: 100px;
  border: 20px solid gray;
  border-image-source: url(frame.png);
  border-image-slice: 20;
  border-image-repeat: round;
}
```

分割されたボーダー画像が繰り返して表示される

border-image-outsetプロパティ

ボーダー画像の領域を広げるサイズを指定する

{border-image-outset: サイズ; }
（ボーダー・イメージ・アウトセット）

border-image-outsetプロパティは、ボーダー画像の領域を外側に広げるサイズを指定します。

初期値	0	継承	なし
適用される要素	すべての要素。ただし、border-collapseプロパティの値にcollapseが指定されたtable内要素を除く		
モジュール	CSS Backgrounds and Borders Module Level 3		

値の指定方法

サイズ

値は半角スペースで区切って4つまで指定でき、上辺、右辺、下辺、左辺の広げるサイズに適用されます。いずれかの値を省略した場合は以下のような指定になります。

・値が1つ　すべての辺に同じ値が適用されます。
・値が2つ　1つ目が上下辺、2つ目が左右辺に適用されます。
・値が3つ　1つ目が上辺、2つ目が左右辺、3つ目が下辺に適用されます。

> **任意の数値+単位**　広げるサイズを単位付き(P.514)の数値で指定します。
>
> **任意の数値**　boder-widthプロパティ (P.335)の値を基準に広げるサイズの倍数を指定します。

```css
.box {
  width: 400px; height: 100px;
  border: 20px solid gray;
  border-image-source: url(image/frame.png);
  border-image-slice: 20;
  border-image-repeat: round;
  border-image-outset: 15px;
}
```

ボーダー画像の領域が広がる

351

border-imageプロパティ

ボーダー画像をまとめて指定する

{**border-image**: -source -slice -width -outset -repeat ; }

border-imageプロパティは、ボーダー画像に利用する画像とその幅、分割位置などを一括指定するショートハンドです。

初期値	各プロパティに準じる	継承	なし
適用される要素	すべての要素。ただし、border-collapseプロパティの値にcollapseが指定されたtable内要素を除く		
モジュール	CSS Backgrounds and Borders Module Level 3		

値の指定方法

個別指定の各プロパティと同様です。それぞれの値は半角スペースで区切って指定します。任意の順序で指定できますが、border-image-outsetプロパティの値は、border-image-widthプロパティの値にスラッシュ(/)で続けて指定します。

```css
.border-box {
  border: 21px solid #76D647;
  border-image: url(image/frame.png) 21 / 12px 24px / 10px 12px 16px 4px round;
}
```

上の例で指定したborder-imageプロパティは、各プロパティを以下のように指定した場合と同様の表示になります。

```css
.strong-box {
  border: 21px solid #76D647;
  border-image-source: url(image/frame.png);
  border-image-slice: 21;
  border-image-width: 12px 24px;
  border-image-outset: 10px 12px 16px 4px;
  border-image-repeat: round;
}
```

width、heightプロパティ

ボックスの幅と高さを指定する

{width: 幅; }
{height: 高さ; }

width、heightプロパティは、ボックスの幅と高さを指定します。

初期値	auto	継承	なし
適用される要素	すべての要素。ただし、非置換インライン要素を除く		
モジュール	CSS Level 2(Revision 1)およびCSS Intrinsic & Extrinsic Sizing Module Level 3		

値の指定方法

幅, 高さ

- **auto** 内容に合わせて自動的に計算されます。
- **任意の数値＋単位** 単位付き(P.514)の数値で指定します。
- **%値** %値で指定します。値は親要素に対する割合となります。
- **none** ボックスの幅と高さは制限されません。
- **min-content** 行の軸(inline-axis)に指定した場合は最小の幅と高さとして、それ以外に指定した場合はautoとして解釈されます。
- **max-content** 行の軸に指定した場合は理想的な幅と高さとして、それ以外に指定した場合はautoとして解釈されます。
- **fit-content()** min(最大寸法,max(最小寸法,引数))の式に従って有効な寸法に制約します。任意の数値＋単位、%値を引数として指定できます。負の値は指定できません。

```css
.box {
  width: 200px; height: 200px;
  border: solid 1px red;
}
```
CSS

ボックスが指定したサイズで表示される

353

☑ **max-width、max-heightプロパティ**

ボックスの幅と高さの最大値を指定する

POPULAR

マックス・ウィズ
{max-width: 最大の幅; }
マックス・ハイト
{max-height: 最大の高さ; }

max-width、max-heightプロパティは、ボックスの幅、高さの最大値を指定します。

初期値	none		継承	なし
適用される要素	width、heightプロパティを指定できるすべての要素			
モジュール	CSS Level 2(Revision 1)およびCSS Intrinsic & Extrinsic Sizing Module Level 3			

値の指定方法

最大の幅，最大の高さ

none	最大の幅、高さを指定しません。
任意の数値+単位	単位付き(P.514)の数値で指定します。
%値	%値で指定します。値は包含ブロックに対する割合となります。
min-content	行の軸(inline-axis)に指定した場合は最小の幅と高さとして、それ以外に指定した場合はautoとして解釈されます。
max-content	行の軸に指定した場合は理想的な幅と高さとして、それ以外に指定した場合はautoとして解釈されます。
fit-content()	min(最大寸法,max(最小寸法,引数))の式に従って有効な寸法に制約します。任意の数値+単位、%値を引数として指定できます。負の値は指定できません。

```css
.box {                                                                    CSS
  max-width: 100%; max-height: 50px;
  border: solid 1px red;
}
```

ボックスの最大の高さが指定した値で固定され、内容が収まらない場合ははみ出して表示される

min-width、min-heightプロパティ

ボックスの幅と高さの最小値を指定する

```
{min-width: 最小の幅; }
```
ミニマム・ウィズ

```
{min-height: 最小の高さ; }
```
ミニマム・ハイト

min-width、min-heightプロパティは、ボックスの幅、高さの最小値を指定します。

初期値	auto	継承	なし
適用される要素	width、heightプロパティを指定できるすべての要素		
モジュール	CSS Flexible Box Layout ModuleおよびCSS Intrinsic & Extrinsic Sizing Module Level 3		

値の指定方法

最小の幅, 最小の高さ

auto	自動的に最小の幅と高さを選択します。基本的には0と解釈されます。
任意の数値＋単位	単位付き(P.514)の数値で指定します。
%値	%値で指定します。値は包含ブロックに対する割合となります。
min-content	行の軸(inline-axis)に指定した場合は最小の幅と高さとして、それ以外に指定した場合はautoとして解釈されます。
max-content	行の軸に指定した場合は理想的な幅と高さとして、それ以外に指定した場合はautoとして解釈されます。
fit-content()	min(最大寸法,max(最小寸法,引数))の式に従って有効な寸法に制約します。任意の数値＋単位、％値を引数として指定できます。負の値は指定できません。

```css
.box {
  min-width: 200px; min-height: 100px;
  border: solid 1px red;
}
```

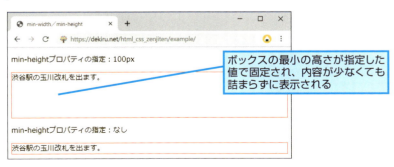

ボックスの最小の高さが指定した値で固定され、内容が少なくても詰まらずに表示される

max-block-size、max-inline-sizeプロパティ

書字方向に応じてボックスの幅と高さの最大値を指定する

{max-block-size: 幅・高さ; }
マックス・ブロック・サイズ

{max-inline-size: 幅・高さ; }
マックス・インライン・サイズ

max-block-size、max-inline-sizeプロパティは、max-widthまたはmax-heightプロパティの働きを、要素の書字方向に応じて指定します。writing-modeプロパティで指定した値によって、その対応が決定されるプロパティです。

writing-modeプロパティの値がhorizontal-tbの場合、書字方向は左から右へ、各行は上から下へ配置されます。このときにおけるmax-block-sizeプロパティの値はmax-heightに、max-inline-sizeプロパティの値はmax-widthにそれぞれ対応します。

writing-modeプロパティの値がvertical-rlの場合、書字方向は縦書きで上から下へ、各行は右から左へ配置されます。このときにおけるmax-block-sizeプロパティの値はmax-widthに、max-inline-sizeプロパティの値はmax-heightにそれぞれ対応します。

初期値	none	継承	なし
適用される要素	width、heightプロパティを指定できるすべての要素		
モジュール	CSS Logical Properties and Values Level 1		

値の指定方法

max-width、max-heightプロパティ（P.354）と同様です。

```css
.box {
  max-block-size: 300px;
  max-inline-size: 36em;
  writing-mode: vertical-rl;
}
```

min-block-size、min-inline-sizeプロパティ

書字方向に応じてボックスの幅と高さの最小値を指定する

```
{min-block-size: 幅・高さ; }
```
ミニマム・ブロック・サイズ

```
{min-inline-size: 幅・高さ; }
```
ミニマム・インライン・サイズ

min-block-size、min-inline-sizeプロパティは、min-widthまたはmin-heightプロパティの働きを、要素の書字方向に応じて指定します。writing-modeプロパティで指定した値によって、その対応が決定されるプロパティです。

writing-modeプロパティの値がhorizontal-tbの場合、書字方向は左から右へ、各行は上から下へ配置されます。このときにおけるmin-block-sizeプロパティの値はmin-heightに、min-inline-sizeプロパティの値はmin-widthにそれぞれ対応します。

writing-modeプロパティの値がvertical-rlの場合、書字方向は縦書きで上から下へ、各行は右から左へ配置されます。このときにおけるmin-block-sizeプロパティの値はmin-widthに、min-inline-sizeプロパティの値はmin-heightにそれぞれ対応します。

初期値	0	継承	なし
適用される要素	width、heightプロパティを指定できるすべての要素		
モジュール	CSS Logical Properties and Values Level 1		

値の指定方法

min-width、min-heightプロパティ（P.355）と同様です。

```css
.box {
  min-block-size: 300px;
  min-inline-size: 36em;
  writing-mode: vertical-rl;
}
```

☑ margin系プロパティ

ボックスのマージンの幅を指定する

POPULAR

マージン・トップ
{margin-top: 幅; }

マージン・ライト
{margin-right: 幅; }

マージン・ボトム
{margin-bottom: 幅; }

マージン・レフト
{margin-left: 幅; }

margin系プロパティは、ボックスの外側の余白（マージン）の幅を指定します。それぞれ上辺、右辺、下辺、左辺に対応しています。

初期値	0		継承	なし
適用される要素	内部テーブル要素（table、table-captionを除くテーブル関連要素）以外のすべての要素			
モジュール	CSS Basic Box Model			

値の指定方法

幅

auto
自動的に適切なマージンが適用されます。ボックスの幅（width）を指定したうえで左右のマージンをautoにすると、ボックスは水平方向の中央に揃います。

任意の数値＋単位
単位付き（P.514）の数値で指定します。負の値も指定できます。

%値
%値で指定します。負の値も指定できます。値は包含ブロックの幅に対する割合となります。これはmargin-top、margin-bottomに対する%値の算出でも同様です。

ポイント

● 垂直方向に隣接するボックスのマージンは相殺され、大きいほうの値が適用されます。以下の例では、box01とbox02の間のマージンは30pxとなります。値が両方とも負の場合は0に近い値が適用され、片方だけ負の場合は両方の値の和が適用されます。

```css
.box01 {
  margin-bottom: 20px;
}
.box02 {
  margin-top: 30px;
}
```
CSS

marginプロパティ

ボックスのマージンの幅をまとめて指定する

{margin: -top -right -bottom -left ; }

marginプロパティは、ボックスの外側の余白（マージン）の幅を一括指定するショートハンドです。

初期値	各プロパティに準じる	継承	なし
適用される要素	内部テーブル要素以外のすべての要素		
モジュール	CSS Basic Box Model		

値の指定方法

個別指定の各プロパティと同様です。値は半角スペースで区切って4つまで指定でき、それぞれ上辺、右辺、下辺、左辺に適用されます。省略した場合は以下のような指定になります。

- 値が1つ　すべての辺に同じ値が適用されます。
- 値が2つ　1つ目が上下辺、2つ目が左右辺に適用されます。
- 値が3つ　1つ目が上辺、2つ目が左右辺、3つ目が下辺に適用されます。

```css
.m1 {margin: 0;}
.m2 {margin: 15px;}
.m3 {margin: 30px;}
.m4 {margin: 60px 20% 0px 1em;}
```

指定した幅でマージンが表示される

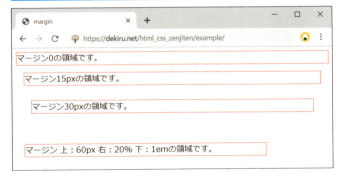

padding系プロパティ

ボックスのパディングの幅を指定する

```
{padding-top: 幅; }
```
パディング・トップ

```
{padding-right: 幅; }
```
パディング・ライト

```
{padding-bottom: 幅; }
```
パディング・ボトム

```
{padding-left: 幅; }
```
パディング・レフト

padding系プロパティは、ボックスの内側の余白（パディング）の幅を指定します。それぞれ上辺、右辺、下辺、左辺に対応しています。

初期値	0	継承	なし
適用される要素	table-cell以外の内部テーブル要素を除くすべての要素		
モジュール	CSS Basic Box Model		

値の指定方法

幅

任意の数値+単位　単位付き（P.514）の数値で指定します。負の値は指定できません。

%値　%値で指定します。負の値は指定できません。値は包含ブロックの幅に対する割合となります。これはpadding-top、padding-bottomに対する%値の算出でも同様です。

```css
div {
  background-color: #ffb6c1;
  border: red solid 2px;
  background-clip: content-box;
  padding-top: 10px;
  padding-right: 20%;
  padding-bottom: 0px;
  padding-left: 3em;
}
```

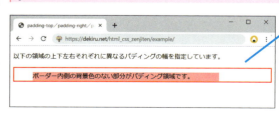

指定した幅でパディングが表示される

☑ padding プロパティ

ボックスのパディングの幅をまとめて指定する

パディング

{padding: -top -right -bottom -left ; }

paddingプロパティは、ボックスの内側の余白（パディング）の幅を一括指定するショートハンドです。

初期値	各プロパティに準じる	継承	なし
適用される要素	table-cell以外の内部テーブル要素を除くすべての要素		
モジュール	CSS Basic Box Model		

値の指定方法

個別指定の各プロパティと同様です。値は半角スペースで区切って4つまで指定でき、それぞれ上辺、右辺、下辺、左辺に適用されます。省略した場合は以下のような指定になります。

・値が1つ　すべての辺に同じ値が適用されます。
・値が2つ　1つ目が上下辺、2つ目が左右辺に適用されます。
・値が3つ　1つ目が上辺、2つ目が左右辺、3つ目が下辺に適用されます。

```css
div {
  padding: 10px;
}
```

上の例で指定したpaddingプロパティは、各プロパティを以下のように指定した場合と同様の表示になります。

```css
div {
  padding-top: 10px;
  padding-right: 10px;
  padding-bottom: 10px;
  padding-left: 10px;
}
```

margin-block、margin-inline系プロパティ

書字方向に応じてボックスのマージンの幅を指定する

{**margin-block-start**: 幅; }
{**margin-block-end**: 幅; }
{**margin-inline-start**: 幅; }
{**margin-inline-end**: 幅; }

margin-block、margin-inline系プロパティは、margin-topまたはmargin-bottomプロパティ、margin-leftまたはmargin-rightプロパティの働きを、要素の書字方向に応じて指定します。writing-mode、direction、text-orientationプロパティで指定した値によって、その対応が決定されるプロパティです。

例えば、writing-modeプロパティの値がhorizontal-tbの場合、書字方向は左から右へ、各行は上から下へ配置されます。このときにおけるmargin-block-startプロパティの値はmargin-topに、margin-inline-startプロパティの値はmargin-leftにそれぞれ対応します。
一方でwriting-modeプロパティの値がvertical-rlの場合、書字方向は縦書きで上から下へ、各行は右から左へ配置されます。このときにおけるmargin-block-startプロパティの値はmargin-rightに、margin-inline-startプロパティの値はmargin-topにそれぞれ対応します。

初期値	0	継承	なし
適用される要素	内部テーブル要素以外のすべての要素		
モジュール	CSS Logical Properties and Values Level 1		

値の指定方法

marginプロパティ（P.359）、およびその個別指定の各プロパティと同様です。

```css
.box {
  margin-inline-start: 20px;
  writing-mode: horizontal-tb;
}
```

margin-block、margin-inlineプロパティ

書字方向に応じてボックスのマージンの幅をまとめて指定する

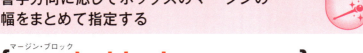

{**margin-block**: -start -end ; }
{**margin-inline**: -start -end ; }

margin-blockプロパティはmargin-block-start、margin-block-endプロパティの、margin-inlineプロパティはmargin-inline-start、margin-inline-endプロパティの値を一括指定するショートハンドです。

初期値	各プロパティに準じる	継承	なし
適用される要素	内部テーブル要素以外のすべての要素		
モジュール	CSS Logical Properties and Values Level 1		

値の指定方法

個別指定の各プロパティと同様です。値が2つ指定された場合は、順に始端辺、終端辺の幅となります。値が1つだけ指定された場合、始端辺、終端辺の両方にその値が適用されます。

```css
.box {
  margin-block: 20px 30px;
  writing-mode: horizontal-tb;
}
```

padding-block、padding-inline系プロパティ

書字方向に応じてボックスのパディングの幅を指定する

{padding-block-start: 幅; }
{padding-block-end: 幅; }
{padding-inline-start: 幅; }
{padding-inline-end: 幅; }

padding-block、padding-inline系プロパティは、padding-topまたはpadding-bottomプロパティ、padding-leftまたはpadding-rightプロパティの働きを、要素の書字方向に応じて指定します。writing-mode、direction、text-orientationプロパティで指定した値によって、その対応が決定されるプロパティです。

例えば、writing-modeプロパティの値がhorizontal-tbの場合、書字方向は左から右へ、各行は上から下へ配置されます。このときにおけるpadding-block-startプロパティの値はpadding-topに、padding-inline-startプロパティの値はpadding-leftにそれぞれ対応します。一方でwriting-modeプロパティの値がvertical-rlの場合、書字方向は縦書きで上から下へ、各行は右から左へ配置されます。このときにおけるpadding-block-startプロパティの値はpadding-rightに、padding-inline-startプロパティの値はpadding-topにそれぞれ対応します。

初期値	0	継承	なし
適用される要素	すべての要素		
モジュール	CSS Logical Properties and Values Level 1		

値の指定方法

paddingプロパティ（P.361）、およびその個別指定の各プロパティと同様です。

```css
.box {
  padding-block-start: 40px;
  writing-mode: horizontal-tb;
}
```

padding-block、padding-inlineプロパティ

書字方向に応じてボックスのパディングの幅をまとめて指定する

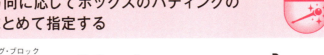

{**padding-block**: -start -end ; }
{**padding-inline**: -start -end ; }

padding-blockプロパティはpadding-block-start、padding-block-endプロパティの、padding-inlineプロパティはpadding-inline-start、padding-inline-endプロパティの値を一括指定するショートハンドです。

初期値	各プロパティに準じる	継承	なし
適用される要素	すべての要素		
モジュール	CSS Logical Properties and Values Level 1		

値の指定方法

個別指定の各プロパティと同様です。値が2つ指定された場合は、順に始端辺、終端辺の幅となります。値が1つだけ指定された場合、始端辺、終端辺の両方にその値が適用されます。

```css
.box {
  padding-block: 40px 20px;
  writing-mode: horizontal-tb;
}
```

overflow-x、overflow-yプロパティ

ボックスに収まらない内容の表示方法を指定する

{overflow-x: 表示方法;}
{overflow-y: 表示方法;}

overflow-x、overflow-yプロパティは、ボックスに収まらない内容の水平方向、垂直方向の表示方法を指定します。

初期値	visible	継承	なし
適用される要素	ブロックコンテナー、フレックスコンテナー、グリッドコンテナー		
モジュール	CSS Overflow Module Level 3		

値の指定方法

表示方法

- **auto** ブラウザーの設定に依存します。通常はスクロールバーが表示されます。
- **visible** 内容はボックスからはみ出して表示されます。
- **hidden** ボックスに収まらない内容は表示されません。
- **scroll** ボックスに収まるかどうかに関わらず、スクロールバーが表示されます。
- **clip** 表示方法はhiddenと同様ですが、hiddenがプログラム的にはスクロールできる「スクロールコンテナー」であるのに対し、clipはプログラム的なスクロールも含め、すべてのスクロールを禁止します。

```css
.box {
  width: 400px; height: 50px;
  border: solid 1px black;
  overflow-x: auto;
  overflow-y: hidden;
}
```

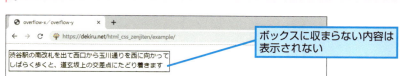

ボックスに収まらない内容は表示されない

ポイント

- overflow-x、overflow-yのうち一方がvisibleでもclipでもない場合、他方に対するvisibleの指定はauto、clipの指定はhiddenとして解釈されます。

✓ overflowプロパティ

ボックスに収まらない内容の表示方法を
まとめて指定する

{overflow: -x -y;}
オーバーフロー

overflowプロパティは、ボックスに収まらない内容の表示方法を一括指定するショートハンドです。

初期値	各プロパティに準じる	継承	なし
適用される要素	ブロックコンテナー、フレックスコンテナー、グリッドコンテナー		
モジュール	CSS Basic Box ModelおよびCSS Overflow Module Level 3		

値の指定方法

個別指定の各プロパティと同様です。値は半角スペースで区切って2つまで指定でき、1つ目は水平方向、2つ目は垂直方向に適用されます。1つだけ指定した場合は、水平・垂直方向に同じ値を指定したものと見なされます。

```css
.box {
  width: 400px; height: 50px;
  border: solid 1px black;
  overflow: auto;
}
```

```html
<p class="box">
  渋谷駅の南改札を出て西口から玉川通りを西に向かってしばらく歩くと、道玄坂上の交差点に
  たどり着きますが、その角にコンビニエンスストア、サンプルマート道玄坂上店が見えてきます。
</p>
```

ボックスに収まらない内容はスクロールバーを操作して表示できる

outline-styleプロパティ

ボックスのアウトラインのスタイルを指定する

{**outline-style**: スタイル; }

outline-styleプロパティは、ボーダーの外側に描画するアウトラインのスタイルを指定します。ボタンや入力フィールド、イメージマップなどを目立たせたいときに利用します。

初期値	none	継承	なし
適用される要素	すべての要素		
モジュール	CSS Basic User Interface Module Level 3		

値の指定方法

スタイル

- **none** アウトラインは表示されません。outline-widthが0として解釈されます。
- **auto** ブラウザーに描写を任せます。
- **dotted** 点線で表示されます。
- **dashed** 破線で表示されます。
- **solid** 1本の実線で表示されます。
- **double** 2本の実線で表示されます。
- **groove** 立体的にくぼんだ線で表示されます。
- **ridge** 立体的に隆起した線で表示されます。
- **inset** アウトラインの内部が立体的にくぼんだように表示されます。
- **outset** アウトラインの内部が立体的に隆起したように表示されます。

```css
.item {
  width: 100px;
  border: solid 1px black;
  outline-style: dotted;
}
```

アウトラインが点線で表示される

outline-widthプロパティ

ボックスのアウトラインの幅を指定する

{outline-width: 幅; }
(アウトライン・ウィズ)

outline-widthプロパティは、アウトラインの幅を指定します。

初期値	medium	継承	なし
適用される要素	すべての要素		
モジュール	CSS Basic User Interface Module Level 3		

値の指定方法

幅

thin	細いアウトラインが表示されます。
medium	通常のアウトラインが表示されます。
thick	太いアウトラインが表示されます。
任意の数値+単位	アウトラインの幅を単位付き(P.514)の数値で指定します。

```css
.item {
  width: 100px;
  border: solid 1px black;
  outline-style: dotted;
  outline-width: 5px;
}
```

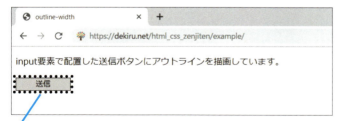

アウトラインの幅が5pxで表示される

outline-colorプロパティ

ボックスのアウトラインの色を指定する

{outline-color: 色; }

outline-colorプロパティは、アウトラインの色を指定します。

初期値	invert（未対応のブラウザーではcurrentcolor）	継承	なし
適用される要素	すべての要素		
モジュール	CSS Basic User Interface Module Level 3		

値の指定方法

色

- **invert** 背景色を反転させた色でアウトラインを表示します。
- **色** キーワード、カラーコード、rgb()、rgba()によるRGBカラー、hsl()、hsla()によるHSLカラー、あるいはシステムカラーで指定します。色の指定がない場合、currentcolor（該当要素に指定された文字色）が使用されます。色の指定方法（P.516）も参照してください

```css
.item {
  width: 160px;
  outline-width: 5px;
  outline-style: solid;
  outline-color: #ccc;
}
```

アウトラインが薄い灰色で表示される

☑ outlineプロパティ

ボックスのアウトラインをまとめて指定する

アウトライン
{outline: -style -width -color ; }

outlineプロパティは、アウトラインのスタイル、幅、色を一括指定するショートハンドです。

初期値	各プロパティに準じる	継承	なし
適用される要素	すべての要素		
モジュール	CSS Basic User Interface Module Level 3		

値の指定方法

個別指定の各プロパティと同様です。半角スペースで区切ってそれぞれの値を指定します。任意の順序で指定できます。値を省略した場合は、各プロパティの初期値を指定したものと見なされます。

```css
.item {
  width: 360px;
  outline: 3px solid #ccc;
}
```

上の例で指定したoutlineプロパティは、各プロパティを以下のように指定した場合と同様の表示になります。

```css
.item {
  width: 360px;
  outline-width: 3px;
  outline-style: solid;
  outline-color: #ccc;
}
```

ポイント

- outline-styleの初期値はnoneです。outline-styleの値を指定しないと、アウトラインは表示されないので注意しましょう。
- アウトラインを表示しないスタイルの指定は、キーボード操作時のフォーカス要素が視覚的に認識できず、Webアクセシビリティ上の問題があります。

できる | 371

outline-offsetプロパティ

アウトラインとボーダーの間隔を指定する

{outline-offset: 間隔; }

アウトライン・オフセット

outline-offsetプロパティは、アウトラインとボーダーの間隔を指定します。

初期値	0	継承	なし
適用される要素	すべての要素		
モジュール	CSS Basic User Interface Module Level 3		

値の指定方法

間隔

任意の数値＋単位 単位付き(P.514)の数値で指定します。

```css
.item {
  width: 100px;
  border: solid 1px black;
  outline-style: dotted;
  outline-width: 2px;
  outline-color: red;
  outline-offset: 3px;
}
```

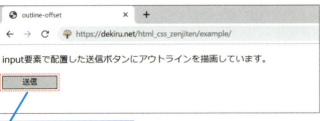

アウトラインとボーダーの間隔が3pxで表示される

resizeプロパティ

ボックスのサイズ変更の可否を指定する

{resize: サイズ変更の可否; }

resizeプロパティは、ボックスのサイズ変更（リサイズ）の可否を指定します。

初期値	none	継承	なし
適用される要素	overflowプロパティ（P.367）でvisible以外の値が指定された要素、オプションで画像、映像、iframeのような置換要素		
モジュール	CSS Basic User Interface Module Level 3およびCSS Logical Properties and Values Level 1		

値の指定方法

サイズ変更の可否

- **none** ボックスのサイズ変更の可否を指定しません。
- **both** ボックスの幅と高さのサイズ変更を許可します。
- **horizontal** ボックスの幅のサイズ変更を許可します。
- **vertical** ボックスの高さのサイズ変更を許可します。
- **block** ブロック方向のサイズ変更を許可します。writing-modeおよびdirectionプロパティの値によって、幅または高さのいずれかが該当します。
- **inline** インライン方向のサイズ変更を許可します。writing-modeおよびdirectionプロパティの値によって、幅または高さのいずれかが該当します。

```css
.box {
  width: 400px; height: 100px;
  border: solid 1px black;
  overflow: auto;
  resize: both;
}
```

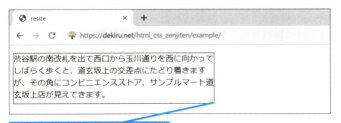

ボックスの右下をドラッグするとサイズを変更できる

display プロパティ

ボックスの表示型を指定する

{display: 表示型; }

displayプロパティは、要素がどのような表示型かを指定します。表示型は外縁（ボックスレベル）、内縁（レイアウト）の2つの特性から決定されます。

初期値	inline	継承	なし
適用される要素	すべての要素		
モジュール	CSS Display Module Level 3、CSS Ruby Layout Module Level 1、CSS Grid Layout、CSS Flexible Box Layout		

値の指定方法

7つのカテゴリーに分類されるキーワードで指定します。CSS Display Module Level 3においてはdisplay-outside、display-insideをそれぞれ複数のキーワードを使用して指定可能ですが、対応ブラウザーは少なく、実際には単体キーワード、もしくはCSS Level 2(Revision 1)で定義されていたdisplay-legacyを中心に使用するケースが多いでしょう。

表示型（display-outside）

外縁表示型、つまり通常フローにおいてどのように配置されるのかを指定します。

- **block** ブロックボックスを生成します。
- **inline** インラインボックスを生成します。
- **run-in** ランインボックスを生成します。ランインボックスは、包括要素や続く要素に応じてボックスの種類が変わります。ブロックボックスを内包している場合はブロックボックスに、ブロックボックスが後続する場合はブロックボックスの最初のインラインボックスになります。インラインボックスが後続する場合はブロックボックスになります。

表示型（display-inside）

非置換要素の内縁表示型、つまりボックス内の要素がどのように配置されるのかを指定します。

- **flow** フローレイアウト（ブロックおよびインラインレイアウト）を利用します。
- **flow-root** ブロックボックスを生成し、フローレイアウトを利用したうえで新たなレイアウトを定義します。従来のcleafixと同様の動作をします。
- **table** ブロックレイアウトを定義するテーブル包括ボックスを生成します。HTMLのtable要素のように動作します。
- **flex** フレックスコンテナーボックスを生成し、フレキシブルボックスレイアウトを定義します。
- **grid** グリッドコンテナーボックスを生成し、グリッドレイアウトを定義します。
- **ruby** ルビーコンテナーボックスを生成します。HTMLのruby要素のように動作します。

表示型（display-outsideとdisplay-inside）

display-insideが指定され、display-outsideが省略された場合、display-insideがrubyの場合を除いて、display-outsideはblockとして解釈されます。rubyに対してはinlineとして解釈されます。また、display-outsideが指定され、display-insideが省略された場合、display-insideはデフォルトでflowとして解釈されます。

複数キーワードの指定としては以下の例が挙げられます。

block flow　blockを単体で指定したのと同様です。

inline table　インラインレベルのテーブルラッパーボックスを生成します。inline-tableと同様です。

表示型（display-listitem）

list-style-type、list-style-positionプロパティと組み合わせてリスト項目を生成できます。また、複数キーワードの指定に対応した環境では、以下のようにdisplay-outsideと、display-insideからflow、flow-rootのいずれかを組み合わせて指定可能です。

list-item　　　　　　　　リストの項目のように、つまりli要素のように動作します。

list-item block

list-item inline

list-item flow

list-item flow-root

list-item block flow

list-item block flow-root

flow list-item block

表示型（display-internal）

レイアウトモデルにおける、内部の表示方法を指定します。表組みやルビなどの一部のレイアウトモデルは複雑な内部構造を持ち、その子要素、または子孫要素が満たせるいくつかの異なる役割を持っています。これらの各値は、特定のレイアウトモデル内でのみ意味を持ちます。

table-row-group　　　　HTMLのtbody要素のように動作します。

table-header-group　　　HTMLのthead要素のように動作します。

table-footer-group　　　HTMLのtfoot要素のように動作します。

table-row　　　　　　　　HTMLのtr要素のように動作します。

table-cell　　　　　　　　HTMLのtd要素のように動作します。

table-column-group　　HTMLのcolgroup要素のように動作します。

table-column　　　　　　HTMLのcol要素のように動作します。

table-caption　　　　　　HTMLのcaption要素のように動作します。

次のページに続く

ruby-base	HTMLのrb要素のように動作します。
ruby-text	HTMLのrt要素のように動作します。
ruby-base-container	HTMLのrbc要素のように動作します。
ruby-text-container	HTMLのrtc要素のように動作します。

表示型（display-box）

要素がボックスを生成するかどうかを指定します。

| contents | 指定された要素自体はボックスを生成しませんが、その子要素と疑似要素はボックスを生成し、テキストは通常通り表示されます。現時点で多くのブラウザーではこの値が指定された要素をアクセシビリティツリーから除外します。読み上げ環境など、支援技術から要素にアクセスできなくなる可能性があるので使用には注意が必要です。 |
| none | ボックスを生成しません。指定された要素、およびその子孫要素はレイアウトから除外され、文書内に存在しないかのように振る舞います。 |

表示型（display-legacy）

CSS Level 2(Revision 1)で定義された値です。複数キーワードによる指定と同様の動作をする値を1つのキーワードとして指定できます。

inline-block	ブロックボックスを生成しますが、周囲のコンテンツに対してはインラインボックスのようにレイアウトされます。複数キーワードを使用したinline flow-rootの指定と同様です。
inline-table	HTMLのtable要素と同じように振る舞いつつ、インラインボックスのようにレイアウトされます。複数キーワードを使用したinline tableの指定と同様です。
inline-flex	インラインボックスとして振る舞いつつ、内部のコンテンツをフレックスボックスモデルに従ってレイアウトします。複数キーワードを使用したinline flexの指定と同様です。
inline-grid	インラインボックスとして振る舞いつつ、内部のコンテンツをグリッドモデルに従ってレイアウトします。複数キーワードを使用したinline gridの指定と同様です。

以下の例では、リスト要素をインラインボックスのように扱えるブロックボックスとして指定しています。各リストアイテムは、指定したサイズやボーダー、背景色が適用され、インラインボックスのように左から右に配置されます。

```css
ul li {
  display: inline-block;
  width: 100px; height: 50px;
  border: solid #32cd32 2px;
  background-color: #98fb98;
}
```

```html
<ul>
  <li><a href="">ブロッコリーのパイ</a></li>
  <li><a href="">セロリ100%ジュース</a></li>
  <li><a href="">白菜のミルフィーユ</a></li>
</ul>
```

リスト要素の内容がインラインボックスのように扱えるブロックボックスとして表示される

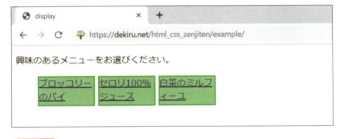

ポイント

- よく使われるキーワードは、none、block、inline、inline-block、list-item、flex、grid、table、ruby、run-inです。さらに、contents、flow-root、inline-flex、inline-grid、inline-tableも知っておくと便利です。

positionプロパティ

ボックスの配置方法を指定する

{position: 配置方法; }

positionプロパティは、ボックスの配置方法を指定します。top、right、bottom、leftプロパティを組み合わせて具体的な位置を選択します。

初期値	static	継承	なし
適用される要素	すべての要素。ただしテーブルの列グループ、および列を除く		
モジュール	CSS Positioned Layout Module Level 3		

値の指定方法

配置方法

static　配置方法を指定せず、通常のフローに従って配置されます。

relative　ボックスは通常のフローに従って配置されたうえで、top、right、bottom、leftプロパティの値によって元の位置を基準に相対的に配置されます。テーブル内の各要素にどのように作用するかはブラウザーに依存します。

absolute　ボックスは通常フローから外れ、絶対配置されます。直近の先祖要素に配置指定された要素(position:static以外が指定された要素)がある場合はその要素を基準に、ない場合は初期包含ブロック(HTMLの場合はhtml要素)の4辺を基準に相対的な位置となります。

fixed　ボックスは通常フローから外れ、絶対配置されます。初期包含ブロック(HTMLの場合はhtml要素)の4辺を基準に相対的な位置となります。祖先要素にtransform、perspective、filterプロパティのいずれかの値としてnone以外を持つ要素がある場合は、その要素が基準となります。

sticky　ボックスは文書の通常のフローに従って配置されますが、直近のスクロールする祖先および包含ブロックに対してtop、right、bottom、leftプロパティの値によって相対的に配置されます。position:relativeのように配置されたうえで、スクロールする親要素に対してposition:fixedのように振る舞います。例えばtop:0と指定された場合、スクロールする要素内でその下端に到達するまで上端の位置に留まり続けます。

☑ top、right、bottom、leftプロパティ

ボックスの配置位置を指定する

POPULAR

{top: 位置; }
トップ

{right: 位置; }
ライト

{bottom: 位置; }
ボトム

{left: 位置; }
レフト

top、right、bottom、leftプロパティは、positionプロパティでstatic以外の値を指定した場合に、ボックスを配置する位置を指定します。positionプロパティと組み合わせた実践例は、次のページに掲載しています。

初期値	auto	継承	なし
適用される要素	positionプロパティによって配置された要素		
モジュール	CSS Positioned Layout Module Level 3		

値の指定方法

位置

auto	ブラウザーによって自動的に指定されます。
任意の数値＋単位	基準となる位置からの距離を単位付き（P.514）の数値で指定します。
%値	%値で指定します。値は親ブロックの幅、高さに対する割合となります。

次のページに続く

できる 379

実践例　固定されたナビゲーションボタンを配置する

{position: fixed; top: 0; right: 20px; }

以下の例では、HTMLソース上に用意したナビゲーションボタンが常にウィンドウ右上に表示されるように、positionプロパティでfixedを指定して、top、rightプロパティで具体的な位置を指定しています。fixedを指定しているため、ページをスクロールしてもボタンは常に同じところに表示されます。

```css
.gb-menu {
  margin:0;
  position: fixed;
  top: 0;
  right: 20px;
}
```

```html
<p class="gb-menu">
  <a href="/"><img src="gb_btn.png" alt="Topページに戻る"></a>
</p>
```

ウィンドウの右上に常にリンクボタンが表示される

☑ floatプロパティ

ボックスの回り込み位置を指定する

POPULAR

{float: 回り込み位置; }
フロート

floatプロパティは、ボックスの回り込み位置を指定します。画像以外のボックスに指定する場合は、widthプロパティ（P.353）も併せて指定する必要があります。

初期値	none		継承	なし
適用される要素	すべての要素			
モジュール	CSS Level 2(Revision 1)およびCSS Logical Properties and Values Level 1			

値の指定方法

回り込み位置

none	回り込みを指定しません。
left	左寄せにします。その後に続く要素は右側に回り込みます。
right	右寄せにします。その後に続く要素は左側に回り込みます。
inline-start	包含ブロックの行の始端側に回り込みます。書字方向がltrの場合はleft、rtlの場合はrightと同様です。
inline-end	包含ブロックの行の終端側に回り込みます。書字方向がltrの場合はright、rtlの場合はleftと同様です。

```css
.img-r {
  float: right;
  margin: 0 20px 20px 20px;
}
```

```html
<h1>カフェラテとカプチーノの違い</h1>
<img class="img-r" src="cap_cafelatte.jpg" alt="カフェラテの写真です。">
<p>当店のメニューには、カフェラテとカプチーノがあります。</p>
```

写真が右に配置され、続きの内容は左に回り込んで表示される

ポイント

- displayプロパティの値がnoneの場合、floatプロパティは適用されません。positionプロパティの値がabsolute、またはfixedの場合、floatはnoneとして扱われます。

☑ clearプロパティ

ボックスの回り込みを解除する

POPULAR

クリアー
{clear: 解除位置; }

clearプロパティは、floatプロパティによるボックスの回り込みを解除します。

初期値	none		継承	なし
適用される要素	ブロックレベル要素			
モジュール	CSS Level 2(Revision 1)およびCSS Logical Properties and Values Level 1			

値の指定方法

解除位置

none	回り込みを解除しません。
left	先行する左寄せ要素に対して回り込みを解除し、その下側に配置します。
right	先行する右寄せ要素に対して回り込みを解除し、その下側に配置します。
both	先行する左寄せ、右寄せ要素の両方に対して回り込みを解除し、その下側に配置します。
inline-start	先行する行の始端側に寄せて配置された要素に対して回り込みを解除し、その下側に配置します。
inline-end	先行する行の終端側に寄せて配置された要素に対して回り込みを解除し、その下側に配置します。

```css
.section {
  clear: both;
}
```
CSS

```html
<h1>カフェラテとカプチーノの違い</h1>
<img class="img-r" src="cap_cafelatte.jpg" alt="カフェラテの写真です。">
<!--省略-->
<div class="section">
<h2>カフェラテの起源</h2>
<!--省略-->
</div>
```
HTML

左側縦書きインデックス: セレクター / フォント／テキスト / 色／背景／ボーダー / ボックス／テーブル / 段組み / フレキシブルボックス / グリッドレイアウト / アニメーション / トランスフォーム / コンテンツ

382 できる

指定された要素以降は回り込みが解除される

☑ clip-pathプロパティ

クリッピング領域を指定する

SPECIFIC

{clip-path: 切り抜き領域;}
（クリップ・パス）

clip-pathプロパティは、要素のどの部分を表示するかを指定します。

初期値	none	継承	なし
適用される要素	すべての要素。SVGではdefs要素、すべてのグラフィック要素、およびuse要素を除くコンテナー要素		
モジュール	CSS Masking Module Level 1		

値の指定方法

以下のいずれかの値を指定できます。

切り抜き領域

- **none**　クリッピング領域を指定しません。
- **url()**　SVGのclipPath要素を参照する値を指定します。
- **シェイプ関数**　inset()、circle()、ellipse()、polygon()、path()によってさまざまな形を指定します。

次のページに続く

できる 383

切り抜き領域(シェイプ関数+キーワード)

以下のキーワードをシェイプ関数と併せて記述すると、基本シェイプの参照ボックスが指定されます。単体で記述すると、指定のボックスの辺をクリッピングパスにします。border-radiusプロパティの指定があれば、ボックスの角の形なども含めて表示されます。なお、使用できる値はいずれか1つです。

margin-box	マージンボックスを参照ボックスとして使用します。
border-box	境界ボックスを参照ボックスとして使用します。
padding-box	パディングボックスを参照ボックスとして使用します。
content-box	コンテントボックスを参照ボックスとして使用します。
fill-box	オブジェクトの境界ボックスを参照ボックスとして使用します。
stroke-box	ストローク(線)の境界ボックスを参照ボックスとして使用します。
view-box	直近のSVGビューポートを参照ボックスとして使用します。

```css
img {
  clip-path: circle(50%);
}
```

画像はcircle()で指定された形に切り抜かれる

データ上では元サイズの画像が存在する

☑ **box-shadowプロパティ**

ボックスの影を指定する

POPULAR

ボックス・シャドウ
{box-shadow: オフセット ぼかし半径 広がり 色 固定値 **;}**

box-shadowプロパティは、ボックスの影を表現します。

初期値	none	継承	なし
適用される要素	すべての要素		
モジュール	CSS Backgrounds and Borders Module Level 3		

値の指定方法

オフセット

任意の数値+単位 影のオフセット位置を単位付き(P.514)の数値で指定します。1つ目に水平方向(右方向)へのオフセット値、2つ目に垂直方向(下方向)へのオフセット値を半角スペースで区切って記述します。負の値が指定された場合、水平方向は左に、垂直方向は上に影がオフセットします。どちらの値も0である場合は、影は該当要素の真裏に表示されます。

ぼかし半径

任意の数値+単位 影のぼかし半径を単位付きの数値で指定します。3つ目に記述した値が該当します。負の値は指定できず、値が指定されていない場合は0と解釈されます。

広がり

任意の数値+単位 影の広がりを単位付きの数値で指定します。4つ目に記述した値が該当します。負の値を指定すると、影の形が収縮します。値が指定されていない場合は0と解釈されます。

色

色 キーワード、カラーコード、rgb()、rgba()によるRGBカラー、hsl()、hsla()によるHSLカラー、あるいはシステムカラーで指定します。色の指定がない場合、currentcolor(該当要素に指定された文字色)が使用されますが、ブラウザーにより挙動が異なる場合があります。色の指定方法(P.516)も参照してください。

固定値

none 影を表示しません。この場合、他の値は指定しません。

inset ボックスの内側に影が表示されます。

```css
.box {
  width: 400px; height: 120px; border: solid 1px red;
  box-shadow: 2px 5px 10px 1px red;
}
```

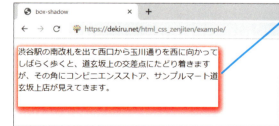

ボックスに赤い影が表示される

box-decoration-breakプロパティ

分割されたボックスの表示方法を指定する

{**box-decoration-break**: 表示方法; }

box-decoration-breakプロパティは、ページや段組み、領域、行などでボックスが分割されるときの切れ目の表示方法を指定します。

初期値	slice	継承	なし
適用される要素	すべての要素		
モジュール	CSS Fragmentation Module Level 3		

値の指定方法

表示方法

- **slice** 分割されたボックスを連続したボックスとして扱い、ボーダーやパディングを適用しません。
- **clone** 分割されたボックスを独立したボックスとして扱い、ボーダーやパディングが適用されます。border-radius、border-image、box-shadowプロパティなどの指定もすべて適用されます。

```css
.mark {
  line-height: 1.6;
  border: solid #ff4500 2px;
  background-color: #ffe4e1;
  box-decoration-break: clone;
}
```

改行の部分で独立したボックスとして扱われ、ボーダーが表示される

連続したボックスとして扱われ、ボーダーは表示されない

ポイント

- ChromeやAndroidでは、-webkit-接頭辞が必要です。

box-sizingプロパティ

ボックスサイズの算出方法を指定する

{box-sizing: 算出方法; }

box-sizingプロパティは、ボックスサイズの算出方法を指定します。

初期値	content-box	継承	なし
適用される要素	width、heightプロパティを指定できるすべての要素		
モジュール	CSS Basic User Interface Module Level 3		

値の指定方法

算出方法

- **content-box** ボックスの幅と高さの値に、ボーダーとパディングの値を含めません。CSSボックスモデルにおける既定の振る舞いとなります。
- **border-box** ボックスの幅と高さの値に、ボーダーとパディングの値を含めます。

以下の例では、content-boxを指定した領域の幅は、360px（width）と20px（左右のパディング）、4px（左右のボーダー）の和となり、384pxです。一方で、border-boxを指定した領域の幅は、ボーダー、パディングの値はwidthの幅に含まれるので、360px（width）となります。

```css
div {
  width: 360px; height: 100px;
  padding: 10px;
  border: 2px solid red;
  box-sizing: border-box;
}
```

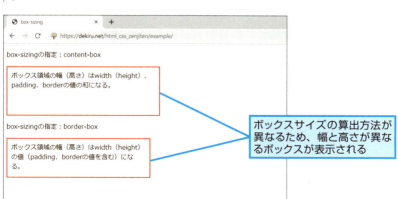

ボックスサイズの算出方法が異なるため、幅と高さが異なるボックスが表示される

z-indexプロパティ

ボックスの重ね順を指定する

{z-index: 重ね順;}

z-indexプロパティは、ボックスの重ね順を指定します。

初期値	auto	継承	なし
適用される要素	positionプロパティ(P.378)によって配置された要素		
モジュール	CSS Level 2(Revision 1)		

値の指定方法

重ね順

auto ボックスの重ね順は、HTMLソースに記述した順に従います。

任意の数値 ボックスの重ね順を数値で指定します。数値が大きくなるほど上(前)に重ねられます。32bitにおける符号付き整数(-2147483648〜2147483647)を指定できます。

```css
#nav {position: absolute;
    top: 10px; left: 15px;
    z-index: 3;
}
#content {position: relative;
    top: 30px;
    z-index: 0;
}
#footer {position: fixed;
    bottom: 10px;
    z-index: 5;
}
```

ボックスが指定した順に重なって表示される

visibilityプロパティ

ボックスの可視・不可視を指定する

{visibility: 表示方法;} (ビジビリティ)

visibilityプロパティは、ボックスの可視・不可視を指定します。不可視に設定したボックスは見えないだけで、レイアウト上は存在します。ボックスを生成したくない場合は、displayプロパティ（P.374）の値としてnoneを指定します。

初期値	visible	継承	あり
適用される要素	すべての要素		
モジュール	CSS Level 2(Revision 1)およびCSS Flexible Box Layout Module		

値の指定方法

表示方法

- **visible** ボックスを可視化します。
- **hidden** ボックスの領域を確保したまま、ボックスの内容だけ不可視にします。不可視になった要素はフォーカスを受け取ることができません。
- **collapse** 表の行、列、行グループ、列グループでは行や列が不可視になり、レイアウトからも排除されますが、その他の行や列のサイズは不可視になった行や列のセルが存在するときと同様に計算されます。可視・不可視を切り替える際に、行や列によって表全体や可視状態の行や列のサイズを再計算する必要はありません。また、フレックスボックスに対して指定した場合は不可視、かつレイアウトからも除外されます。その他の要素に指定された場合は、hiddenと同様です。

```css
.global-navigation a {
  visibility: hidden;
}
```

```html
<div class="global-navigation">
  <p>新たな一歩を応援するメディア</p>
  <p><a href="https://dekiru.net/"><img src="dekiru.png" alt="できるネットのページです。" width="100px"></a></p>
</div>
```

不可視に指定したボックスは表示されない

見えていないだけでレイアウト上には存在している

できる | 389

table-layoutプロパティ

表組みのレイアウト方法を指定する

POPULAR

{table-layout: レイアウト方法; }

table-layoutプロパティは、表組みのレイアウト方法を指定します。このプロパティを指定することで、表組みの列の幅を決定する方法が変化します。

初期値	auto	継承	なし
適用される要素	テーブルまたはインラインテーブル要素		
モジュール	CSS Level 2(Revision 1)		

値の指定方法

レイアウト方法

- **auto** 表組みは自動レイアウトで表示されます。列の幅は各セルの内容に応じて自動的に算出されます。
- **fixed** 表組みは固定レイアウトで表示されます。各列の幅は、表全体の幅に対して均等に割り振られます。最初の行内に幅が指定されたセルがある場合は、それ以外のセルが残りの幅に対して均等に割り振られます。

```css
table.sample {
  table-layout: fixed;
  width: 100%;
}
.wide {width: 20%;}
```

```html
<table class="sample">
  <tr>
    <th class="wide">月曜日</th><th>水曜日</th><th>金曜日</th>
  </tr>
```

列幅が指定した値で表示される　　残りの列幅は均等に割り当てられる

border-collapseプロパティ

表組みにおけるセルの境界線の表示形式を指定する

{border-collapse: 表示形式; }

border-collapseプロパティは、表組みにおけるセルの境界線の表示形式を指定します。

初期値	separate	継承	あり
適用される要素	テーブルまたはインラインテーブル要素		
モジュール	CSS Level 2(Revision 1)		

値の指定方法

表示形式

- **collapse** 隣接するセルの境界線を、間を空けずに重ねて表示します。
- **separate** 隣接するセルの境界線を、分離して表示します。

```css
table.sample {
  table-layout: fixed;
  border-collapse: collapse;
  width: 100%;
}
```

セルの境界線が重なって表示される

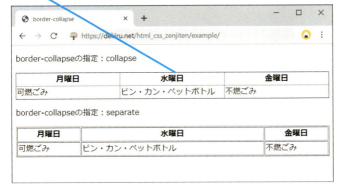

border-spacingプロパティ

表組みにおけるセルのボーダーの間隔を指定する

{border-spacing: 間隔;}

border-spacingプロパティは、表組みにおけるセルのボーダーの間隔を指定します。

初期値	0	継承	あり
適用される要素	テーブルまたはインラインテーブル要素		
モジュール	CSS Level 2(Revision 1)		

値の指定方法

間隔

任意の数値＋単位 単位付き(P.514)の数値で指定します。値は半角スペースで区切って2つまで指定できます。1つ目は上下、2つ目は左右の間隔に適用されます。1つだけの場合は、上下左右に適用されます。負の値は指定できません。

```css
table.sample {
  table-layout: auto;
  border-spacing: 5px 10px;
  width: 100%;
}
```

セルのボーダーの間隔が指定した値で表示される

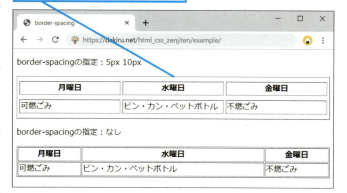

empty-cellsプロパティ

空白セルのボーダーと背景の表示方法を指定する

{empty-cells: 表示方法; }

empty-cellsプロパティは、空白セルのボーダー、および背景の表示方法を指定します。

初期値	show	継承	あり
適用される要素	テーブルセル要素		
モジュール	CSS Level 2(Revision 1)		

値の指定方法

表示方法

- **show** 空白セルのボーダー、および背景を表示します。
- **hide** 空白セルのボーダー、および背景を表示しません。

```css
table.sample {
  table-layout: fixed;
  empty-cells: hide;
  width: 100%;
}
```

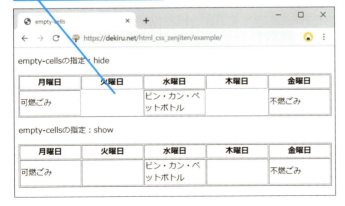

空白セルのボーダーと背景が非表示になる

ポイント

- empty-cellsプロパティの指定は、border-collapseプロパティの値がseparateの場合のみ効果があります。

caption-side プロパティ

表組みのキャプションの表示位置を指定する

{caption-side: 表示位置; }

caption-sideプロパティは、caption要素で記述した表組みのキャプションの表示位置を指定します。top、bottom値は、書字方向に対して相対的に解釈されます。

初期値	top	継承	あり
適用される要素	caption要素（P.132）		
モジュール	CSS Level 2(Revision 1)およびCSS Logical Properties and Values Level 1		

値の指定方法

表示位置

- **top** 表組みの上にキャプションを表示します。
- **bottom** 表組みの下にキャプションを表示します。
- **inline-start** 書字方向における行の始点側にキャプションを表示します。
- **inline-end** 書字方向における行の終点側にキャプションを表示します。

```
table.sample {
  table-layout: fixed;
  caption-side: bottom;
  width: 100%;
}
```
CSS

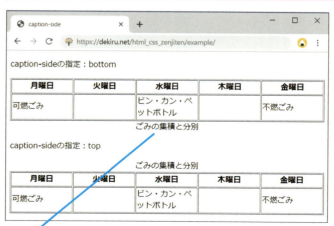

キャプションが表組みの下に表示される

scroll-behavior プロパティ

ボックスにスクロール時の動きを指定する

SPECIFIC

スクロール・ビヘイビア
{scroll-behavior: 動き; }

scroll-behaviorプロパティは、スクロールボックスにおいてスクロールが発生するときの動きを指定します。通常はJavaScriptの指定などが必要な動きを、CSSの指定のみで実現できます。

初期値	auto		継承	なし
適用される要素	スクロールボックス			
モジュール	CSS Object Model (CSSOM) View Module			

値の指定方法

動き

auto　スクロールするボックスは瞬時にスクロールします。

smooth　スクロールするボックスはスムーズにスクロールします。ビューポートに設定すると、アンカーリンクによるページ内の移動がいわゆる「スムーズスクロール」になります。

---

scroll-snap-type プロパティ

スクロールにスナップさせる方法を指定する

SPECIFIC

スクロール・スナップ・タイプ
{scroll-snap-type: 合わせ方; }

scroll-snap-typeプロパティは、スクロールコンテナーに対し、スクロールスナップの有無とその方向を指定します。スマートフォンなどのタッチデバイスで、中途半端にスクロールした際、切りのいいところまで自動でスクロールしてピタッと止まる「スクロールスナップ」を実現するためによく用いられます。

初期値	none		継承	なし
適用される要素	すべての要素			
モジュール	CSS Scroll Snap Module Level 1			

値の指定方法

合わせ方

none　スクロールスナップを行いません。

x　水平軸のみに対してスクロールスナップを行います。　**次のページに続く**

できる　395

y	垂直軸のみに対してスクロールスナップを行います。
block	ブロック軸（通常は垂直軸）のみに対してスクロールスナップを行います。
inline	インライン軸（通常は水平軸）のみに対してスクロールスナップを行います。
both	水平・垂直軸の両方に対してスクロールスナップを行います。
mandatory	スクロールを始めた時点でスナップします。つまり、ブラウザーは現在の要素を少しでもスクロールすると次の要素にスナップします。x、y、block、inline、bothのいずれかと組み合わせて指定すると、この動作を適用する方向も指定できます。
proximity	スクロールを終える時点でスナップします。つまり、ブラウザーは現在の要素を最後までスクロールし、次の要素に切り替わる最後でスナップします。x、y、block、inline、bothのいずれかと組み合わせて指定すると、この動作を適用する方向も指定できます。

ポイント

● Edge（EdgeHTML）およびInternet Explorerでは-ms-接頭辞が必要です。

☑ scroll-snap-alignプロパティ

ボックスをスナップする位置を指定する

SPECIFIC

スクロール・スナップ・アライン
{scroll-snap-align: 位置; }

scroll-snap-alignプロパティは、スクロールボックスに対し、スナップしたブロックを揃える位置を指定します。

初期値	none	継承	なし
適用される要素	すべての要素		
モジュール	CSS Scroll Snap Module Level 1		

値の指定方法

ブロック軸（通常は垂直軸）、インライン軸（通常は水平軸）の2つの値でそれぞれ指定します。1つの値だけを指定した場合、2つ目の値は1つ目に指定したものと同じとして扱われます。

位置

none	スナップ位置を指定しません。
start	スクロールボックスとブロックの始端同士を整列させるようにスナップします。
end	スクロールボックスとブロックの終端同士を整列させるようにスナップします。
center	スクロールボックスとブロックの中央同士を整列させるようにスナップします。

実践例 ボックスのスクロールを指定する

html {scroll-behavior: 動き; }
.container {scroll-snap-type: 合わせ方; }
.container > div {scroll-snap-align: 位置; }

以下の例では、HTML文書全体のスクロール時の動きをsmoothに指定しています。ボックスは、水平軸にスクロールスナップするとすぐに動くように指定しています。また、そのときスクロールボックスとブロックの終端同士が整列するよう指定しています。

```css
html {
  scroll-behavior: smooth;
}
.container {
  scroll-snap-type: x mandatory;
  display: flex;
  overflow: auto;
  height: 200px;
  width: 100%;
}
.container > div {
  scroll-snap-align: end;
  display: flex;
  align-items: center;
  justify-content: center;
  flex: 0 0 90%;
  height: 100%;
}
```

ボックスは水平軸に対してスクロールする

スクロールボックスとスナップしたブロックの終端位置が整列している

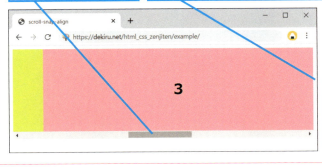

scroll-margin系プロパティ

スナップされる位置のマージンの幅を指定する

SPECIFIC

スクロール・マージン・トップ
{scroll-margin-top: 幅; }
スクロール・マージン・ライト
{scroll-margin-right: 幅; }
スクロール・マージン・ボトム
{scroll-margin-bottom: 幅; }
スクロール・マージン・レフト
{scroll-margin-left: 幅; }

scroll-margin系プロパティは、スクロールコンテナー内の要素がスナップされる際の外側の余白（マージン）の幅を指定します。役割はmargin-left、margin-right、margin-top、margin-bottomプロパティと同じですが、対象がスクロールコンテナー内の要素に限定されます。

初期値	0	継承	なし
適用される要素	すべての要素		
モジュール	CSS Scroll Snap Module Level 1		

値の指定方法

幅

任意の数値+単位　単位付き（P.514）の数値で指定します。負の値も指定可能です。

```css
.container {
  scroll-snap-type: x mandatory;
  display: flex;
  overflow: auto;
  height: 200px;
  margin: auto;
}
.container > div {
  scroll-snap-align: center;
  scroll-margin-left: 20px;
  display: flex;
  align-items: center;
  justify-content: center;
  flex: 0 0 90%;
  height: 100%;
  font-size: 2em;
  font-weight: bold;
}
```

scroll-marginプロパティ

スナップされる位置のマージンの幅をまとめて指定する

{**scroll-margin**: -top -right -bottom -left ; }

scroll-marginプロパティは、スクロールコンテナー内に配置される要素がスナップされる際の外側の余白（マージン）の幅を一括指定するショートハンドです。

初期値	各プロパティに準じる	継承	なし
適用される要素	すべての要素		
モジュール	CSS Scroll Snap Module Level 1		

値の指定方法

個別指定の各プロパティと同様です。値は半角スペースで区切って4つまで指定でき、それぞれ上辺、右辺、下辺、左辺に適用されます。省略した場合は以下のような指定になります。

・値が1つ すべての辺に同じ値が適用されます。
・値が2つ 1つ目が上下辺、2つ目が左右辺に適用されます。
・値が3つ 1つ目が上辺、2つ目が左右辺、3つ目が下辺に適用されます。

```css
.container {
  scroll-snap-type: x mandatory;
  display: flex;
  overflow: auto;
  height: 200px;
  margin: auto;
}
.container > div {
  scroll-snap-align: center;
  scroll-margin: 0 0 0 20px;
  display: flex;
  align-items: center;
  justify-content: center;
  flex: 0 0 90%;
  height: 100%;
  font-size: 2em;
  font-weight: bold;
}
```

できる 399

scroll-padding系プロパティ

スクロールコンテナーのパディングの幅を指定する

```
{scroll-padding-top: 幅; }
```
スクロール・パディング・トップ

```
{scroll-padding-right: 幅; }
```
スクロール・パディング・ライト

```
{scroll-padding-bottom: 幅; }
```
スクロール・パディング・ボトム

```
{scroll-padding-left: 幅; }
```
スクロール・パディング・レフト

scroll-padding系プロパティは、スクロールコンテナーの内側の余白（パディング）の幅を指定します。役割はpadding-left、padding-right、padding-top、padding-bottomプロパティと同じですが、対象がスクロールコンテナーに限定されます。

初期値	auto	継承	なし
適用される要素	スクロールコンテナー		
モジュール	CSS Scroll Snap Module Level 1		

値の指定方法

幅

任意の数値+単位	単位付き(P.514)の数値で指定します。
%値	%値で指定します。
auto	ブラウザーに任せます。一般的には「0px」を指定した場合と同様になりますが、ブラウザーの判断で「0」以外の値が選択される可能性もあります。

```css
.container {
  scroll-snap-type: x mandatory;
  scroll-padding-left: 20px;
  display: flex;
  overflow: auto;
  height: 200px;
  margin: auto;
}
.container > div {
  scroll-snap-align: center;
  display: flex;
  align-items: center;
  justify-content: center;
  flex: 0 0 90%;
  height: 100%;
}
```

scroll-paddingプロパティ

スクロールコンテナーのパディングの幅をまとめて指定する

{**scroll-padding**: -top -right -bottom -left ; }

scroll-paddingプロパティは、スクロールコンテナーの内側の余白（パディング）の幅を一括指定するショートハンドです。

初期値	各プロパティに準じる	継承	なし
適用される要素	スクロールコンテナー		
モジュール	CSS Scroll Snap Module Level 1		

値の指定方法

個別指定の各プロパティと同様です。値は半角スペースで区切って4つまで指定でき、それぞれ上辺、右辺、下辺、左辺に適用されます。省略した場合は以下のような指定になります。

- 値が1つ すべての辺に同じ値が適用されます。
- 値が2つ 1つ目が上下辺、2つ目が左右辺に適用されます。
- 値が3つ 1つ目が上辺、2つ目が左右辺、3つ目が下辺に適用されます。

```css
.container {
  scroll-snap-type: x mandatory;
  scroll-padding: 0 0 0 20px;
  display: flex;
  overflow: auto;
  height: 200px;
  margin: auto;
}
.container > div {
  scroll-snap-align: center;
  display: flex;
  align-items: center;
  justify-content: center;
  flex: 0 0 90%;
  height: 100%;
  font-size: 2em;
  font-weight: bold;
}
```

scroll-margin-block、scroll-margin-inline系プロパティ

書字方向に応じてスナップされる位置のマージンの幅を指定する

{scroll-margin-block-start: 幅; } (スクロール・マージン・ブロック・スタート)
{scroll-margin-block-end: 幅; } (スクロール・マージン・ブロック・エンド)
{scroll-margin-inline-start: 幅; } (スクロール・マージン・インライン・スタート)
{scroll-margin-inline-end: 幅; } (スクロール・マージン・インライン・エンド)

scroll-margin-block、scroll-margin-inline系プロパティは、スクロールコンテナー内に配置される要素がスナップされる際の外側の余白（マージン）の幅を指定します。役割はmargin-block-start、margin-block-end、margin-inline-start、margin-inline-endプロパティと同じですが、対象がスクロールコンテナー内の要素に限定されます。

初期値	0	継承	なし
適用される要素	すべての要素		
モジュール	CSS Scroll Snap Module Level 1		

値の指定方法

scroll-marginプロパティ（P.399）、およびその個別指定の各プロパティと同様です。

```css
.container {
  scroll-snap-type: x mandatory;
  display: flex;
  overflow: auto;
  height: 200px;
  margin: auto;
}
.container > div {
  scroll-snap-align: center;
  scroll-margin-inline-start: 20px;
  display: flex;
  align-items: center;
  justify-content: center;
  flex: 0 0 90%;
  height: 100%;
  font-size: 2em;
  font-weight: bold;
}
```

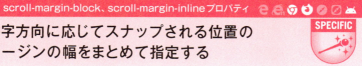

☑ scroll-margin-block、scroll-margin-inlineプロパティ

書字方向に応じてスナップされる位置の
マージンの幅をまとめて指定する

```
{scroll-margin-block: -start -end ; }
{scroll-margin-inline: -start -end ; }
```

scroll-margin-blockプロパティはscroll-margin-block-start、scroll-margin-block-endプロパティの、scroll-margin-inlineプロパティはscroll-margin-inline-start、scroll-margin-inline-endプロパティの値を一括指定するショートハンドです。

初期値	各プロパティに準じる	継承	なし
適用される要素	すべての要素		
モジュール	CSS Scroll Snap Module Level 1		

値の指定方法

個別指定の各プロパティと同様です。値が2つ指定された場合は、順に始端辺、終端辺の幅となります。値が1つだけ指定された場合、始端辺、終端辺の両方にその値が適用されます。

```css
.container {
  scroll-snap-type: x mandatory;
  display: flex;
  overflow: auto;
  height: 200px;
  margin: auto;
}
.container > div {
  scroll-snap-align: center;
  scroll-margin-inline: 20px 10px;
  display: flex;
  align-items: center;
  justify-content: center;
  flex: 0 0 90%;
  height: 100%;
  font-size: 2em;
  font-weight: bold;
}
```

ポイント

- scroll-margin-inlineプロパティは、Firefoxのみの対応です。

scroll-padding-block系、scroll-padding-inline系プロパティ

書字方向に応じてスクロールコンテナーのパディングの幅を指定する

```
{scroll-padding-block-start: 幅; }
{scroll-padding-block-end: 幅; }
{scroll-padding-inline-start: 幅; }
{scroll-padding-inline-end: 幅; }
```

scroll-padding-block、scroll-padding-nline系プロパティは、スクロールコンテナーの内側の余白（パディング）の幅を指定します。役割はpadding-block-start、padding-block-end、padding-inline-start、padding-inline-endプロパティと同じですが、対象がスクロールコンテナーに限定されます。

初期値	auto	継承	なし
適用される要素	スクロールコンテナー		
モジュール	CSS Scroll Snap Module Level 1		

値の指定方法

scroll-paddingプロパティ（P.401）、およびその個別指定の各プロパティと同様です。

```css
.container {
  scroll-snap-type: x mandatory;
  scroll-padding-inline-start: 20px;
  display: flex;
  overflow: auto;
  height: 200px;
  margin: auto;
}
.container > div {
  scroll-snap-align: center;
  display: flex;
  align-items: center;
  justify-content: center;
  flex: 0 0 90%;
  height: 100%;
  font-size: 2em;
  font-weight: bold;
}
```

scroll-padding-block、scroll-padding-inlineプロパティ

書字方向に応じてスクロールコンテナーのパディングの幅をまとめて指定する

```
{scroll-padding-block: -start -end ; }
```
スクロール・パディング・ブロック

```
{scroll-padding-inline: -start -end ; }
```
スクロール・パディング・インライン

scroll-padding-blockプロパティはscroll-padding-block-start、scroll-padding-block-endプロパティの、scroll-padding-inlineプロパティはscroll-padding-inline-start、scroll-padding-inline-endプロパティの値を一括指定するショートハンドです。

初期値	各プロパティに準じる	継承	なし
適用される要素	スクロールコンテナー		
モジュール	CSS Scroll Snap Module Level 1		

値の指定方法

個別指定の各プロパティと同様です。値が2つ指定された場合は、順に始端辺、終端辺の幅となります。値が1つだけ指定された場合、始端辺、終端辺の両方にその値が適用されます。

```css
.container {
  scroll-snap-type: x mandatory;
  scroll-padding-inline: 20px 10px;
  display: flex;
  overflow: auto;
  height: 200px;
  margin: auto;
}
.container > div {
  scroll-snap-align: center;
  display: flex;
  align-items: center;
  justify-content: center;
  flex: 0 0 90%;
  height: 100%;
  font-size: 2em;
  font-weight: bold;
}
```

column-countプロパティ

段組みの列数を指定する

{column-count: 列数; }
(カラム・カウント)

column-countプロパティは、段組みの列数を指定します。

初期値	auto	継承	なし
適用される要素	テーブルラッパーボックスを除くブロックコンテナー		
モジュール	CSS Multi-column Layout Module		

値の指定方法

列数

- **auto** column-widthプロパティの値などを参照して自動的に列数が算出されます。
- **任意の数値** 1以上の数値で指定します。column-widthプロパティにauto以外の値を指定した場合、この値が列数の最大値として扱われます。

```css
.section {
  column-count: 3;
}
```

```html
<div class="section">
  <p><!--省略--></p>
</div>
```

3段の段組みが適用される

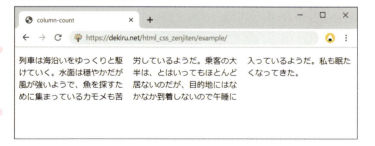

列車は海沿いをゆっくりと駆けていく。水面は穏やかだが風が強いようで、魚を探すために集まっているカモメも苦労しているようだ。乗客の大半は、とはいってもほとんど居ないのだが、目的地にはなかなか到着しないので午睡に入っているようだ。私も眠たくなってきた。

column-width プロパティ

段組みの列幅を指定する

{**column-width**: 列幅; }
（カラム・ウィズ）

column-widthプロパティは、段組みの列幅を指定します。実際の列幅は、表示する領域の幅に合わせて、指定した列幅より広くなったり狭くなったりする場合があります。

初期値	auto	継承	なし
適用される要素	テーブルラッパーボックスを除くブロックコンテナー		
モジュール	CSS Multi-column Layout Module		

値の指定方法

列幅

- **auto** column-countプロパティの値などを参照して自動的に列幅が算出されます。
- **任意の数値＋単位** 単位付き（P.514）で指定します。0以下の値は指定できません。

```css
.section {
  column-count: 2;
  column-width: 16em;
}
```

```html
<div class="section">
  <p><!--省略--></p>
</div>
```

1段の列幅が16emの段組みが適用される

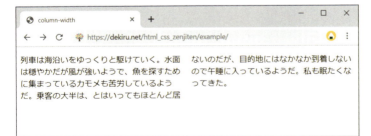

columnsプロパティ

段組みの列幅と列数をまとめて指定する

USEFUL

{ **columns**: -width -count ; }
（カラムス）

columnsプロパティは、段組みの列幅と列数を一括指定するショートハンドです。

初期値	各プロパティに準じる	継承	なし
適用される要素	テーブルラッパーボックスを除くブロックコンテナー		
モジュール	CSS Multi-column Layout Module		

値の指定方法

個別指定の各プロパティと同様です。それぞれの値は半角スペースで区切って指定します。任意の順序で指定できます。省略した場合は各プロパティの初期値が適用されます。

```css
.section {
  columns: 6em 4;
}
```

```html
<div class="section">
  <p><!--省略--></p>
</div>
```

1段の列幅が6emで4段の段組みが適用される

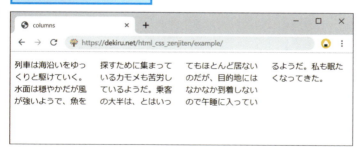

☑ column-gapプロパティ

段組みの間隔を指定する

{column-gap: 間隔;}
カラム・ギャップ

column-gapプロパティは、段組みの間隔を指定します。

初期値	normal	継承	なし
適用される要素	マルチカラム(段組みされた)コンテナー、フレックスコンテナー、グリッドコンテナー		
モジュール	CSS Multi-column Layout ModuleおよびCSS Box Alignment Module Level 3		

値の指定方法

間隔

normal	段組みされたコンテナーでは1emとして扱われます。
任意の数値+単位	単位付き(P.514)の数値で指定します。負の値は指定できません。
%値	%値による割合で表します。割合はコンテナーのコンテンツ領域の幅を基準に計算されます。負の値は指定できません。

```css
.section {
  column-count: 3;
  column-gap: 50px;
}
```

```html
<div class="section">
  <p><!--省略--></p>
</div>
```

段組みの間隔が指定される

ポイント

● column-gapプロパティは、グリッドレイアウトやフレキシブルボックスレイアウトでも使用します。グリッドレイアウトにおけるcolumn-gapプロパティ(P.462)も参照してください。

できる 409

column-spanプロパティ

段組みをまたがる要素を指定する

{column-span: 表示方法; }

column-spanプロパティは、段組み中で複数の段をまたがる要素（spanning要素）を指定します。

初期値	none	継承	なし
適用される要素	フロー内（floatあるいは絶対配置されていない要素）にあるブロックレベル要素		
モジュール	CSS Multi-column Layout Module		

値の指定方法

表示方法

- **none** 複数の段にまたがる表示をしません。
- **all** 指定した要素をすべての段にまたがって表示します。

```css
div {
  column-count: 3;
}
h1.lead {
  column-span: all; background: yellow;
}
```

```html
<div>
  <h1 class="lead">約束の地へ</h1>
  <!--省略-->
</div>
```

見出しは段組みをまたがって表示される

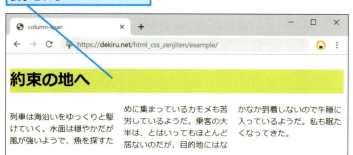

☑ **column-fill プロパティ**　　　　　　　　　　　　　　　　　　　 **USEFUL**

段組みの内容を揃える方法を指定する

カラム・フィル
{column-fill: 表示方法; }

column-fillプロパティは、段組みの内容の揃え方を指定します。通常、段組みの各段の内容は均等になるように自動的に調整されますが、autoを指定すると段組みの内容はできるだけ前詰めで収まるように調整されます。

初期値	balance	継承	なし
適用される要素	段組みされた要素		
モジュール	CSS Multi-column Layout Module		

値の指定方法

表示方法

auto　　　段組みの内容が前詰めになるように調整されます。

balance　　可能な限り、各段を均等に分割するように調整されます。断片化された文脈（段組みや印刷物などのページメディア）においては、最後の断片のみが均等に分割されます。

balance-all　可能な限り、各段を均等に分割するように調整されます。断片化された文脈でも、すべての断片が均等に分割されます。

```css
.section {
  height: 150px;
  column-count: 2;
  column-fill: auto;
}
```
CSS

```html
<div class="section">
  <p><!--省略--></p>
</div>
```
HTML

autoを指定すると、内容はなるべく前詰めで調整される

通常（balance）は、各段がなるべく揃うように調整される

できる 411

column-rule-styleプロパティ

段組みの罫線のスタイルを指定する

カラム・ルール・スタイル
{column-rule-style: スタイル; }

column-rule-styleプロパティは、段組みの各段の間に表示する罫線のスタイルを指定します。

初期値	none		継承	なし
適用される要素	段組みされた要素			
モジュール	CSS Multi-column Layout Module			

値の指定方法

これらの値は、border-styleプロパティ（P.333）で定義されたキーワードです。

スタイル

none	罫線は表示されません。
hidden	罫線は表示されません。
dotted	点線で表示されます。
dashed	破線で表示されます。
solid	1本の実線で表示されます。
double	2本の実線で表示されます。
groove	立体的にくぼんだ線で表示されます。
ridge	立体的に隆起した線で表示されます。
inset	罫線の内部が立体的にくぼんだように表示されます。
outset	罫線の内部が立体的に隆起したように表示されます。

以下の例では、column-ruleプロパティ（P.415）で指定した罫線のスタイルを、続けてcolun-rule-styleプロパティを指定することで上書きしています。このようにすることで、部分的な罫線のスタイルの変更が容易になります。

```css
.section {
  column-count: 3;
  column-rule: solid 2px #ccc;
  column-rule-style: dotted;
}
```

column-rule-widthプロパティ

段組みの罫線の幅を指定する

{column-rule-width: 幅; }
(カラム・ルール・ウィズ)

column-rule-widthプロパティは、段組みの各段の間に表示する罫線の幅を指定します。

初期値	medium	継承	なし
適用される要素	段組みされた要素		
モジュール	CSS Multi-column Layout Module		

値の指定方法

これらの値は、border-widthプロパティで定義されたキーワードです。

幅

thin	細い罫線が表示されます。
medium	通常の罫線が表示されます。
thick	太い罫線が表示されます。
任意の数値+単位	単位付き(P.514)の数値で指定します。

```css
.section {
  column-count: 3;
  column-rule-width: 2px;
  column-rule-style: solid;
  column-rule-color: red;
}
```

幅2pxの罫線が引かれる

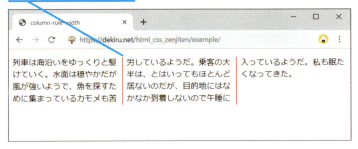

column-rule-colorプロパティ

段組みの罫線の色を指定する

{column-rule-color: 色; }
(カラム・ルール・カラー)

column-rule-colorプロパティは、段組みの各段の間に表示する罫線の色を指定します。

初期値	currentcolor	継承	なし
適用される要素	段組みされた要素		
モジュール	CSS Multi-column Layout Module		

値の指定方法

色

色 キーワード、カラーコード、rgb()、rgba()によるRGBカラー、hsl()、hsla()によるHSLカラー、あるいはシステムカラーで指定します。色の指定方法(P.516)も参照してください。

```css
.section {
  column-count: 3;
  column-rule-width: 2px;
  column-rule-style: solid;
  column-rule-color: blue;
}
```

罫線の色が青で表示される

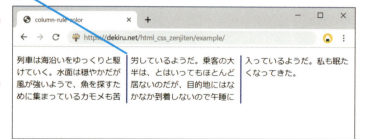

column-rule プロパティ

段組みの罫線の幅とスタイル、色を
まとめて指定する

USEFUL

カラム・ルール
{column-rule: -style -width -color ; }

column-ruleプロパティは、段組みの各段の間に表示する罫線のプロパティを一括指定するショートハンドです。

初期値	各プロパティに準じる	継承	なし
適用される要素	段組みされた要素		
モジュール	CSS Multi-column Layout Module		

値の指定方法

個別指定の各プロパティと同様です。それぞれの値は半角スペースで区切って指定します。任意の順序で指定できます。省略した場合は各プロパティの初期値が適用されます。

```css
.section {
  column-count: 3;
  column-rule: dotted 2px #ccc;
}
```

上の例で指定したcolumn-ruleプロパティは、各プロパティを以下のように指定した場合と同様の表示になります。

```css
.section {
  column-count: 3;
  column-rule-style: dotted;
  column-rule-width: 2px;
  column-rule-color: #ccc;
}
```

☑ widowsプロパティ

先頭に表示されるブロックコンテナーの最小行数を指定する

{widows: 行数;}
（ウィドウズ）

widowsプロパティは、段落の最後の行がページや段組みの先頭に単独で配置される際の最小行数を指定します。

初期値	2	継承	あり
適用される要素	インライン書式設定コンテキストを確立するブロックコンテナー		
モジュール	CSS Fragmentation Module Level 3		

値の指定方法

行数

任意の数値 （インラインボックスのみを含む）ブロックコンテナーがページや段組みレイアウトの区切りをまたぐ場合に、区切りの直後に残すことができる最小行数を正の整数で指定します。負の値と0は無効です。

```css
div {
  columns: 4;
  widows: 3;
  height: 300px;
}
```

```html
<div>
  <p>列車は海沿いを<!--省略-->午睡に入っているようだ。</p>
  <p>気が付くと私まで<!--省略-->景色を見てみると……</p>
</div>
```

最初の段落は3列にわたりレイアウトされる

段落の最後の部分は指定した3行が区切りの直後に配置される

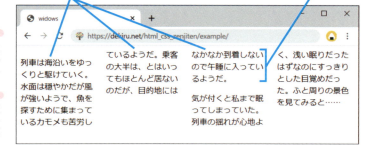

orphansプロパティ

末尾に表示されるブロックコンテナーの最小行数を指定する

{orphans: 行数;}

orphansプロパティは、段落の最初の行がページや段組みの末尾に単独で配置される際の最小行数を指定します。

初期値	2		継承	あり
適用される要素	インライン書式設定コンテキストを確立するブロックコンテナー			
モジュール	CSS Fragmentation Module Level 3			

値の指定方法

行数

任意の数値 ページや段組みレイアウトの区切りの直前に(インラインボックスのみを含む)ブロックコンテナーが現れた場合に、そこに残すことができる最小行数を正の整数で指定します。負の値と0は無効です。

```css
div {
  columns: 4;
  orphans: 4;
  height: 300px;
}
```

```html
<div>
  <p>列車は海沿いを<!--省略-->午睡に入っているようだ。</p>
  <p>気が付くと私まで<!--省略-->景色を見てみると……</p>
</div>
```

2つ目の段落は2列にわたりレイアウトされる

段落の最初の部分は指定した4行が区切りの直前に配置される

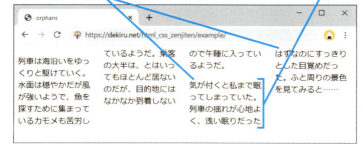

417

break-before、break-afterプロパティ

ボックスの前後での改ページや段区切りを指定する

{break-before: 区切り位置; }
ブレーク・ビフォアー

{break-after: 区切り位置; }
ブレーク・アフター

break-before、break-afterプロパティは、要素の主要ボックスの前後におけるページ、段、領域の区切りについて指定します。改ページを指定する値は印刷時に適用されます。

初期値	auto	継承	なし
適用される要素	ブロックレベルのボックス、グリッドアイテム、フレックスアイテム、テーブルの行グループ、および行。ただし、絶対配置されたボックスを除く		
モジュール	CSS Fragmentation Module Level 3 および CSS Regions Module Level 1		

値の指定方法

以下のいずれかの値を指定できます。

区切り位置（汎用区切り値）

- **auto** ボックスの直前、あるいは直後での改ページや段区切りを許可しますが、実行はブラウザーに任せます。
- **avoid** ボックスの直前、あるいは直後で改ページや段区切りをしないように指定します。
- **always** ボックスの直前、あるいは直後で強制的な改ページや段区切りを行いますが、断片化された文脈を区切ることはありません。例えば、段組みされた要素においては段区切りを強制し、ページにおいては段の中でない限り改ページを強制します。
- **all** ボックスの直前、あるいは直後で強制的な改ページや段区切りを行いますが、すべての分断化された文脈を通して区切りを行います。

区切り位置（ページ区切り値）

- **avoid-page** ボックスの直前、あるいは直後で改ページをしないように指定します。
- **page** ボックスの直前、あるいは直後で強制的な改ページを行います。
- **left** ボックスの直前、あるいは直後で強制的な改ページを1～2つ行い、次のページが左ページになるようにします。
- **right** ボックスの直前、あるいは直後で強制的な改ページを1～2つ行い、次のページが右ページになるようにします。
- **recto** ボックスの直前、あるいは直後で強制的な改ページを1～2つ行い、次のページが奇数ページになるようにします。
- **verso** ボックスの直前、あるいは直後で強制的な改ページを1～2つ行い、次のページが偶数ページになるようにします。

区切り位置(段区切り値)

avoid-column	ボックスの直前、あるいは直後で段区切りをしないように指定します。
column	ボックスの直前、あるいは直後で段区切りを行います。

区切り位置(領域区切り値)

avoid-region	ボックスの直前、あるいは直後では領域区切りをしないように指定します。
region	ボックスの直前、あるいは直後で領域区切りを行います。

```css
div {
  column-count: 3;
}
h2 {
  background-color: yellow;
}
#break {
  break-before: column;
}
```

```html
<div>
  <h2>約束の地へ</h2>
  <!--省略-->
  <h2 id="break">午睡の時間</h2>
  <!--省略-->
</div>
```

指定した要素で段が区切られる

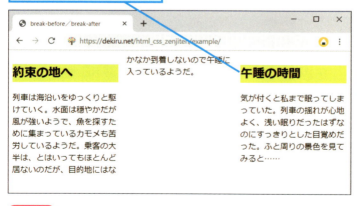

ポイント

- 古い実装ではpage-break-before、およびpage-break-afterプロパティが用いられましたが、break-before、break-afterプロパティによって置き換えられました。

break-insideプロパティ

ボックス内での改ページや段区切りを指定する

SPECIFIC

ブレーク・インサイド
{break-inside: 区切り位置; }

break-insideプロパティは、要素の主要ボックス内における、ページ、段、領域の区切りについて指定します。

初期値	auto	継承	なし
適用される要素	すべての要素。ただし、インラインレベルボックス、内部ルビーボックス、テーブルの列ボックス、列グループボックス、および絶対配置されたボックスを除く		
モジュール	CSS Fragmentation Module Level 3		

値の指定方法

区切り位置

auto	ボックス内の区切りについて特に強要しません。
avoid	ボックス内の区切りをしないように指定します。
avoid-page	ボックス内の改ページをしないように指定します。
avoid-column	ボックス内の段区切りをしないように指定します。
avoid-region	ボックス内の領域区切りをしないように指定します。

以下の例では、div内で2つ目の段落(p要素)に対してavoidを指定することで、該当する段落においては一切の区切りをしないように指定しています。

```css
div {
    column-count: 3;
}
div > p:nth-child(2) {
    break-inside: avoid;
}
```

```html
<div>
    <p><!--省略--></p>
    <p><!--省略--></p>
    <p><!--省略--></p>
</div>
```

ポイント

● 古い実装ではpage-break-insideプロパティが用いられましたが、break-insideプロパティによって置き換えられました。互換性のため、page-break-insideプロパティはブラウザーからbreak-insideプロパティの別名として扱われます。

420 **できる**

displayプロパティ

フレキシブルボックスレイアウトを指定する

{display: コンテナーの形式;}

displayプロパティは、フレキシブルボックスレイアウトを利用するために「フレックスコンテナー」とする要素を指定します。フレックスコンテナーとなった要素には、::first-line、::first-letter疑似要素（P.246）とcolumnsプロパティ（P.408）などの段組みを指定するプロパティは適用されません。フレックスコンテナー内で「フレックスアイテム」となった要素には、vertical-alignプロパティ（P.274）の指定は無効になりますが、代わりにフレキシブルボックスで用意された配置制御用のプロパティが使用できます。float、clearプロパティ（P.380, 382）の指定も無効になります。

初期値	inline（インラインボックスとして表示）	継承	なし
適用される要素	すべての要素		
モジュール	CSS Flexible Box Layout Module		

値の指定方法

コンテナーの形式

- **flex** 要素をブロックレベルのフレックスコンテナーに指定します。
- **inline-flex** 要素をインラインレベルのフレックスコンテナーに指定します。

```
.flex_box {                                                                CSS
  display: flex;
}
```

フレキシブルボックスは、以下の図のように定義されます。フレックスコンテナーとする要素に内包される子要素であるフレックスアイテムが、「主軸」に沿って配置されます。主軸の方向は書字方向によって異なりますが、flex-direcrionプロパティ（P.347）で指定できます。また、主軸と垂直に交差する「クロス軸」は、フレックスアイテムが折り返す場合などの基準になります。それぞれの軸には、始点と終点が定義されています。

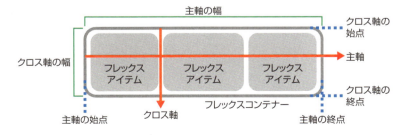

421

flex-directionプロパティ

フレックスアイテムの配置方向を指定する

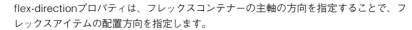

{flex-direction: 方向; }
(フレックス・ディレクション)

flex-directionプロパティは、フレックスコンテナーの主軸の方向を指定することで、フレックスアイテムの配置方向を指定します。

初期値	row	継承	なし
適用される要素	フレックスコンテナー		
モジュール	CSS Flexible Box Layout Module		

値の指定方法

方向

row
フレックスコンテナーの主軸の方向と始点・終点の位置は、コンテンツの書字方向と同様になります。例えば、書字方向が左から右への横書きの場合、主軸は水平に、始点・終点は主軸の左端・右端になり、フレックスアイテムは左から右に配置されます。

row-reverse
フレックスコンテナーの主軸はrowと同じ方向に指定されますが、始点・終点の位置は逆になり、フレックスアイテムは逆向きに配置されます。

column
フレックスコンテナーの主軸の方向と始点・終点の位置は、ブロック軸(ブロックが積まれていく方向)と同様になります。例えば、書字方向が左から右への横書きで上から下に流れていく場合、主軸は垂直に、始点・終点は主軸の上端・下端になり、フレックスアイテムは上から下に配置されます。

column-reverse
フレックスコンテナーの主軸はcolumnと同じ方向に指定されますが、始点・終点の位置は逆になり、フレックスアイテムは逆向きに配置されます。

以下の例では、フレックスコンテナー内に3つのフレックスアイテムを配置しています。書字方向は通常通り(左から右への横書き)なので、flex-directionプロパティの値をrowに指定すると、フレックスアイテムも同様に配置されます。なお、この例ではフレックスアイテムのサイズをwidth、heightプロパティで指定しています。

```css
.container {
  width: auto; height: 240px; border: red solid 1px;
  display: flex;
  flex-direction: row;
}
.box {width: 80px; height: 80px; border:solid gray 1px; text-align:
    center;}
.b1 {background-color: rgba(255,0,0,0.5);}
.b2 {background-color: rgba(0,255,0,0.5);}
.b3 {background-color: rgba(255,255,0,0.5);}
```

```html
<div class="container">
  <div class="box b1">フレックスアイテム1</div>
  <div class="box b2">フレックスアイテム2</div>
  <div class="box b3">フレックスアイテム3</div>
</div>
```

以下の例では、flex-directionプロパティの値をcolumnに指定しています。主軸の方向はブロック要素の配置方向と同様になり、通常は垂直方向になります。また、始点は上端、終点は下端となります。

```css
.container {
  width: auto; height: 240px; border: red solid 1px;
  display: flex;
  flex-direction: column;
}
```

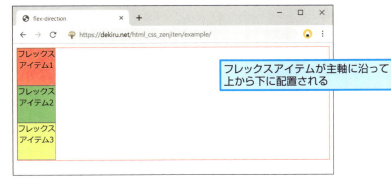

flex-wrapプロパティ

フレックスアイテムの折り返しを指定する

{flex-wrap: 折り返し}
（フレックス・ラップ）

flex-wrapプロパティは、フレックスアイテムの折り返しを指定します。また、折り返す場合の方向も指定できます。

初期値	nowrap	継承	なし
適用される要素	フレックスコンテナー		
モジュール	CSS Flexible Box Layout Module		

値の指定方法

折り返し

- **nowrap** フレックスアイテムは折り返されず、1行で表示されます。フレックスアイテムがフレックスコンテナーの領域からあふれる場合もあります。
- **wrap** フレックスアイテムは折り返され、複数行で表示されます。通常は上から下に折り返され、2行目以降のアイテムは左から右に配置されます。
- **wrap-reverse** フレックスアイテムは折り返され、複数行で表示されます。ただし、wrapとは逆に、下から上に折り返されます。

```css
.container {
  width: 300px; height: auto; border: red solid 1px;
  display: flex;
  frex-direction: row;
  flex-wrap: wrap;
}
```

> フレックスコンテナー内に6つのフレックスアイテムを配置する

> フレックスアイテムは自動的に折り返されて表示される

flex-flowプロパティ

フレックスアイテムの配置方向と折り返しを指定する

{flex-flow: -direction -wrap ; }

flex-flowプロパティは、フレックスアイテムの配置方向と折り返しを一括指定するショートハンドです。

初期値	各プロパティに準じる	継承	なし
適用される要素	フレックスコンテナー		
モジュール	CSS Flexible Box Layout Module		

値の指定方法

個別指定の各プロパティと同様です。値は半角スペースで区切って、任意の順序で指定できます。省略した場合は各プロパティの初期値が指定されます。

```css
.container {
  display: flex;
  flex-flow: row wrap;
}
```

上の例で指定したflex-flowプロパティは、各プロパティを以下のように指定した場合と同様の表示になります。

```css
.container {
  display: flex;
  flex-direction: row;
  flex-wrap: wrap;
}
```

orderプロパティ

フレックスアイテムを配置する順序を指定する

{order: 順序;}

orderプロパティは、通常はHTMLソースに記述された順に配置されるフレックスアイテムの順序を指定します。なお、初期値の0は、フレックスアイテムとなる子要素すべてに対して適用されます。

初期値	0	継承	なし
適用される要素	フレックスアイテム		
モジュール	CSS Flexible Box Layout Module		

値の指定方法

順序

任意の数値 フレックスアイテムを配置する順序を整数で指定します。負の値も指定できます。指定された値が小さい要素から配置されます。なお、同じ値を指定した要素同士は、HTMLソースに記述された順に配置されます。

以下の例では、フレックスアイテムのdiv要素に疑似クラス（P.212）を指定して、.container内で偶数番目に記述されたdiv要素の順序の値を1にしています。それ以外の要素の順序の値は、既定値の0のままです。フレックスアイテムとなる要素が6つあるとすると、1→3→5→2→4→6の順序で配置されます。

```css
.container {display: flex; flex-wrap: wrap;}
.container div:nth-child(2n) {
  order: 1;
}
```

フレックスアイテムはorderプロパティで指定した順序で配置される

ポイント

- orderプロパティは、視覚的に順序を入れ替えるだけです。例えば、読み上げ環境においては、HTML上で記述された順序で要素が読み上げられる可能性が高いため、原則としてHTMLを意味のある順序に基づいて記述しましょう。

flex-grow プロパティ

フレックスアイテムの幅の伸び率を指定する

{**flex-grow**: 伸び率; }

flex-growプロパティは、フレックスコンテナーの主軸の幅に余白がある場合の、フレックスアイテムの伸び率を指定します。ただし、伸び率はフレックスコンテナーの主軸の幅やflex-wrapプロパティ（P.424）の折り返しの指定、flex-basisプロパティ（P.429）に影響され、自動的に決まります。

初期値	0	継承	なし
適用される要素	フレックスアイテム		
モジュール	CSS Flexible Box Layout Module		

値の指定方法

伸び率

任意の数値 他のアイテムとの相対値（整数）で指定します。負の値は無効です。

```css
.container {
  width: 480px; height: auto; border: red solid 1px;
  display: flex;
  flex-wrap: no-wrap;
}
.b1 {background-color: rgba(255,0,0,0.5);
     flex-grow: 0;}
.b2 {background-color: rgba(0,255,0,0.5);
     flex-grow: 1;}
.b3 {background-color: rgba(255,255,0,0.5);
     flex-grow: 2;}
```

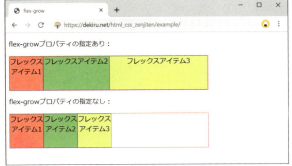

フレックスアイテムが指定した比率を基準に伸びて表示される

flex-shrinkプロパティ

フレックスアイテムの幅の縮み率を指定する

{flex-shrink: 縮み率; }
フレックス・シュリンク

flex-shrinkプロパティは、すべてのフレックスアイテムの幅の合計がフレックスコンテナーの主軸の幅よりも大きい場合の、フレックスアイテムの縮み率を指定します。

初期値	1	継承	なし
適用される要素	フレックスアイテム		
モジュール	CSS Flexible Box Layout Module		

値の指定方法

縮み率

任意の数値 他のアイテムとの相対値(整数)で指定します。負の値は無効です。

```css
.container {
  width: 180px; height: auto; border: red solid 1px;
  display: flex;
  flex-wrap: no-wrap;
}
.b1 {background-color: rgba(255,0,0,0.5);
    flex-shrink: 0;}
.b2 {background-color: rgba(0,255,0,0.5);
    flex-shrink: 1;}
.b3 {background-color: rgba(255,255,0,0.5);
    flex-shrink: 2;}
```

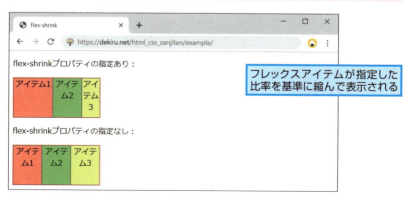

フレックスアイテムが指定した比率を基準に縮んで表示される

flex-basisプロパティ

フレックスアイテムの基本の幅を指定する

フレックス・ベーシス
{flex-basis: 幅; }

flex-basisプロパティは、フレックスアイテムの基本の幅を指定します。

初期値	auto	継承	なし
適用される要素	フレックスアイテム		
モジュール	CSS Flexible Box Layout Module		

値の指定方法

幅

auto	フレックスアイテムの内容に合わせて自動的に幅が決定されます。
content	フレックスアイテムのコンテンツに基づいて自動的に幅が決定されます。主軸の幅をautoと指定したうえでflex-basisプロパティにautoを指定することで、同様の効果を得られます。
任意の数値+単位	単位付き(P.514)の数値で指定します。
%値	%値で指定します。値はフレックスコンテナーの主軸の幅に対する割合となります。

```
.b1 {background-color: red;     flex-basis: 50%;}
.b2 {background-color: green;   flex-basis: 30%;}
.b3 {background-color: yellow;  flex-basis: 20%;}
.b4 {background-color: skyblue; flex-basis: 100px;}
.b5 {background-color: pink;    flex-basis: auto;}
.b6 {background-color: blue;    flex-basis: 200px;}
```

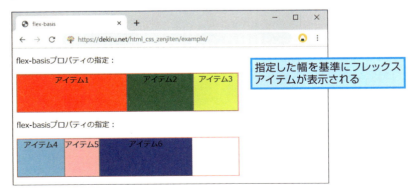

指定した幅を基準にフレックスアイテムが表示される

flexプロパティ

フレックスアイテムの幅をまとめて指定する

flexプロパティは、フレックスアイテムの幅を一括指定するショートハンドです。

初期値	各プロパティに準じる	継承	なし
適用される要素	フレックスアイテム		
モジュール	CSS Flexible Box Layout Module		

値の指定方法

個別指定の各プロパティと同様です。それぞれの値は半角スペースで区切って指定します。flex-grow、flex-shrink、flex-basisの順で3つの値まで指定可能ですが、値が1つで、単位なしの数値が与えられた場合はflex-growとして、単位付きの数値が与えられた場合はflex-basisとして解釈されます。値が2つの場合、1つ目はflex-growとして解釈され、2つ目の値に単位なしの数値が与えられた場合はflex-shrinkとして、単位付きの数値が与えられた場合はflex-basisとして解釈されます。また、3つのプロパティの値を指定する代わりに以下のキーワードを指定することも可能です。

- **initial** 「0 1 auto」と同じです。フレックスアイテムの幅は、指定しない限り内容に合わせて決まります。また、主軸の幅に余白があってもフレックスアイテムの幅は伸びません。主軸の幅が小さいときは縮みます。

- **auto** 「1 1 auto」と同じです。フレックスアイテムの幅は、指定しない限り内容に合わせて決まります。また、主軸の幅に余白があるときは、フレックスアイテムの幅は伸びます。主軸の幅が小さいときは縮みます。

- **none** 「0 0 auto」と同じです。フレックスアイテムの幅は、指定しない限り内容に合わせて決まります。また、フレックスアイテムの幅は伸縮しません。

以下の例では、フレックスアイテムの幅はフレックスコンテナーの主軸の幅に合わせて自動的に伸縮します。

```css
.container div {
  flex: auto;
}
```

ポイント

- 値が1〜2つの指定で、すべて単位なしの数値だった場合、flex-basisは省略されたと見なされますが、その場合のflex-basisは「0」として扱われます。個別指定プロパティの初期値とは異なるので注意が必要です。
- Internet Exprolerでは、flexプロパティでflex-basisの値にcalc()関数を指定すると正しく動作しません。個別指定のプロパティを使いましょう。

☑ justify-content プロパティ

ボックス全体の横方向の揃え位置を指定する

ジャスティファイ・コンテント
{justify-content: 位置; }

justify-contentプロパティは、ボックスの主軸方向の揃え位置を指定します。

初期値	normal	継承	なし
適用される要素	マルチカラムコンテナー、フレックスコンテナー、グリッドコンテナー		
モジュール	CSS Flexible Box Layout ModuleおよびCSS Box Alignment Module Level 3		

値の指定方法

位置

normal	stretchと同様に振る舞います。
start	主軸方向で整列コンテナーの書字方向における開始側の端を始点に配置します。
end	主軸方向で整列コンテナーの書字方向における終了側の端を始点に配置します。
flex-start	フレックスコンテナーの主軸の始点に揃えます。通常、左端に配置します。
flex-end	フレックスコンテナーの主軸の終点に揃えます。通常、右端に配置します。
center	整列コンテナーの主軸の幅の中央に揃えます。通常、左右中央に配置します。
left	整列コンテナーの左端に接するように配置します。互いに接するように詰められます。プロパティが対象にする軸がインライン軸に平行でない場合は、startとして扱われます。
right	整列コンテナーの右端に接するように配置します。プロパティが対象にする軸がインライン軸に平行でない場合は、startとして扱われます。
space-between	整列コンテナーの主軸の幅に対して余白をもって等間隔に配置します。余白がないときは、flex-startと同じになります。
space-around	整列コンテナーの主軸の幅に対して余白をもって等間隔に配置します。space-betweenと異なり、始点・終点との間にも間隔が生じます。余白がないときは、centerと同じになります。
space-evenly	space-aroundのように始点と終点の間に余白が生じますが、ボックス間も含め、すべての余白が均等になります。
stretch	サイズがautoであるボックスを、max-widthプロパティの指定は尊重しつつ、整列コンテナー内を可能な限り埋めるように幅を伸縮して配置します。
baseline	first baselineとして扱われます。
first baseline	最初のベースラインに揃えて配置します。この値のフォールバック値はstartです。

次のページに続く

last baseline		最後のベースラインに揃えて配置します。この値のフォールバック値はendです。
safe		ボックスのサイズが整列コンテナーからあふれた場合、startのように配置します。
unsafe		ボックスと整列コンテナーのサイズに関係なく、指定された値が尊重されます。

主な値を指定したときの配置は以下の図のようになります。

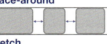

align-contentプロパティ

ボックス全体の縦方向の揃え位置を指定する

POPULAR

```
{align-content: 位置; }
```
アライン・コンテント

align-contentプロパティは、複数行になった整列コンテナーに内包されるボックスのクロス軸方向の揃え位置を指定します。

初期値	normal	継承	なし
適用される要素	ブロックコンテナー、マルチカラムコンテナー、フレックスコンテナー、グリッドコンテナー		
モジュール	CSS Flexible Box Layout Module		

値の指定方法

位置

normal	フレックスコンテナーやグリッドコンテナー、マルチカラムコンテナーにおいてはstretchと同様に、他のブロックコンテナーにおいてはstartと同様に振る舞います。ただし、テーブルセルにおいてはvertical-alignプロパティの算出値と同様に振る舞います。
start	クロス軸方向で整列コンテナーの書字方向における開始側の端を始点に配置します。

end	クロス軸方向で整列コンテナーの書字方向における終了側の端を始点に配置します。
flex-start	フレックスコンテナーのクロス軸の始点に、行間の余白が生じないように配置します。通常、上端に配置されます。
flex-end	フレックスコンテナーのクロス軸の終点に、行間の余白が生じないように配置します。通常、下端に配置されます。
center	整列コンテナーのクロス軸の中央に、行間の余白が生じないように配置します。通常、上下中央に配置します。
space-between	整列コンテナーのクロス軸の幅(高さ)に対して余白をもって等間隔に配置します。最初の行は始点、最後の行は終点に揃えられ、間の行は等間隔に配置します。余白がないときは、flex-startと同様になります。
space-around	整列コンテナーのクロス軸の幅に対して余白をもって等間隔に配置します。最初の行と始点、最後の行と終点との間にも余白が生じます。余白がないときは、centerと同様になります。
space-evenly	space-aroundのように最初の行と始点、最後の行と終点との間に余白が生じますが、行間も含め、すべての余白が均等になります。
stretch	サイズがautoであるボックスを、max-heightプロパティの指定は尊重しつつ、整列コンテナー内を可能な限り埋めるように高さを伸縮して配置します。
baseline	first baselineとして扱われます。
first baseline	最初のベースラインに揃えて配置します。この値のフォールバック値はstartです。
last baseline	最後のベースラインに揃えて配置します。この値のフォールバック値はendです。
safe	ボックスのサイズが整列コンテナーからあふれた場合、startのように配置します。
unsafe	ボックスと整列コンテナーのサイズに関係なく、指定された値が尊重されます。

主な値を指定したときの配置は以下の図のようになります。

flex-start

flex-end

center

space-between

space-around

stretch

place-content プロパティ

ボックス全体の揃え位置をまとめて指定する

ブレイス・コンテント
{place-content: align-content
justify-content ; }

place-contentプロパティは、ボックス全体の揃え位置を一括指定するショートハンドです。

初期値	各プロパティに準じる	継承	なし
適用される要素	ブロックレベルボックス、絶対配置されたボックスおよびグリッドアイテム		
モジュール	CSS Box Alignment Module Level 3		

値の指定方法

個別指定の各プロパティと同様です。値は半角スペースで区切って2つ指定しますが、1つ目の値がalign-contentプロパティの値、2つ目の値がjustify-contentプロパティの値となります。2つ目の値を省略した場合、1つ目の値がjustify-contentプロパティにおいても有効な値の場合は適用されます。

```css
.container {
  display: flex;
  flex-wrap: wrap;
  place-content: flex-end center;
}
```

上の例で指定したplace-contentプロパティは、各プロパティを以下のように指定した場合と同様の表示になります。

```css
.container {
  align-content: flex-end;
  justify-content: center;
}
```

☑ justify-self プロパティ

個別のボックスの横方向の揃え位置を指定する

USEFUL

ジャスティファイ・セルフ
{justify-self: 位置; }

justify-selfプロパティは、配置されるボックスをその整列コンテナー内の主軸に沿って配置する方法を指定します。

初期値	auto		継承	なし
適用される要素	ブロックレベルボックス、絶対配置されたボックスおよびグリッドアイテム			
モジュール	CSS Box Alignment Module Level 3			

値の指定方法

位置

auto	ボックスに親がない場合、あるいは絶対配置される場合はnormalとして扱われます。それ以外の場合は親ボックスに指定されたjustify-itemsプロパティの値を適用します。
normal	レイアウトモードに依存して以下のように動作します。 ・ブロックレベルボックスはstretchと同様に振る舞います。 ・置換される絶対配置ボックスはstartと同様に、それ以外の絶対配置ボックスはstretchと同様に振る舞います。 ・表組みのセル、フレックスアイテムには適用されず無視されます。 ・グリッドアイテムは、アスペクト比や固有の寸法を持つ場合はstartのように、それ以外の場合はstretchと同様に振る舞います。
stretch	ボックスのwidthプロパティの値にautoが指定され、かつmargin-left、margin-rightプロパティの値がautoでない場合、min-width、max-widthプロパティの指定は尊重しつつ、整列コンテナー内を可能な限り埋めるように幅を伸縮して配置します。
center	整列コンテナー内で中央寄せにします。
start	主軸方向で整列コンテナーの書字方向における開始側の端を始点に配置します。
end	主軸方向で整列コンテナーの書字方向における終了側の端を始点に配置します。
self-start	主軸に対する始点側の辺が、その整列コンテナー内の同じ側の辺に接するように配置します。
self-end	主軸に対する終点側の辺が、その整列コンテナー内の同じ側の辺に接するように配置します。
flex-start	フレックスコンテナーの主軸の始点に対してフレックスアイテムが接するように配置します。フレックスアイテムに対してのみ有効な値で、フレックスコンテナーの子でない場合はstartとして扱われます。

次のページに続く

できる | 435

flex-end	フレックスコンテナーの主軸の終点に対してフレックスアイテムが接するように配置します。フレックスアイテムに対してのみ有効な値で、フレックスコンテナーの子でない場合はendとして扱われます。
left	整列コンテナーの左端に接するように配置します。互いに接するように詰められます。プロパティが対象にする軸がインライン軸に平行でない場合は、startとして扱われます。
right	整列コンテナーの右端に接するように配置します。プロパティが対象にする軸がインライン軸に平行でない場合は、startとして扱われます。
baseline	first baselineとして扱われます。
first baseline	最初のベースラインに揃えて配置します。この値のフォールバック値はstartです。
last baseline	最後のベースラインに揃えて配置します。この値のフォールバック値はendです。
safe	ボックスのサイズが整列コンテナーからあふれた場合、startのように配置します。
unsafe	アイテムと整列コンテナーのサイズに関係なく、指定された値が尊重されます。

☑ align-self プロパティ

個別のボックスの縦方向の揃え位置を指定する

USEFUL

アライン・セルフ
{align-self: 位置; }

align-selfプロパティは、ボックスのクロス軸方向の揃え位置を指定します。このプロパティは個々のボックスに個別に指定し、align-itemsプロパティの値を上書きできます。

初期値	auto	継承	なし
適用される要素	フレックスアイテム、グリッドアイテム、絶対配置されたボックス		
モジュール	CSS Flexible Box Layout Module および CSS Box Alignment Module Level 3		

値の指定方法

位置

auto	親要素の整列コンテナーのalign-itemsプロパティ(P.441)の値に従います。親要素を持たない場合は、normalと同じになります。

normal	レイアウトモードに依存して以下のように動作します。 ・置換される絶対配置アイテムはstartと同様に、それ以外の絶対配置アイテムはstretchと同様に振る舞います。 ・表組みのセルには適用されず無視されます。 ・フレックスコンテナーはstretchと同様に振る舞います。 ・グリッドアイテムのうち、置換されるアイテムはstartと同様に、それ以外のアイテムはstretchと同様に振る舞います。
start	クロス軸方向で整列コンテナーの書字方向における開始側の端を始点に配置します。
end	クロス軸方向で整列コンテナーの書字方向における終了側の端を始点に配置します。
self-start	クロス軸に対する始点側の辺が、その整列コンテナー内の同じ側の辺に接するように配置します。
self-end	クロス軸に対する終点側の辺が、その整列コンテナー内の同じ側の辺に接するように配置します。
flex-start	フレックスコンテナーのクロス軸の始点に揃えます。通常、上端に配置します。
flex-end	フレックスコンテナーのクロス軸の終点に揃えます。通常、下端に配置します。
center	整列コンテナーのクロス軸の中央に揃えます。クロス軸の幅（高さ）がボックスの幅（高さ）よりも小さい場合、ボックスは両方向に同じ幅だけはみ出した状態で表示します。
stretch	ボックスのheightプロパティの値にautoが指定され、かつmargin-top、margin-bottomプロパティの値がautoでない場合、min-height、max-heightプロパティの指定は尊重しつつ、整列コンテナー内を可能な限り埋めるように高さを伸縮して配置します。
baseline	first baselineとして扱われます。
first baseline	最初のベースラインに揃えて配置します。この値のフォールバック値はstartです。
last baseline	最後のベースラインに揃えて配置します。この値のフォールバック値はendです。
safe	ボックスのサイズが整列コンテナーからあふれた場合、startのように配置します。
unsafe	ボックスと整列コンテナーのサイズに関係なく、指定された値が尊重されます。

☑ place-selfプロパティ

個別のボックスの揃え位置をまとめて指定する

USEFUL

プレイス・セルフ
{place-self: align-self justify-self ; }

place-selfプロパティは、個別のボックスの揃え位置を一括指定するショートハンドです。

初期値	各プロパティに準じる	継承	なし
適用される要素	ブロックレベルボックス、絶対配置されたボックスおよびグリッドアイテム		
モジュール	CSS Box Alignment Module Level 3		

値の指定方法

個別指定の各プロパティと同様です。値は半角スペースで区切って2つ指定しますが、1つ目の値がalign-selfプロパティの値、2つ目の値がjustify-selfプロパティの値となります。2つ目の値を省略した場合、1つ目の値が両方に適用されます。

```css
.container div:nth-child(2) {                                    CSS
  place-self: stretch center;
}
```

上の例で指定したplace-selfプロパティは、各プロパティを以下のように指定した場合と同様の表示になります。

```css
.container div:nth-child(2) {                                    CSS
  align-self: stretch;
  justify-self: center;
}
```

justify-itemsプロパティ

すべてのボックスの横方向の揃え位置を指定する

{justify-items: 位置; }
（ジャスティファイ・アイテムズ）

justify-itemsプロパティは、配置されるすべてのボックスに対して既定となるjustify-selfプロパティの値を定義します。

初期値	legacy	継承	なし
適用される要素	すべての要素		
モジュール	CSS Box Alignment Module Level 3		

値の指定方法

位置

normal
レイアウトモードに依存して以下のように動作します。
・ブロックレベルボックスはstretchと同様に振る舞います。
・置換される絶対配置ボックスはstartと同様に、それ以外の絶対配置ボックスはstretchと同様に振る舞います。
・表組みのセル、フレックスアイテムには適用されず無視されます。
・グリッドアイテムは、アスペクト比や固有の寸法を持つ場合はstartのように、それ以外の場合はstretchと同様に振る舞います。

stretch
ボックスのwidthプロパティの値にautoが指定され、かつmargin-left、margin-rightプロパティの値がautoでない場合、min-width、max-widthプロパティの指定は尊重しつつ、整列コンテナー内を可能な限り埋めるように幅を伸縮して配置します。

center
整列コンテナー内で中央寄せにします。

start
主軸方向で整列コンテナーの書字方向における開始側の端を始点に配置します。

end
主軸方向で整列コンテナーの書字方向における終了側の端を始点に配置します。

self-start
主軸に対する始点側の辺が、その整列コンテナー内の同じ側の辺に接するように配置します。

self-end
主軸に対する終点側の辺が、その整列コンテナー内の同じ側の辺に接するように配置します。

flex-start
フレックスコンテナーコンテナーの主軸の始点に対してフレックスアイテムが接するように配置します。フレックスアイテムに対してのみ有効な値で、フレックスコンテナーの子でない場合はstartとして扱われます。

次のページに続く

flex-end	フレックスコンテナーコンテナーの主軸の終点に対してフレックスアイテムが接するように配置します。フレックスアイテムに対してのみ有効な値で、フレックスコンテナーの子でない場合はendとして扱われます。
left	整列コンテナーの左端に接するように配置します。互いに接するように詰められます。プロパティが対象にする軸がインライン軸に平行でない場合は、startとして扱われます。
right	整列コンテナーの右端に接するように配置します。プロパティが対象にする軸がインライン軸に平行でない場合は、startとして扱われます。
baseline	first baselineとして扱われます。
first baseline	最初のベースラインに揃えて配置します。この値のフォールバック値はstartです。
last baseline	最後のベースラインに揃えて配置します。この値のフォールバック値はendです。
safe	ボックスのサイズが整列コンテナーからあふれた場合、startのように配置します。
unsafe	ボックスと整列コンテナーのサイズに関係なく、指定した値が尊重されます。
legacy	left、right、centerのいずれかの値と同時に指定された場合、それらの値を子孫にも継承します。単体で指定された場合、justify-itemsプロパティの継承値がlegacyキーワードを含むなら継承値として、含まれない場合はnormalとして算出されます。なお、justify-self: autoが指定された子孫は、legacyキーワード以外のキーワードのみを継承します。

以下の例では、グリッドコンテナーに対してjustify-items: start;を設定したうえで、個別のグリッドアイテムに対してjustify-selfプロパティを指定しています。

```css
.container {
  background-color: #eee;
  border: 1px solid red;
  padding: 20px;
  width: 300px;
  display: grid;
  grid-template-columns: 1fr 1fr;
  grid-auto-rows: 40px;
  grid-gap: 10px;
  justify-items: start;
}
.b1 {
  justify-self: end;
}
.b2 {
  justify-self: stretch;
}
.b3 {
  justify-self: center;
}
```

align-itemsプロパティ

すべてのボックスの縦方向の揃え位置を指定する

{align-items: 位置;}
（アライン・アイテムズ）

align-itemsプロパティは、配置されるすべてのボックスに対して既定となるalign-selfプロパティの値を定義します。

初期値	normal	継承	なし
適用される要素	すべての要素		
モジュール	CSS Flexible Box Layout ModuleおよびCSS Box Alignment Module Level 3		

値の指定方法

位置

normal　レイアウトモードに依存して以下のように動作します。
・置換される絶対配置アイテムはstartと同様に、それ以外の絶対配置アイテムはstretchと同様に振る舞います。
・表組みのセルには適用されず無視されます。
・フレックスコンテナーはstretchと同様に振る舞います。
・グリッドアイテムのうち、置換されるアイテムはstartと同様に、それ以外のアイテムはstretchと同様に振る舞います。

start　クロス軸方向で整列コンテナーの書字方向における開始側の端を始点に配置します。

end　クロス軸方向で整列コンテナーの書字方向における終了側の端を始点に配置します。

self-start　クロス軸に対する始点側の辺が、その整列コンテナー内の同じ側の辺に接するように配置します。

self-end　クロス軸に対する終点側の辺が、その整列コンテナー内の同じ側の辺に接するように配置します。

flex-start　フレックスコンテナーのクロス軸の始点に揃えます。通常、上端に配置されます。

flex-end　フレックスコンテナーのクロス軸の終点に揃えます。通常、下端に配置されます。

center　整列コンテナーのクロス軸の中央に揃えます。クロス軸の幅（高さ）がフレックスアイテムの幅（高さ）より小さい場合、アイテムは両方向に同じ幅だけはみ出した状態で配置されます。

stretch　ボックスのheightプロパティの値にautoが指定され、かつmargin-top、margin-bottomプロパティの値がautoでない場合、min-height、max-heightプロパティの指定は尊重しつつ、整列コンテナー内を可能な限り埋めるように高さを伸縮して配置します。

次のページに続く

baseline	first baselineとして扱われます。
first baseline	最初のベースラインに揃えて配置します。この値のフォールバック値はstartです。
last baseline	最後のベースラインに揃えて配置します。この値のフォールバック値はendです。
safe	ボックスのサイズが整列コンテナーからあふれた場合、startのように配置します。
unsafe	ボックスと整列コンテナーのサイズに関係なく、指定された値が尊重されます。

主な値を指定したときの配置は以下の図のようになります。

flex-start

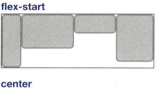

flex-end

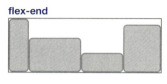

center

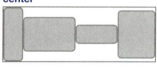

stretch

baseline

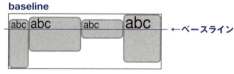

←ベースライン

以下の例では、グリッドコンテナーに対してalign-items: start;を設定したうえで、個別のグリッドアイテムに対して、align-selfプロパティを指定しています。

```css
.container {
  border: 1px solid red;
  padding: 20px;
  width: 300px;
  display: grid;
  grid-template-columns: 1fr 1fr;
  grid-auto-rows: 80px;
  grid-gap: 10px;
  align-items: start;
}
.b1 {align-self: end;}
.b2 {align-self: stretch;}
.b3 {align-self: center;}
```

place-itemsプロパティ

すべてのボックスの揃え位置を まとめて指定する

ブレイス・アイテムズ
{place-items: align-items justify-items ; }

place-itemsプロパティは、すべてのボックスの揃え位置を一括指定するショートハンドです。

初期値	各プロパティに準じる	継承	なし
適用される要素	すべての要素		
モジュール	CSS Box Alignment Module Level 3		

値の指定方法

個別指定の各プロパティと同様です。値は半角スペースで区切って2つ指定しますが、1つ目の値がalign-itemsプロパティの値、2つ目の値がjustify-itemsプロパティの値となります。2つ目の値を省略した場合、1つ目の値が両方に適用されます。

```css
.container {
    place-items: center stretch;
}
```

上の例で指定したplace-itemsプロパティは、各プロパティを以下のように指定した場合と同様の表示になります。

```css
.container {
    align-items: center;
    justify-items: stretch;
}
```

displayプロパティ

グリッドレイアウトを指定する

{**display**: コンテナーの形式; }

displayプロパティは、グリッドレイアウトを利用するために「グリッドコンテナー」とする要素を指定します。グリッド(格子状)のマス目を任意の割合で並べたり結合したりすることで、さまざまなレイアウトを実現できます。

初期値	inline（インラインボックスとして表示）	継承	なし
適用される要素	すべての要素		
モジュール	CSS Grid Layout Module Level 1		

値の指定方法

コンテナーの形式

- **grid** 要素をブロックレベルのグリッドコンテナーに指定します。
- **inline-grid** 要素をインラインレベルのグリッドコンテナーに指定します。

```css
.grid {
  display: grid
}
```

グリッドレイアウトは、以下の図のように定義されます。グリッドコンテナーとする要素に内包される子要素がグリッドアイテムとなります。グリッドの行および列はグリッドトラック、それらを区切る線はグリッドラインと呼び、グリッドラインで区切られた領域の最小単位はグリッドセル、複数のグリッドセルで構成される領域はグリッドエリアと呼びます。グリッドアイテムの配置と大きさは、グリッドラインの名前や行・列の始点または終点から数えた番号で指定します。

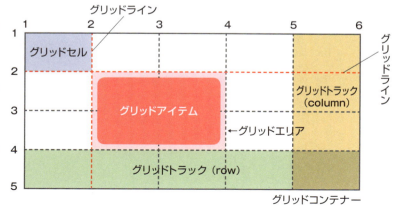

☑ **grid-template-rowsプロパティ**

グリッドトラックの行のライン名と高さを指定する

POPULAR

グリッド・テンプレート・ロウズ
{grid-template-rows: ライン名 高さ; }

grid-template-rowsプロパティは、グリッドの行におけるグリッドトラック（グリッドを分けるグリッドライン間のスペース）のライン名と高さを指定します。このプロパティで指定しなくても、グリッドアイテムの数によって「暗黙的な」グリッドトラックは自動的に生成されます。グリッドトラックを明示的に生成したい場合は、このプロパティおよびgrid-template-columnsプロパティを使用します。

初期値	none		継承	なし
適用される要素	グリッドコンテナー			
モジュール	CSS Grid Layout Module Level 1			

値の指定方法

ライン名

任意の文字　ラインの名前を角括弧（[ ]）で囲んで指定します。定義した名前はgrid-row-start、grid-row-end、grid-column-start、grid-column-endプロパティ、およびそれらのショートハンドとなるgrid-row、grid-column、grid-areaプロパティから参照できます。

高さ

none　明示的なグリッドトラックは生成されません。

任意の数値＋単位　単位付き（P.514）の数値で指定します。負の値は指定できません。

%値　%値で指定します。グリッドコンテナーに対する割合となります。

任意の数値＋fr　fr単位の付いた数値で指定します。fr単位はグリッドコンテナー内の空間を分割する際の係数となります。例えば、1fr 1frと指定すれば、1:1の割合で2つのグリッドトラックを作成します。2fr 1frと指定すれば2:1の割合となります。

min-content　グリッドアイテムがとりうる最小値を高さとして指定します。

max-content　グリッドアイテムがとりうる最大値を高さとして指定します。

auto　最大の高さはグリッドアイテムがとりうる最大値、最小の高さはグリッドアイテムがとりうる最小値を指定しますが、最大の高さはalign-contentやjustify-contentプロパティによる拡大を許容します。

fit-content()　fit-content()関数の引数で指定したサイズを「min(最小値, max(引数, max-content))」という式に基づいて計算し、高さとして指定します。これは基本的にminmax（auto, max-content）とminmax（auto, 引数）を比べたときの小さいほうとなります。引数は任意の数値＋単位で表されるサイズ、および%値で指定します。

次のページに続く

できる 445

minmax()　最小・最大の高さのサイズをminmax()関数で指定します。これにより、グリッドコンテナーに合わせて適切な高さを持ったグリッドトラックの生成が可能です。引数は2つの値をカンマで区切って指定します。例えば、minmax(400px, 50%)と指定したときの最小値は400px、最大値は50%となり、この範囲内で高さが算出されます。引数には前のページのmin-content、max-content、autoの各キーワードも指定可能です。

repeat()　repeat()関数を使用することで、値の全部、または一部で同じ指定が繰り返される際の記述をシンプルにできます。例えば、1fr 1fr 1fr…と記述するのは冗長ですが、repeat(6, 1fr)と記述することで同様の指定になります。

以下の例では、grid-template-rowsプロパティを用いて、グリッドトラックのライン名と高さを指定しています。また、grid-column-startプロパティなどを用いて、ライン名を参照してグリッドアイテムが配置されるよう指定しています。各プロパティの役割については、それぞれの解説を参照してください。

```css
.grid {
  display: grid;
  grid-template-columns: [left] 1fr [main] 8fr [main-end] 1fr
  [right];
  grid-template-rows:    [top] 50px [nav] auto [content]
  minmax(100px, auto) [foot] 40px [bottom];
}
.header {
  grid-column-start: left;
  grid-column-end: right;
  grid-row-start: top;
  background: rgba(255,0,0,0.5);
}
.nav {
  grid-column-start: left;
  grid-column-end: right;
  grid-row-start: nav;
  background: rgba(0,255,0,0.5);
}
.main {
  grid-column-start: main;
  grid-column-end: main-end;
  grid-row-start: content;
  background: rgba(255,255,0,0.5);
}
.footer {
  grid-column-start: left;
  grid-column-end: right;
  grid-row-start: foot;
  background: rgba(0,255,255,0.5);
}
```

```html
<div class="grid">
  <div class="header">ヘッダー</div>
  <div class="nav">ナビ</div>
  <div class="main">コンテンツ</div>
  <div class="footer">フッター</div>
</div>
```

アイテムが指定した行の幅と高さに従って配置される

ポイント

- repeat()関数では、repeat(auto-fit | auto-fill,高さ)という記述方法により、グリッドコンテナーのサイズに合わせてグリッドトラックの高さを指定することもできます。1つ目の引数がauto-fitの場合、グリッドコンテナーのサイズが変化しても、その範囲内で指定した高さのグリッドトラックを可能な限り生成します。auto-fillの場合、グリッドアイテムが配置されなくてもグリッドトラックが生成されます。

grid-template-columnsプロパティ

グリッドトラックの列のライン名と幅を指定する

{grid-template-columns: ライン名 幅;}

grid-template-columnsプロパティは、グリッドの列におけるグリッドトラックのライン名と幅を指定します。サンプルコードはgrid-template-rowsプロパティを参照してください。

初期値	none	継承	なし
適用される要素	グリッドコンテナー		
モジュール	CSS Grid Layout Module Level 1		

値の指定方法

grid-template-rowsプロパティと同様です。その高さの値が、grid-template-columnsプロパティにおける幅の値に該当します。

☑ **grid-template-areasプロパティ**

グリッドエリアの名前を指定する

グリッド・テンプレート・エリアズ
{grid-template-areas: 名前; }

grid-template-areasプロパティは、グリッドエリアの名前を指定します。定義した名前は
grid-row-start、grid-row-end、grid-column-start、grid-column-endプロパティ、およびそ
れらのショートハンドとなるgrid-row、grid-column、grid-areaプロパティから参照できま
す。指定方法は少し特殊で、まるでアスキーアートのようにグリッドエリアの視覚的な位
置に合わせて記述します。

初期値	none		継承	なし
適用される要素	グリッドコンテナー			
モジュール	CSS Grid Layout Module Level 1			

値の指定方法

名前

none グリッドエリアの名前を指定しません。

任意の文字 グリッドエリアの名前を、以下の例で記述したように指定します。1つの行は引用符(")
で囲んで改行で区切り、列は半角スペースで区切ります。同じ名前が隣接している場
合、グリッドセル(グリッドラインに囲まれたグリッドアイテムを配置可能な最小単位)が
連結されたグリッドエリアとなります。また、名前の代わりにピリオド(.)を使用すると無
名のグリッドエリアとなります。

以下の例では、grid-template-areasプロパティを用いてグリッドエリアに名前を指定して
います。grid-template-rowsプロパティで3行、grid-template-columnsで2列のグリッドラ
インが指定されているため、3×2マスの空間に名前を付けるイメージで値を記述すると、
グリッドエリアの名前が指定されます。また、グリッドアイテムにgrid-areaプロパティ
(P.460)などを用いて、ここで指定した名前を参照するように指定すると、アイテムが配
置されます。

```css
.grid {
  display: grid;
  grid-template-columns: 1fr 1fr;
  grid-template-rows: repeat(3,minmax(100px,auto));
  gap: 10px;
  width: 500px;
  grid-template-areas:
    "header header"
    "nav    main"
    "nav    footer";
```

```css
}
.grid > div {
  border: solid 1px gray;
}
.header {
  grid-area: header;
  background: rgba(255,0,0,0.5);
}
.nav {
  grid-area: nav;
  background: rgba(0,255,0,0.5);
}
.main {
  grid-area: main;
  background: rgba(255,255,0,0.5);
}
.footer {
  grid-area: footer;
  background: rgba(0,255,255,0.5);
}
```

```html
<div class="grid">
  <div class="header">ヘッダー</div>
  <div class="nav">ナビ</div>
  <div class="main">コンテンツ</div>
  <div class="footer">フッター</div>
</div>
```

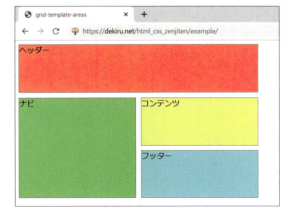

指定した配置に従ってグリッドアイテムが表示される

☑ grid-templateプロパティ

グリッドトラックをまとめて指定する

POPULAR

グリッド・テンプレート
{grid-template: -rows -colums -areas; }

grid-templateプロパティは、グリッドトラックの行のライン名と高さ、列のライン名と幅、およびグリッドエリアの名前を一括指定するショートハンドです。

初期値	各プロパティに準じる	継承	なし
適用される要素	グリッドコンテナー		
モジュール	CSS Grid Layout Module Level 1		

値の指定方法

個別指定の各プロパティと同様です。記述方法は2つあり、1つはgrid-template-rows、grid-template-columnsプロパティの値をスラッシュ（/）で区切って指定する方法です。このときのgrid-template-areasの値はnoneとなります。もう1つは角括弧（[ ]）で囲んだライン名とgrid-template-areas、grid-template-rowsの値を半角スペースと改行で区切り、最後にgrid-template-columnsプロパティの値をスラッシュ（/）で区切って指定する方法です。

```css
.grid01 {                                                    CSS
  grid-template: auto 1fr / auto 1fr auto;
}
.grid02 {
  grid-template:
  [header-top] "a a a"      [header-bottom]
  [main-top]   "b b b" 1fr [main-bottom]
  / auto 1fr auto;
}
```

上の例で指定したgrid-templateプロパティは、各プロパティを以下のように指定した場合と同様の表示になります。

```css
.grid01 {                                                    CSS
  grid-template-rows: auto 1fr;
  grid-template-columns: auto 1fr auto;
  grid-template-areas: none;
}
.grid02 {
  grid-template-areas:
  "a a a"
  "b b b";
  grid-template-rows: [header-top] auto [header-bottom main-top]
  1fr [main-bottom];
  grid-template-columns: auto 1fr auto;
}
```

grid-auto-rowsプロパティ

暗黙的グリッドトラックの行の高さを指定する

{grid-auto-rows: 高さ; }

grid-auto-rowsプロパティは、暗黙的に作成されたグリッドトラックの行の高さを指定します。grid-template-rowsプロパティによってグリッドトラックの高さが明示的に指定されていない場合など、サイズが不明瞭なグリッドトラックに高さを指定できます。サンプルコードはgrid-auto-columnsプロパティを参照してください。

初期値	auto	継承	なし
適用される要素	グリッドコンテナー		
モジュール	CSS Grid Layout Module Level 1		

値の指定方法

高さ

任意の数値+単位	単位付き(P.514)の数値で指定します。負の値は指定できません。
%値	%値で指定します。グリッドコンテナーに対する割合となります。
任意の数値+fr	fr単位の付いた数値で指定します。fr単位はグリッドコンテナー内の空間を分割する際の係数となります。例えば、1fr 1frと指定すれば、1:1の割合で2つのグリッドトラックを作成します。2fr 1frと指定すれば2:1の割合となります。
min-content	グリッドアイテムがとりうる最小値を高さとして指定します。
max-content	グリッドアイテムがとりうる最大値を高さとして指定します。
auto	最大の高さはグリッドアイテムがとりうる最大値、最小の高さはグリッドアイテムがとりうる最小値を指定しますが、最大の高さはalign-contentやjustify-contentプロパティによる拡大を許容します。
minmax()	最小・最大の高さのサイズをminmax()関数で指定します。これにより、グリッドコンテナーに合わせて適切な高さを持ったグリッドトラックの生成が可能です。引数は2つの値をカンマで区切って指定します。例えば、minmax(400px, 50%)と指定したときの最小値は400px、最大値は50%となり、この範囲内で高さが算出されます。引数には上記のmin-content、max-content、autoの各キーワードも指定可能です。
fit-content()	fit-content()関数の引数で指定したサイズを「min(最小値, max(引数, max-content))」という式に基づいて計算し、高さとして指定します。これは基本的にminmax(auto, max-content)とminmax(auto, 引数)を比べたときの小さいほうとなります。引数は任意の数値+単位で表されるサイズ、および%値で指定します。

grid-auto-columns プロパティ

暗黙的グリッドトラックの列の幅を指定する

グリッド・オート・カラムス
{grid-auto-columns: 幅; }

USEFUL

grid-auto-columnsプロパティは、暗黙的に作成されたグリッドトラックの列の幅を指定します。grid-template-columnsプロパティによってグリッドトラックの幅が明示的に指定されていない場合など、サイズが不明瞭なグリッドトラックに幅を指定できます。

初期値	auto	継承	なし
適用される要素	グリッドコンテナー		
モジュール	CSS Grid Layout Module Level 1		

値の指定方法

指定できる値はgrid-auto-rowsプロパティと同様です。その高さの値が、grid-auto-columnsプロパティにおける幅の値に該当します。

```css
.grid {
  display: grid;
  grid-template-columns: 200px;
  grid-auto-columns: 100px;
  grid-template-rows: 200px;
  grid-auto-rows: 100px;
}
.grid > div {
  border: solid 1px gray;
}
.a {
  grid-column: 1;
  grid-row: 1;
  background: rgba(255,0,0,0.5);
}
.b {
  grid-column: 2;
  grid-row: 1;
  background: rgba(0,255,0,0.5);
}
.c {
  grid-column: 1;
  grid-row: 2;
  background: rgba(255,255,0,0.5);
}
```

452

```css
.d {
  grid-column: 2;
  grid-row: 2;
  background: rgba(0,255,255,0.5);
}
```

```html
<div class="grid">
  <div class="a">A</div>
  <div class="b">B</div>
  <div class="c">C</div>
  <div class="d">D</div>
</div>
```

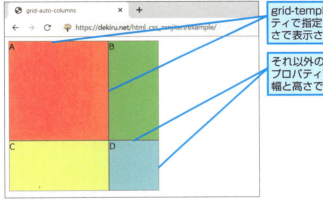

grid-template系プロパティで指定された幅と高さで表示される

それ以外のgrid-auto系プロパティで指定された幅と高さで表示される

grid-auto-flowプロパティ

グリッドアイテムの自動配置方法を指定する

{grid-auto-flow: 配置方法; }

グリッド・オート・フロウ

grid-auto-flowプロパティは、自動配置アルゴリズムがどのようにグリッドアイテムを配置していくのかを指定します。通常、グリッドアイテムは左上から行(横)方向に対して順番に配置されますが、列(縦)方向などに変更できます。

初期値	row	継承	なし
適用される要素	グリッドコンテナー		
モジュール	CSS Grid Layout Module Level 1		

次のページに続く

値の指定方法

配置方法

row　自動配置アルゴリズムは、各行を順番に埋めてアイテムを配置し、必要に応じて新しい行を追加します。

column　自動配置アルゴリズムは、各列を順番に埋めてアイテムを配置し、必要に応じて新しい列を追加します。

dense　パッキングアルゴリズムと呼ばれる方法で隙間を埋めていきます。サイズが異なるアイテムを自動配置すると隙間ができることがありますが、この値を指定することで、グリッドコンテナー内になるべく隙間を空けずにアイテムを敷き詰める配置となります。　上記のキーワードと組み合わせて、row dense、column dense のように２つのキーワードでも指定できます。

以下の例では、denseを指定することで隙間を空けずにグリッドアイテムが敷き詰められます。

```css
.grid {                                    CSS
  display: grid;
  grid-auto-flow: dense;
  grid-template-rows: repeat(4, 100px);
  grid-template-columns: repeat(3, 100px);
}
.grid > div {
  border: 1px solid red;
}
.b {
  grid-row: span 2;
  grid-column: span 2;
}
.c {
  grid-row: span 2;
  grid-column: span 2;
}
```

```html
<div class="grid">                         HTML
  <div class="a">A</div>
  <div class="b">B</div>
  <div class="c">C</div>
  <div class="d">D</div>
  <div class="e">E</div>
</div>
```

隙間を空けずにアイテムが配置される

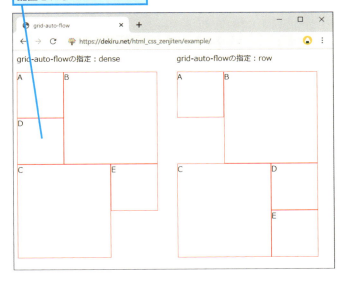

☑ gridプロパティ

グリッドトラックとアイテムの配置方法をまとめて指定する

{**grid**: -template-rows -template-columns -template-areas -auto-rows -auto-columns -auto-flow ; }

gridプロパティは、明示的または暗黙的なグリッドトラックの行の高さ、列の幅、グリッドエリアの名前、およびグリッドアイテムの自動配置方法を一括指定するショートハンドです。

初期値	各プロパティに準じる	継承	なし
適用される要素	グリッドコンテナー		
モジュール	CSS Grid Layout Module Level 1		

次のページに続く

できる 455

値の指定方法

個別指定の各プロパティと同様です。以下のいずれかの方法で記述します。

・grid-templateプロパティと同様に記述します。grid-templateプロパティでは指定できないgrid-auto-rows、grid-auto-columns、grid-auto-flowプロパティは初期値として扱われます。

・grid-template-rowsおよびgrid-auto-columnsプロパティを設定します。このとき、grid-template-columnsプロパティはnone、grid-auto-rowsプロパティはautoとなります。grid-auto-flowプロパティはcolumnとして設定され、auto-flow denseが指定された場合は、grid-auto-flowプロパティがcolumn denseに設定されます。grid-template-rowsプロパティの指定後をスラッシュ（/）で区切ります。

・grid-template-columnsおよびgrid-auto-rowsプロパティを設定します。このとき、grid-template-rowsプロパティはnone、grid-auto-columnsプロパティはautoとなります。grid-auto-flowプロパティはrowとして設定され、auto-flow denseが指定された場合は、grid-auto-flowプロパティがrow denseに設定されます。grid-template-columnsプロパティの指定前をスラッシュ（/）で区切ります。

```css
.grid01 {
  grid: none / auto-flow 1fr;
}
.grid02 {
  grid: auto-flow 1fr / 100px;
}
```

上の例で指定したgridプロパティは、各プロパティを以下のように指定した場合と同様の表示になります。

```css
.grid01 {
  grid-template: none;
  grid-auto-flow: column;
  grid-auto-rows: auto;
  grid-auto-columns: 1fr;
}
.grid02 {
  grid-template: none / 100px;
  grid-auto-flow: row;
  grid-auto-rows: 1fr;
  grid-auto-columns: auto;
}
```

grid-row-start、grid-row-endプロパティ

アイテムの配置と大きさを行の始点・終点を基準に指定する

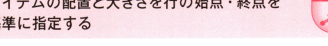

```
{grid-row-start: グリッドライン; }
{grid-row-end: グリッドライン; }
```

grid-row-startプロパティは、グリッドアイテムのサイズを指定するために使用するグリッドラインの名前、番号、あるいはグリッドセルをまたぐ数を、行の始点位置を基準に指定します。grid-row-endプロパティは、行の終点位置を基準に指定します。

初期値	auto	継承	なし
適用される要素	グリッドアイテムおよびグリッドコンテナー内の絶対配置ボックス		
モジュール	CSS Grid Layout Module Level 1		

値の指定方法

グリッドライン

- **auto** グリッドアイテムは自動的に配置されます。
- **任意の文字** grid-template-rowsプロパティによって定義されたグリッドラインの名前を指定します。grid-template-areasプロパティによってグリッドエリアの名前を定義している場合、そのエリアの行の始点・終点側にあるグリッドラインには「暗黙的に」同じ名前が定義されます。grid-row-start、grid-row-endプロパティで指定した名前と一致した場合は、そのグリッドラインが使用されます。該当するグリッドラインが存在しない場合は「1」を指定されたものとして扱われます。
- **数値** グリッドラインの番号を整数で指定します。負の整数が指定された場合は、グリッドラインの末尾側から逆方向にカウントします。文字列と組み合わされて指定された場合は、指定された名前を持つグリッドラインのみをカウントします。
- **span** グリッドセルをまたぐ数を正の整数とともに指定します。文字列と組み合わせて指定された場合は、指定された名前を持つグリッドラインのみをカウントします。

```css
.a {
  grid-row-start: span 3;
}
.b {
  grid-row-start: 1;
  grid-row-end: 3;
}
```

grid-rowプロパティ

アイテムの配置と大きさを行方向を基準にまとめて指定する

{grid-row: -start -end; }
グリッド・ロウ

grid-rowプロパティは、グリッドアイテムのサイズを指定するために使用するグリッドラインの名前、番号、あるいはグリッドセルをまたぐ数を、行方向を基準に一括指定するショートハンドです。

初期値	各プロパティに準じる	継承	なし
適用される要素	グリッドアイテム、およびグリッドコンテナー内の絶対配置ボックス		
モジュール	CSS Grid Layout Module Level 1		

値の指定方法

個別指定の各プロパティと同様です。それぞれの値はスラッシュ（/）で区切って2つまで指定でき、grid-row-start、grid-row-endプロパティの順に適用されます。値が1つだけ指定された場合、その値が任意の文字列であれば両方のプロパティにその値が適用されます。その他の値の場合、grid-row-endプロパティは初期値になります。

```css
.a {
grid-row: span 3 / 6;
}
```

上の例で指定したgrid-rowプロパティは、各プロパティを以下のように指定した場合と同様の表示になります。

```css
.a {
  grid-row-start: span 3;
  grid-row-end: 6;
}
```

grid-column系プロパティ

アイテムの配置と大きさを列方向を基準に指定する

POPULAR

グリッド・カラム・スタート
`{grid-column-start: グリッドライン; }`

グリッド・カラム・エンド
`{grid-column-end: グリッドライン; }`

グリッド・カラム
`{grid-column: -start -end; }`

grid-column-startプロパティは、グリッドアイテムのサイズを指定するために使用するグリッドラインの名前、番号、あるいはグリッドセルをまたぐ数を、列の始点位置を基準に指定します。grid-column-endプロパティは、列の終点位置を基準に指定します。また、grid-columnプロパティは、grid-column-start、grid-column-endプロパティの値を一括指定するショートハンドです。

初期値	auto	継承	なし
適用される要素	グリッドアイテム、およびグリッドコンテナー内の絶対配置ボックス		
モジュール	CSS Grid Layout Module Level 1		

値の指定方法

指定できる値はgrid-row-start、grid-row-endプロパティと同様です。それらの行の始点・終点が、grid-column-start、grid-column-endプロパティにおける列の始点・終点に該当します。ショートハンドの値はスラッシュ（/）で区切って2つまで指定でき、grid-column-start、grid-column-endプロパティの順に適用されます。値が1つだけ指定された場合、その値が任意の文字列であれば両方のプロパティにその値が適用されます。その他の値の場合、grid-column-endプロパティは初期値になります。

☑ **grid-area プロパティ**　　　　e 👀 🔵 🟠 ⚪ ◎ 🤖

アイテムの配置と大きさをまとめて指定する

USEFUL

グリッド・エリア
{grid-area: grid-row-start

grid-column-start grid-row-end

grid-column-end ; }

grid-areaプロパティは、グリッドアイテムのサイズを指定するために使用するグリッドラインの名前、番号、あるいはグリッドセルをまたぐ数を一括指定するショートハンドです。

初期値	各プロパティに準じる	継承	なし
適用される要素	グリッドアイテム、およびグリッドコンテナー内の絶対配置ボックス		
モジュール	CSS Grid Layout Module Level 1		

値の指定方法

個別指定の各プロパティと同様です。それぞれの値はスラッシュ（/）で区切って4つまで指定でき、grid-row-start、grid-column-start、grid-row-end、grid-column-endプロパティの順に適用されます。いずれかの値を省略した場合は、以下のような指定となります。

・値が1つ　任意の文字列が指定された場合は、すべてのプロパティに適用されます。その他の値が指定された場合は、grid-row-startにのみ値が適用され、他の値は初期値になります。

・値が2つ　1つ目の値がgrid-rowプロパティと同様の指定に、2つ目の値がgrid-columnプロパティと同様の指定になります。

・値が3つ　2つ目の値がgrid-columnプロパティと同様の指定になります。

```
.a {                                                              CSS
  grid-area: span 3 / 6 / 2 / 4;
}
```

上の例で指定したgrid-areaプロパティは、各プロパティを以下のように指定した場合と同様の表示になります。

```
.a {                                                              CSS
  grid-row-start: span 3;
  grid-column-start: 6;
  grid-row-end: 2;
  grid-column-end: 4;
}
```

row-gapプロパティ

行の間隔を指定する

{row-gap: 間隔; }

row-gapプロパティは、コンテナー内における行の間隔を指定します。

初期値	normal	継承	なし
適用される要素	段組みされたコンテナー、フレックスコンテナー、グリッドコンテナー		
モジュール	CSS Grid Layout Module Level 1 および CSS Box Alignment Module Level 3		

値の指定方法

間隔

- **normal** グリッドコンテナーおよびフレックスコンテナーにおいては0pxとして扱われます。
- **任意の数値+単位** 単位付き(P.514)の数値で指定します。負の値は指定できません。
- **%値** %値で指定します。割合はコンテナーのコンテンツ領域の高さを基準に計算されます。負の値は指定できません。

```
.grid {
  /*省略*/
  row-gap: 10px;
}
```

グリッド行の間に指定した間隔が表示される

ポイント

- 旧来の仕様ではグリッドレイアウトにおける行間隔を指定する目的で、grid-row-gapプロパティが策定されていました。Safari（Mac/iOS）ではグリッドレイアウトにおいて、grid-row-gapとして実装されています。
- フレキシブルボックスレイアウトにおけるrow-gapプロパティのサポートは、Firefoxのみです。

できる 461

column-gapプロパティ

列の間隔を指定する

{**column-gap**: 間隔; }

column-gapプロパティは、コンテナー内における列の間隔を指定します。

初期値	normal	継承	なし
適用される要素	段組みされたコンテナー、フレックスコンテナー、グリッドコンテナー		
モジュール	CSS Grid Layout Module Level 1 および CSS Box Alignment Module Level 3		

値の指定方法

間隔

- **normal** グリッドコンテナーおよびフレックスコンテナーにおいては0pxとして扱われます。
- **任意の数値+単位** 単位付き(P.514)の数値で指定します。負の値は指定できません。
- **%値** %値で指定します。割合はコンテナーのコンテンツ領域の幅を基準に計算されます。負の値は指定できません。

```
.grid {
  /*省略*/
  column-gap: 10px;
}
```

グリッド列の間に指定した間隔が表示される

ポイント

- 旧来の仕様ではグリッドレイアウトにおける列間隔を指定する目的で、grid-column-gapプロパティが策定されていました。Safari (Mac/iOS)ではグリッドレイアウトにおいて、grid-column-gapとして実装されています。
- フレキシブルボックスレイアウトにおけるcolumn-gapプロパティのサポートは、Firefox、Safari (Mac/iOS)で行われています。Safariでの使用には-webkit-接頭辞が必要です。

gapプロパティ

行と列の間隔をまとめて指定する

{gap: row- column- ; }

gapプロパティは、コンテナー内における行と列の間隔を一括指定するショートハンドです。

初期値	各プロパティに準じる	継承	なし
適用される要素	段組みされたコンテナー、フレックスコンテナー、グリッドコンテナー		
モジュール	CSS Box Alignment Module Level 3		

値の指定方法

個別指定の各プロパティと同様です。それぞれの値は半角スペースで区切って2つまで指定でき、row-gap、column-gapプロパティの順に適用されます。値が1つだけ指定された場合、両方のプロパティにその値が適用されます。

```css
.grid {
  gap: 20px 10px;
}
```

上の例で指定したgapプロパティは、各プロパティを以下のように指定した場合と同様の表示になります。

```css
.grid {
  row-gap: 20px;
  column-gap: 10px;
}
```

ポイント

- 旧来の仕様ではグリッドレイアウトにおける行と列の間隔を指定する目的で、grid-gapプロパティが策定されていました。Safari（Mac/iOS）ではグリッドレイアウトにおいて、grid-gapとして実装されています。
- フレキシブルボックスレイアウトにおけるgapプロパティのサポートは、Firefoxのみです。

@keyframes規則

☑

アニメーションの動きを指定する

アットマーク・キーフレームス
@keyframes アニメーション名 {
キーフレーム {変化させるプロパティ: 値; } }

POPULAR

@keyframes規則は、アニメーションの動きを指定する@規則です。animation-nameプロパティで指定したアニメーション名を参照し、各キーフレーム（経過点）ごとに変化させる要素のプロパティを指定します。また、animation-durationプロパティによる時間の指定は必須です。

モジュール	CSS Animations

値の指定方法

アニメーション名

animation-nameプロパティで指定したアニメーション名を指定します。この名前が付与された要素のプロパティを変化させます。

キーフレーム

アニメーション全体における経過点を指定します。

%値　%値で指定します。10秒のアニメーションの場合は、30%が3秒時点、80%が8秒時点を示します。

from　開始点を指定します。0%と同値です。

to　終了点を指定します。100%と同値です。

変化させるプロパティ

各キーフレームにおいて変化させるプロパティを指定します。

値

変化させるプロパティの値を指定します。

```css
@keyframes bnr-animation {                                               CSS
  0% {width: 60px; background-color: #6cb371;}
  50% {width: 234px; height: 60px; background-color: #ffd700;}
  100% {width: 234px; height: 234px; background-color: #ff1493;}
}
```

ポイント

● キーフレーム内のスタイル宣言に!importantを使用しても、その宣言は無視されるので注意しましょう。

464 できる

☑ animation-nameプロパティ

アニメーションを識別する名前を指定する

アニメーション・ネーム
{animation-name: アニメーション名; }

animation-nameプロパティは、アニメーションを識別する名前を指定します。

初期値	none		継承	なし
適用される要素	すべての要素（::before疑似要素、::after疑似要素を含む）			
モジュール	CSS Animations			

値の指定方法

アニメーション名

任意の名前 任意のアニメーション名を指定します。

☑ animation-durationプロパティ

アニメーションが完了するまでの時間を指定する

アニメーション・デュレーション
{animation-duration: 時間; }

animation-durationプロパティは、アニメーションが開始されてから完了するまでの1周期にかかる所要時間を指定します。

初期値	0s		継承	なし
適用される要素	すべての要素（::before疑似要素、::after疑似要素を含む）			
モジュール	CSS Animations			

値の指定方法

時間

任意の数値＋単位 数値で指定します。単位はs（秒）、ms（ミリ秒）が使えます。負の値は無効で、宣言自体が無視されます。

```css
.box {
  background: #6cb371;
  animation-name: bnr-animation;
  animation-duration: 10s;
}
```

次のページに続く

できる 465

実践例　10秒間で変化するアニメーションを設定する

```
@keyframes bnr-animation {キーフレーム {プロパティ: 値;} }
.box {animation-name: bnr-animation;
      animation-duration: 10s;}
```

以下の例では、@keyframes規則を使って「bnr-animation」（animation-nameプロパティで指定）というアニメーション名を参照し、対象となる要素の10秒間（animation-durationプロパティで指定）の背景色と幅、高さの変化を表しています。

```css
@keyframes bnr-animation {
  0% {width: 60px; background-color: #6cb371;}
  50% {width: 234px; height: 60px; background-color: #ffd700;}
  100% {width: 234px; height: 234px; background-color: #ff1493;}
}
.box {
  width: 60px; height: 60px; background: #6cb371;
  animation-name: bnr-animation;
  animation-duration: 10s;}
```

ページを表示すると、自動的にアニメーションが開始される

5秒まででボックスの幅と背景色が変化する

10秒まででボックスの高さと背景色が変化する

animation-delay プロパティ

アニメーションが開始されるまでの待ち時間を指定する

{**animation-delay**: 時間; }

animation-delayプロパティは、ページが表示されてからアニメーションが開始されるまでの待ち時間を指定します。

初期値	0s	継承	なし
適用される要素	すべての要素(::before疑似要素、::after疑似要素を含む)		
モジュール	CSS Animations		

値の指定方法

時間

任意の数値＋単位 数値で指定します。単位はs（秒）、ms（ミリ秒）が使えます。負の値も指定可能です。例えば-2sを指定すると、アニメーションは2秒経過した状態からただちに始まります。

```
.bnr {animation: bnr-animation 10s; animation-delay: 5s;}          CSS
```

animation-play-state プロパティ

アニメーションの再生、または一時停止を指定する

{**animation-play-state**: 再生状態; }

animation-play-stateプロパティは、アニメーションの再生・停止を指定します。

初期値	running	継承	なし
適用される要素	すべての要素(::before疑似要素、::after疑似要素を含む)		
モジュール	CSS Animations		

値の指定方法

再生状態

running 一時停止中のアニメーションに対して再生を指定します。
paused 再生中のアニメーションに対して一時停止を指定します。

```
.box:hover {animation-play-state: paused;}                          CSS
```

animation-timing-functionプロパティ

アニメーションの加速曲線を指定する

POPULAR

{animation-timing-function: 加速曲線;}

animation-timing-functionプロパティは、アニメーションの加速曲線を指定します。

初期値	ease	継承	なし
適用される要素	すべての要素（::before疑似要素、::after疑似要素を含む）		
モジュール	CSS Animations		

値の指定方法

進行度

ease　　アニメーションの開始・終了付近の動きを滑らかにします。cubic-bezier（0.25, 0.1,0.25,1）に当たります。

linear　　一定の割合で直線的に再生します。cubic-bezier（0,0,1,1）に当たります。

ease-in　　アニメーションの開始付近の動きを緩やかにします。cubic-bezier（0.42, 0,1,1）に当たります。

ease-out　　アニメーションの終了付近の動きを緩やかにします。cubic-bezier（0,0, 0.58,1）に当たります。

ease-in-out　　アニメーションの開始・終了付近の動きを緩やかにします。cubic-bezier（0,0, 0.58,1）に当たります。

cubic-bezier()　　関数型の値です。アニメーションが進行する時間をX軸、変化の度合いをY軸とした三次ベジェ曲線の軌跡によって、アニメーションの進行度を指定します。以下の図のように、2つの制御点であるP1の座標（X1,Y1）とP2の座標（X2,Y2）をカンマ（,）で区切って、cubic-bezier（X1,Y1,X2,Y2）のように指定します。値は0～1の実数です。

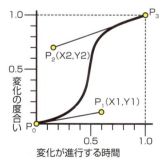

制御点P1とP2の座標によって変化の進行度を指定できる

step-start　　アニメーションの開始時点で終了状態になります。steps（1,start）に当たります。
step-end　　開始時点には変化せず、終了時にアニメーションが完了した状態になります。steps（1,end）に当たります。

steps() 関数型の値です。アニメーションが進行する時間と度合いを、指定したステップ数で等分に区切ります。ステップ数は正の整数で指定します。併せて、カンマ(,)で区切って、変化のタイミングを各ステップの始点にしたい場合はstart、終点にしたい場合はendを指定します。ChromeとFirefoxでは、jump-start（startと同様）、jump-end（endと同様）、jump-none、jump-bothのキーワードに正の整数を加え、steps(3,jump-start)という形式で指定できます。

以下の図のようにアニメーションの変化を3段階で各ステップの終了時に発生させるには、steps(3,end)と指定します。

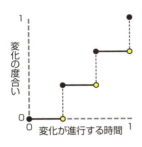

3段階の変化が各ステップの終点（黄色の点）で起こる

```css
@keyframes box-animation {
  0% {width: 60px; background-color: #6cb371;}
  50% {width: 234px; height: 60px; background-color: #ffd700;}
  100% {width: 234px; height: 234px; background-color: #ff1493;}
}
.box {
  width: 300px;
  border: 1px solid #ccc;
  animation-name: box-animation;
  animation-duration: 10s;
  animation-timing-function: ease-in;
}
```

アニメーションの開始付近は緩やかに変化する

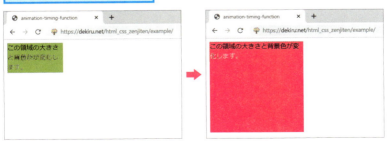

animation-fill-modeプロパティ

アニメーションの再生前後のスタイルを指定する

{animation-fill-mode: スタイル; }
アニメーション・フィル・モード

animation-fill-modeプロパティは、アニメーションの再生前後のスタイルを指定します。

初期値	none	継承	なし
適用される要素	すべての要素（::before疑似要素、::after疑似要素を含む）		
モジュール	CSS Animations		

値の指定方法

スタイル

none　　　　アニメーションの再生前後にスタイルを指定しません。

backwards　アニメーションの再生開始前とanimation-delayプロパティによって指定された遅延期間の間に、最初のアニメーション周期開始時のスタイルが適用されます。対象となるキーフレームは、animation-directionプロパティの値がnormalあるいはalternateの場合はfromまたは0%に、reverseあるいはalternate-reverseの場合はtoまたは100%に変わります。

forwards　　animation-iteration-countプロパティの値が正の整数の場合、アニメーションの再生が終止した時点のスタイルが適用されますが、0の場合、最初のアニメーション周期開始時のスタイルが適用されます。

both　　　　backwardsとforwardsキーワードを両方同時に適用します。

以下の例は、対象要素の背景色を変化させるアニメーションです。animation-fill-modeプロパティの値にbothを指定しているため、animation-delayプロパティで指定した5秒間は、最初のキーフレームで指定した赤い背景色になります。また、アニメーションの完了後は、最後のキーフレームで指定した青い背景色になります。

```css
@keyframes bnr-animation {
  0% {background-color: red;}
  50% {background-color: green;}
  100% {background-color: blue;}
}
.box {
  background-color: yellow;
  animation-name: box-animation;
  animation-delay: 5s;
  animation-fill-mode: both;
}
```

☑ animation-iteration-count プロパティ

アニメーションの繰り返し回数を指定する

POPULAR

アニメーション・イテレーション・カウント
{animation-iteration-count: 再生回数; }

animation-iteration-countプロパティは、アニメーションの再生を繰り返す回数を指定します。このプロパティの初期値は1のため、指定しなければアニメーションは1回だけ再生されると停止しますが、数値を指定することで任意の回数再生を繰り返します。

初期値	1	継承	なし
適用される要素	すべての要素（::before疑似要素、::after疑似要素を含む）		
モジュール	CSS Animations		

値の指定方法

実行回数

infinite アニメーションを制限なく繰り返します。

任意の数値 数値で指定します。指定した回数だけアニメーションを繰り返します。数値が整数でない場合（例えば2.5など）、アニメーションは最後の再生周期の途中で終了します。負の値は指定できません。0を指定した場合、値としては有効ですがアニメーションは瞬時に終了します。

以下の例では、animation-iteration-countプロパティの値を5に指定しているため、アニメーションは5回繰り返されます。

```css
.bnr {
  background: #3cb371;
  animation-name: bnr-animation;
  animation-duration: 10s;
  animation-iteration-count: 5;
}
```

☑ animation-directionプロパティ

アニメーションの再生方向を指定する

USEFUL

アニメーション・ディレクション
{animation-direction: 再生方向;}

animation-directionプロパティは、アニメーションの周期ごとの再生方向を指定します。なお、逆方向に再生した場合は、animation-timing-functionプロパティ（P.468）の値も逆の動きをとり、例えば、ease-inを指定しているとease-outの動きとして表現されます。

初期値	normal	継承	なし
適用される要素	すべての要素（::before疑似要素、::after疑似要素を含む）		
モジュール	CSS Animations		

値の指定方法

再生方向

normal　　　　　アニメーションは標準の方向で再生されます。

reverse　　　　アニメーションは逆方向で再生されます。

alternate　　　アニメーションの繰り返し回数が奇数の場合は標準の方向、偶数の場合は逆方向で再生されます。

alternate-reverse　アニメーションの繰り返し回数が奇数の場合は逆方向、偶数の場合は標準の方向で実行されます。

以下の例では、animation-iteration-countプロパティ（P.471）の値をinfiniteに指定しているため、アニメーションは制限なく再生されます。そのうえでanimation-directionプロパティの値をalternate-reverseを指定しているため、再生回数が奇数回の場合は逆方向、偶数回の場合は標準の方向でアニメーションが再生されます。

```css
.box {
  background-color: yellow;
  animation-name: box-animation;
  animation-delay: 5s;
  animation-iteration-count: infinite;
  animation-direction: alternate-reverse;
}
```

☑ animation プロパティ

アニメーションをまとめて指定する

POPULAR

アニメーション
{animation: -name -duration -timing-function -delay -iteration-count -direction -fill-mode -play-state ; }

animationプロパティは、アニメーションの名前や開始・終了までの時間、進行度、実行回数などを一括指定するショートハンドです。

初期値	各プロパティに準じる	継承	なし
適用される要素	すべての要素（::before疑似要素、::after疑似要素を含む）		
モジュール	CSS Animations		

値の指定方法

個別指定の各プロパティと同様です。それぞれの値は半角スペースで区切って指定します。任意の順序で指定できますが、animation-duration、animation-delayプロパティに指定される時間の値については、1つ目がanimation-durationプロパティ、2つ目がanimation-delayプロパティに適用されます。省略した場合は、各プロパティの初期値が適用されます。

```css
.bnr {
  background: #3cb371;
  animation: bnr-animation 10s infinite;
}
```

上の例で指定したanimationプロパティは、各プロパティを以下のように指定した場合と同様の表示になります。

```css
.bnr {
  background: #3cb371;
  animation-name: bnr-animation;
  animation-duration: 10s;
  animation-timing-function: ease; /*初期値*/
  animation-delay: 0s; /*初期値*/
  animation-iteration-count: infinite;
  animation-direction: normal; /*初期値*/
  animation-fill-mode: none; /*初期値*/
  animation-play-state: running; /*初期値*/
}
```

できる | 473

transition-property プロパティ

トランジションを適用するプロパティを指定する

{transition-property: プロパティ名;}

transition-propertyプロパティは、トランジションを適用するプロパティを指定します。例えば、background-colorプロパティで指定した背景の色をマウスオーバーで変化させたりできます。

初期値	all	継承	なし
適用される要素	すべての要素(::before疑似要素、::after疑似要素を含む)		
モジュール	CSS Transitions		

値の指定方法

プロパティ名

任意のプロパティ名	変化を適用するプロパティ名を指定します。カンマ(,)で区切って複数指定できます。
all	トランジションを適用可能なすべてのプロパティに効果を適用します。
none	どのプロパティにも効果を適用しません。

```css
.box {
  border: 1px solid red;
  background-color: aqua;
}
.box:hover {
  transition-property: background-color;
  background-color: yellow;
}
```

```html
<div class="box">
  <p>ここにマウスを移動しよう！</p>
</div>
```

マウスポインターを合わせると背景色が変化する

transition-durationプロパティ

トランジションが完了するまでの時間を指定する

{transition-duration: 時間;}

transition-durationプロパティは、トランジションが完了するまでの時間を指定します。指定した時間内で徐々に変化が進行していきます。

初期値	0s	継承	なし
適用される要素	すべての要素(::before疑似要素、::after疑似要素を含む)		
モジュール	CSS Transitions		

値の指定方法

時間

任意の数値＋単位 数値で指定します。単位はs(秒)、ms(ミリ秒)が使えます。カンマ(,)で区切って複数指定できます。

```css
.box {
  border: 1px solid red;
  background-color: aqua;
}
.box:hover {
  transition-property: background-color;
  transition-duration: 3s;
  background-color: yellow;
}
```

マウスポインターを合わせると、3秒間で徐々に背景色が変化する

以下のようにtransition-durationの値を複数指定した場合、transition-propertyで指定したwidthが3秒で変化し、colorは1秒で、background-colorは初期値が適用され0秒で変化します。

```css
transition-duration: 3s, 1s;
transition-property: width, color, background-color;
```

transition-timing-functionプロパティ

トランジションの加速曲線を指定する

トランジション・タイミング・ファンクション
{transition-timing-function: 加速曲線;}

transition-timing-functionプロパティは、transition-durationプロパティで指定した時間におけるトランジションの加速曲線を指定します。

初期値	ease	継承	なし
適用される要素	すべての要素(::before疑似要素、::after疑似要素を含む)		
モジュール	CSS Transitions		

値の指定方法

進行度

- **ease** 変化の開始付近と終了付近の動きを滑らかにします。cubic-bezier(0.25, 0.1, 0.25, 1)に当たります。
- **linear** 一定の割合で直線的に変化します。cubic-bezier(0, 0, 1, 1)に当たります。
- **ease-in** 変化の開始付近の動きを緩やかにします。cubic-bezier(0.42, 0, 1, 1)に当たります。
- **ease-out** 変化の終了付近の動きを緩やかにします。cubic-bezier(0, 0, 0.58, 1)に当たります。
- **ease-in-out** 変化の開始付近と終了付近の動きを緩やかにします。cubic-bezier(0.42, 0, 0.58, 1)に当たります。
- **cubic-bezier()** 関数型の値です。トランジションの変化が進行する時間をX軸、変化の度合いをY軸とした三次ベジェ曲線の軌跡によって、トランジションの進行度を指定します。以下の図のように、2つの制御点であるP1の座標(X1,Y1)とP2の座標(X2,Y2)をカンマ(,)で区切って、cubic-bezier(X1,Y1,X2,Y2)のように指定します。値は0～1の実数です。

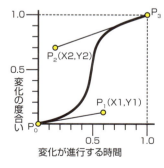

制御点P1とP2の座標によって変化の進行度を指定できる

step-start	変化の開始時点で終了状態に変化します。steps(1, start)に当たります。
step-end	開始時に変化せず、終了時に変化が完了した状態になります。steps(1, end)に当たります。
steps()	関数型の値です。トランジションの変化が進行する時間と度合いを、指定したステップ数で等分に区切ります。ステップ数は正の整数で指定します。併せて、カンマ(,)で区切って、変化のタイミングを各ステップの始点にしたい場合はstart、終点にしたい場合はendを指定します。ChromeとFirefoxでは、jump-start（startと同様）、jump-end（endと同様）、jump-none、jump-bothのキーワードに正の整数を加え、steps(3,jump-start)という形式で指定できます。 以下の図のようにトランジションの変化を3段階で各ステップの終了時に発生させるには、steps(3,end)と指定します。

> 3段階の変化が各ステップの終点（黄色の点）で起こる

```css
.box {
  border: 1px solid red;
  background-color: aqua;
}
.box:hover {
  transition-property: background-color;
  transition-duration: 6s;
  transition-timing-function: steps(3,end);
  background-color: yellow;
}
```

transition-durationで6秒間の変化を指定している

マウスポインターを合わせると、2秒後、4秒後、6秒後の3段階で背景色が変化する

transition-delay プロパティ

トランジションが開始されるまでの待ち時間を指定する

{transition-delay: 時間;}
（トランジション・ディレイ）

transition-delayプロパティは、トランジションが開始されるまでの待ち時間を指定します。指定した時間が経過すると、変化が開始されます。

初期値	0s	継承	なし
適用される要素	すべての要素(::before疑似要素、::after疑似要素を含む)		
モジュール	CSS Transitions		

値の指定方法

時間

任意の数値+単位 数値で指定します。単位はs（秒）、ms（ミリ秒）が使えます。カンマ(,)で区切って複数指定できます。

```css
.box {
  border: 1px solid red;
  background-color: aqua;
}
.box:hover {
  transition-property: background-color;
  transition-delay: 3s;
  background-color: yellow;
}
```

マウスポインターを合わせてから3秒後に背景色が変化する

478 できる

☑ transition プロパティ

トランジションをまとめて指定する

トランジション
{transition: -property -duration -delay
-timing-function ; }

transition プロパティは、トランジションを適用するプロパティ、開始・完了までの時間、進行度を一括指定するショートハンドです。

初期値	各プロパティに準じる	継承	なし
適用される要素	すべての要素(::before 疑似要素、::after 疑似要素を含む)		
モジュール	CSS Transitions		

値の指定方法

個別指定の各プロパティと同様です。それぞれの値は半角スペースで区切って指定します。任意の順序で指定できますが、transition-duration、transition-delay プロパティは順序が決まっており、1つ目が transition-duration プロパティ、2つ目が transition-delay プロパティの値と見なされます。省略した場合は、各プロパティの初期値が適用されます。

```css
.box {
  border: 1px solid #ccc;
}
.box:hover {
  transition: border 5ms 1s ease-out;
  border-color: #f00;
}
```

上の例で指定した transition プロパティは、各プロパティを以下のように指定した場合と同様の表示になります。

```css
.box:hover {
  transition-property: border;
  transition-duration: 5ms;
  transition-delay: 1s;
  transition-timing-function: ease-out;
  border-color: #f00;
}
```

| □ | transform プロパティ |

平面空間で要素を変形する

POPULAR

{transform: トランスフォーム関数; }

transformプロパティは、トランスフォーム関数を指定して対象要素を変形させます。平面空間での変形では、右方向を正とするx軸、下方向を正とするy軸を定義した2方向での変形となります。変形は要素の中心を軸に実行されます。

初期値	none		継承	なし
適用される要素	変形可能な要素（非置換インラインボックス、テーブル列ボックス、および列グループボックスを除く、CSSボックスモデルによってレイアウトが管理されるすべての要素）			
モジュール	CSS Transforms Level 2			

値の指定方法

noneを除き関数型の値となり、半角スペースで区切って複数指定できます。また、各値を指定する順序によって表示される結果が異なります。

トランスフォーム関数

none	要素を変形しません。
matrix()	行列式によって要素を変形します。6個の任意の数値をカンマ(,)で区切って指定します。各値は順に、x軸方向の拡大・縮小率、y軸方向の傾斜率、x軸方向の傾斜率、y軸方向の拡大・縮小率、x座標の移動距離、y座標の移動距離に対応しています。
translate()	要素のxy座標を移動します。移動距離を単位付き(P.514)の数値で指定します。x座標、y座標はカンマ(,)で区切って指定します。translate(15px, 20px)と指定すると、右へ15px、下へ20px移動します。
translateX()	要素のx座標を移動します。移動距離を単位付きの数値で指定します。
translateY()	要素のy座標を移動します。移動距離を単位付きの数値で指定します。
scale()	要素をx軸、y軸方向に拡大・縮小します。値はカンマ(,)で区切って指定します。scale(2,0.5)と指定すると、x軸方向に2倍拡大、y軸方向に1/2縮小されます。
scaleX()	要素をx軸方向に拡大・縮小します。任意の実数で倍率を指定します。負の値を指定すると、要素は裏返ります。
scaleY()	要素をy軸方向に拡大・縮小します。任意の実数で倍率を指定します。負の値を指定すると、要素は裏返ります。
rotate()	要素を回転します。回転角度を単位付きの数値で指定します。rotate(50deg)と指定すると、要素は時計回りに50度回転します。
skew()	要素の形状をx軸、y軸方向に傾斜させます。値はカンマ(,)で区切って指定します。
skewX()	要素の形状をx軸方向に傾斜させます。傾斜角を単位付きの数値で指定します。
skewY()	要素の形状をy軸方向に傾斜させます。傾斜角を単位付きの数値で指定します。

以下の例では、画像をtranslate()関数で移動したあとに、rotate()関数で15度回転しています。

```css
.box img {
  transform: translate(50px,50px) rotate(15deg);
}
```

画像がx軸、y軸方向に50px移動し、15度回転した状態で表示される

以下の例では、画像をtranslate()関数で移動したあとに、scale()関数でx軸方向に1.4倍、y軸方向に0.5倍、拡大しています。

```css
.box img {
  transform: translate(100px,100px) scale(1.4,0.5);
}
```

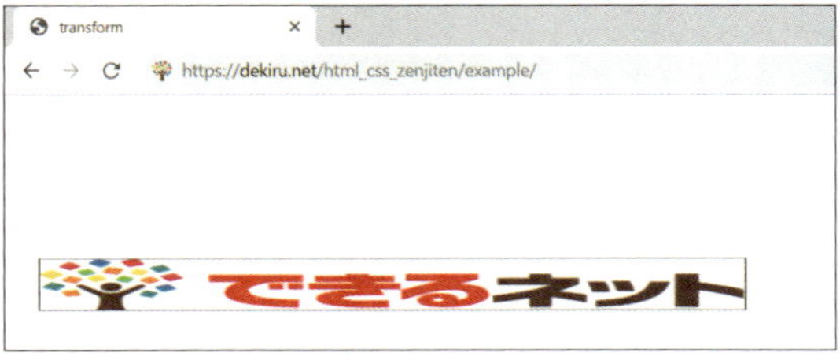

画像がx軸、y軸方向に100px移動し、指定した値で拡大・縮小される

以下の例では、画像をtranslate()関数で移動したあとに、skew()関数でx軸方向に20度、y軸方向に5度傾斜させています。

```css
.box img {
  transform: translate(50px,50px) skew(20deg,5deg);
}
```

画像がx軸、y軸方向に50px移動し、指定した値で傾斜して表示される

transformプロパティ

3D空間で要素を変形する

USEFUL

{transform: トランスフォーム関数; }

transformプロパティは、トランスフォーム関数を指定して対象要素を変形させます。3D空間での変形では、平面空間でのx軸とy軸に加えて、奥から手前に向かう方向を正とするz軸を定義した3方向での変形となります。変形は要素の中心を軸に実行されます。

初期値	none		継承	なし
適用される要素	変形可能な要素			
モジュール	CSS Transforms Level 2			

値の指定方法

noneを除き関数型の値となり、半角スペースで区切って複数指定できます。また、各値を指定する順序によって表示される結果が異なります。

トランスフォーム関数

none	要素を変形しません。
matrix3d()	行列式によって要素を変形します。16個の任意の数値をカンマ(,)で区切って指定します。
translate3d()	要素のxyz座標を移動します。移動距離を単位付き(P.514)の数値でカンマ(,)で区切って指定します。
translateZ()	要素のz座標を移動します。移動距離を単位付きの数値で指定します。
scale3d()	要素をx軸、y軸、z軸方向に拡大・縮小します。値はカンマ(,)で区切って指定します。
scaleZ()	要素をz軸方向に拡大・縮小します。任意の実数で倍率を指定します。要素をz軸方向に変形させているときに意味を持つ値で、要素とxy平面からの距離の比率が変化します。
rotate3d()	要素を回転します。値はカンマ(,)で区切って指定します。
rotateX()	要素をx軸を中心に回転します。回転角度を単位付きの数値で指定します。正の数値を指定すると、要素の上辺が画面の奥に向かって回転します。
rotateY()	要素をy軸を中心に回転します。回転角度を単位付きの数値で指定します。正の数値を指定すると、要素の左辺が画面の奥に向かって回転します。
rotateZ()	要素をz軸を中心に、つまりxy平面上を回転します。回転角度を単位付きの数値で指定します。正の数値を指定すると、要素は時計回りに回転します。
perspective()	画面からの視点の距離を指定して、z軸方向に変形した要素の奥行きを表します。視点からの距離は、単位付きの数値で指定します。

以下の例では、rotateX()関数でx軸を中心に画像を45度回転しています。ただし、perspective()関数を指定していないので、奥行きは表現されません。回転角度を大きくしていくと徐々につぶれていくように表示が変化します。

```css
.box img {
  transform: translate(50px,50px) rotateX(45deg) ;
}
```

画像はx軸を中心に
45度回転している

奥行きが表現されていないため、
つぶれているように見える

以下の例のように、rotateX()関数で画像の回転を指定する前に、perspective()関数で視点からの距離を指定すると、奥行きが表現されます。

```css
.box img {
  transform: perspective(200px) rotateX(45deg);
}
```

画像はx軸を中心に
45度回転している

奥行きが表現され、x軸を中心に
回転しているように見える

transform-originプロパティ

変形する要素の中心点の位置を指定する

トランスフォーム・オリジン
{transform-origin: 位置; }

transform-originプロパティは、変形させる要素の中心点の位置を指定します。

初期値	50% 50%	継承	なし
適用される要素	変形可能な要素		
モジュール	CSS Transforms Level 1		

値の指定方法

位置

中心点の位置となるx、y、z座標を半角スペースで区切って指定します。z座標については、単位付きの数値でのみ指定可能です。z座標を省略した場合は、0pxが適用されます。

任意の数値+単位	中心点の位置を単位付き(P.514)の数値で指定します。
%値	%値でsw指定します。値は要素の幅、高さに対する割合となります。
left	中心点のx座標を0%(左端)にします。
right	中心点のx座標を100%(右端)にします。
top	中心点のy座標を0%(上端)にします。
bottom	中心点のy座標を100%(下端)にします。
center	中心点のx、y座標を50%(中央)にします。

```css
.box img {
  border: solid 1px red;
  transform: rotate(30deg);
  transform-origin: bottom left;
}
```

何も指定していない場合は、青線部分のように画像の中央を中心点として回転する

transform-originプロパティを指定したことで、画像が左下端を中心点に回転している

perspectiveプロパティ

3D空間で変形する要素の奥行きを表す

{perspective: 視点の距離; }

perspectiveプロパティは、視点の距離を指定することでz軸に変形した要素の奥行きを表します。transformプロパティ（P.480）の値であるperspective()関数は変形した要素自体に指定しますが、このプロパティは変形する要素の親要素に指定します。消失点は既定でこのプロパティを指定した要素の中心に置かれます。消失点の位置はperspective-originプロパティで変更できます。

初期値	none	継承	なし
適用される要素	変形可能な要素		
モジュール	CSS Transforms Level 2		

値の指定方法

視点の距離

- **none** 視点の距離を指定しません。z軸方向に変化した要素の奥行きは表されません。
- **任意の数値＋単位** 視点の距離を単位付き（P.514）の数値で指定します。0以下の値を指定した場合は、noneを指定した場合と同じになります。1未満の値を指定した場合、計算上は1pxとして扱われます。

```css
.box {
  perspective: 800px;
}
.box img {
  transform: rotateY(85deg);
}
```

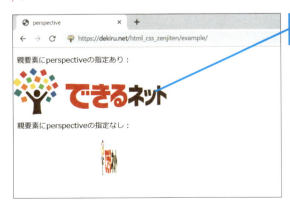

3D変形の奥行きが表される

transform-style プロパティ

3D空間で変形する要素の子要素の配置方法を指定する

{transform-style: 配置方法; }
トランスフォーム・スタイル

transform-styleプロパティは、3D空間で変形する要素の子要素の配置方法を指定します。親要素が3D空間で変形したときに、子要素も3D空間で変形するか、親要素と同一平面上に配置するかを指定できます。

初期値	flat	継承	なし
適用される要素	変形可能な要素		
モジュール	CSS Transforms Level 2		

値の指定方法

配置方法

- **flat** 子要素は3D空間上で親要素と同一平面上に配置されます。
- **preserve-3d** 子要素に個別に指定した3D空間での変形が適用され、親要素と子要素は3D空間上で別々に配置されます。

以下の例では、親要素（div.transformed）はy軸を中心に50度、子要素（div.child）はx軸を中心に40度回転するように指定しています。

```css
div {
  width: 150px; height: 150px;
}
.container {
  perspective: 500px;
  border: 1px solid black;
}
.transformed {
  transform-style: flat;
  transform: rotateY(50deg);
  background-color: rgba(255,0,0,0.8);
}
.child {
  transform-origin: top left;
  transform: rotateX(40deg);
  background-color: rgba(0,255,0,0.8);
}
```

```html
<div class="container">
  <div class="transformed">
    <div class="child"></div>
  </div>
</div>
```
HTML

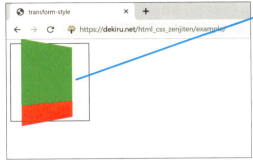

子要素は親要素と同じ平面上に表示される

子要素に指定された3D変形は適用されない

親要素のtransform-styleプロパティの値としてpreserve-3dを指定すると、子要素に3D変形が適用されるようになります。

```css
.transformed {
  transform-style: preserve-3d;
  transform: rotateY(50deg);
  background-color: rgba(255,0,0,0.8);
}
```
CSS

子要素は親要素から離れて3D変形している

perspective-origin プロパティ

3D空間で変形する要素の視点の位置を指定する

{**perspective-origin**: 視点の位置; }

perspective-originプロパティは、奥行きを表した要素に対する視点の位置を指定します。通常、奥行きは対象要素を正面から見たときの状態で表現されますが、視点の位置を変更することで、さまざまな角度から見た場合の奥行きを表現できます。

初期値	50% 50%	継承	なし
適用される要素	変形可能な要素		
モジュール	CSS Transforms Level 2		

値の指定方法

視点の位置

対象要素の左上端「0 0」を始点としてx、y座標を半角スペースで区切って指定します。1つだけ指定した場合は、2つ目の値はcenterが適用されます。

任意の数値+単位	視点の位置を単位付き(P.514)の数値で指定します。
%値	%値で指定します。値は対象要素の幅、高さに対する割合となります。
left	視点の位置のx座標を0%(左端)にします。
right	視点の位置のx座標を100%(右端)にします。
top	視点の位置のy座標を0%(上端)にします。
bottom	視点の位置のy座標を100%(下端)にします。
center	視点の位置のx、y座標を50%(中央)にします。

```css
.box {
  perspective: 750px; perspective-origin: top left;
}
.box img {transform: rotateY(55deg);}
```

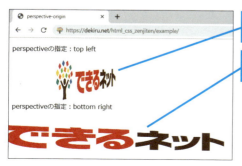

3D変形した要素を左上から見下ろした状態で表示される

3D変形した要素を右下から見上げた状態で表示される

backface-visibility プロパティ

3D空間で変形する要素の背面の表示方法を指定する

{backface-visibility: 表示方法; }
（バックフェイス・ビジビリティ）

backface-visibilityプロパティは、3D空間で変形した要素の背面の表示方法を指定します。x軸、y軸を基準に回転した場合などで、要素の背面を描画するかを選択できます。

初期値	visible	継承	なし
適用される要素	変形可能な要素		
モジュール	CSS Transforms Level 2		

値の指定方法

表示方法

- **visible** 要素の背面を描画して、内容が裏返しに見えるように表示されます。
- **hidden** 要素の背面を描画しません。背面を向いたとき要素は不可視になります。

以下の例では、対象要素が360度回転するアニメーションを記述しています。

```css
@keyframes rotater {
  0% {transform: rorateY(0deg);}
  100% {transform: rotateY(360deg);}
}
.box {
  width: 400px;
  animation: rotater 10s infinite ease 1s;
  backface-visibility: hidden;
}
```

要素が回転を始める

背面が見えるところで不可視になる

☑ transform-boxプロパティ

変形の参照ボックスを指定する

トランスフォーム・ボックス
{transform-box: 参照ボックス; }

transform-boxプロパティは、変形の際に使用する参照ボックスを指定します。transform
とtransform-originプロパティによって指定された変形の位置やサイズは、参照ボックス
（基準となるボックス）に対して相対的になります。

初期値	view-box	継承	なし
適用される要素	変形可能な要素		
モジュール	CSS Transforms Level 1		

値の指定方法

参照ボックス

content-box	コンテンツボックスを参照ボックスとして使用します。テーブルの参照ボックスは、テーブルボックスではなくテーブルラッパーボックスの境界ボックスとなります。
border-box	境界ボックスを参照ボックスとして使用します。テーブルの参照ボックスは、テーブルボックスではなくテーブルラッパーボックスの境界ボックスとなります。
fill-box	オブジェクトの境界ボックスを参照ボックスとして使用します。
stroke-box	ストロークの境界ボックスを参照ボックスとして使用します。
view-box	参照ボックスとしてもっとも近いSVGビューポートを使用します。

以下の例では、transform-boxプロパティの値にfill-boxを指定することで、#boxの境界ボックスを参照ボックスにしています。そのため、変形の原点は#boxの中心となり、結果として#boxはその場で回転し続けます。初期値が適用された場合、SVGビューポートが参照ボックスとなり、transform-origin: 50% 50%の指定からSVG要素の中心が原点になります。このとき、#boxはSVG要素の中心部を原点にその周りを衛星のように回転します。

```css
#box {
  transform-origin: 50% 50%;
  transform-box: fill-box;
  animation: rotateBox 3s linear infinite;
}
@keyframes rotateBox {
  to {transform: rotate(360deg);}
}
```

```html
<svg id="svg" xmlns="http://www.w3.org/2000/svg" viewBox=
 "0 0 50 50">
  <rect id="box" x="10" y="10" width="10" height="10" rx="1" ry="1"
   stroke="black" fill="none" />
</svg>
```

touch-actionプロパティ

タッチ画面におけるユーザーの操作を指定する

{touch-action: 操作;}

touch-actionプロパティは、タッチ画面における要素のある領域をユーザーがどのようにジェスチャー操作できるかを設定します。

初期値	auto	継承	なし
適用される要素	すべての要素。ただし、非置換インライン要素、表の行、行グループ、表の列、列グループを除く		
モジュール	Pointer Events Level 2、Level 3およびCompatibility Standard		

値の指定方法

操作

auto	ブラウザーがビューポートのパン(スクロール)やズームなどを含む、許可されたすべてのジェスチャーを利用可能にします。指定する場合は、この値単体で使用します。
none	すべてのジェスチャーを無効にします。指定する場合は、この値単体で使用します。
pan-x	水平方向にパンするジェスチャーを有効にします。pan-y、pan-up、pan-downのいずれか1つ、およびpinch-zoomと半角スペースで区切って同時に指定できます。
pan-y	垂直方向にパンするジェスチャーを有効にします。pan-x、pan-left、pan-rightのいずれか1つ、およびpinch-zoomと半角スペースで区切って同時に指定できます。
manipulation	パンおよびズームのジェスチャーのみを有効にし、その他のジェスチャーは無効にします。指定する場合は、この値単体で使用します。
pan-left	左にパンするジェスチャーを有効にします。
pan-right	右にパンするジェスチャーを有効にします。
pan-up	上にパンするジェスチャーを有効にします。
pan-down	下にパンするジェスチャーを有効にします。
pinch-zoom	複数の指でのパンやズームを有効にします。

```css
.carousel {
  touch-action: pan-y pinch-zoom;
}
```

☑ cursor プロパティ

マウスポインターの表示方法を指定する

POPULAR

{ cursor: 画像 ポインターの位置 種類; }

カーソル

cursorプロパティは、対象となる要素内にマウスポインター（カーソル）があるときの表示方法を指定します。

初期値	auto		継承	あり
適用される要素	すべての要素			
モジュール	CSS Basic User Interface Module Level 3			

値の指定方法

画像

url() 関数型の値です。マウスポインターとして使用したい画像ファイルのURLを指定します。1つ目の画像を表示できなかったときの候補として、カンマ(,)で区切って複数指定できます。

ポインターの位置

画像を指定した場合、マウスのクリックに反応する画像上の位置を、半角スペースで区切って2つの値で指定します。1つ目は水平方向、2つ目は垂直方向の位置を指定します。1つだけ指定した場合は、水平・垂直方向に同じ値が適用されます。

任意の数値 ピクセル単位の数値を単位を付けずに指定します。

種類

画像を表示できなかった場合に表示するマウスポインターの種類を、以下のキーワードで指定します。必須の値です。以下はEdgeのマウスポインターでの表示例です。

キーワード	表示例	キーワード	表示例
auto ブラウザーが自動的に適切なポインターを選択して表示されます。		**default** 通常の矢印型のポインターが表示されます。	
none ポインターを表示しません。		**context-menu** コンテキストメニューのアイコンが付いたポインターが表示されます。	
help クエスチョンマークの付いたポインターが表示されます。		**pointer** リンクを表す指差しマークのポインターが表示されます。	
progress データ処理の進行中(閲覧者は操作を続行可能)を表すポインターが表示されます。		**wait** データ処理の進行中(閲覧者は操作を続行不可)を表すポインターが表示されます。	
cell セルまたはセルグループを選択できることを表すポインターが表示されます。		**crosshair** シンプルな十字のポインターが表示されます。	

キーワード	表示例	キーワード	表示例
text テキストを選択・入力できることを表す縦バーのポインターが表示されます。	I	**virtical-text** 縦書きのテキストの選択・入力可能を表す横バーのポインターが表示されます。	⊢
alias ショートカットやエイリアスを作成できることを表す、小さな矢印が付いたポインターが表示されます。	↗	**copy** コピーできることを表すプラス(+)マークが付いたポインターが表示されます。	↗+
move 移動できることを表す矢印十字のポインターが表示されます。	✛	**all-scroll** 任意の方向へスクロールできることを表すポインターが表示されます。	✛
no-drop ドラッグ&ドロップの禁止を表すポインターが表示されます。	🤚⊘	**not-allowed** 処理を実行できないことを表すポインターが表示されます。	🚫
e-resize 右右方向にサイズ変更できることを表すポインターが表示されます。	⟺	**ne-resize** 右上方向にサイズ変更できることを表すポインターが表示されます。	⤢
n-resize 上方向にサイズ変更できることを表すポインターが表示されます。	↕	**nw-resize** 左上方向にサイズ変更できることを表すポインターが表示されます。	⤡
w-resize 左方向にサイズ変更できることを表すポインターが表示されます。	⟺	**sw-resize** 左下方向にサイズ変更できることを表すポインターが表示されます。	⤢
s-resize 下方向にサイズ変更できることを表すポインターが表示されます。	↕	**se-resize** 右下方向にサイズ変更できることを表すポインターが表示されます。	⤡
ew-resize 左右方向にサイズ変更できることを表すポインターが表示されます。	⟺	**ns-resize** 上下方向にサイズ変更できることを表すポインターが表示されます。	↕
nesw-resize 右上左下方向にサイズ変更できることを表すポインターが表示されます。	⤢	**nwse-resize** 左上右下方向にサイズ変更できることを表すポインターが表示されます。	⤡
col-resize 列の幅を変更できることを表すポインターが表示されます。	↔	**row-resize** 行の高さを変更できることを表すポインターが表示されます。	↕
zoom-in 拡大できることを表すポインターが表示されます(Internet Explorerは非対応)。	🔍+	**zoom-out** 縮小できることを表すポインターが表示されます(Internet Explorerは非対応)。	🔍−
grab 何かをつかむことができる(ドラッグして移動できる)ことを表すポインターが表示されます。	✋	**grabbing** 何かをつかんでいる(ドラッグして移動する)ことを表すポインターが表示されます。	✋

次のページに続く

できる 493

以下の例では、画像を指定してマウスポインターとして表示しています。画像を表示できなかったときの候補として、キーワードも指定しています。

```css
a {
  cursor: url(image/dnet_icon.png) 2 2, auto;
}
```

指定した画像がマウスポインターとして表示される

contentプロパティ

要素や疑似要素の内側に挿入するものを決定する

{**content**: コンテンツ; }

contentプロパティは、要素や疑似要素の内側に挿入するものを決定します。contentプロパティが要素に対して指定された場合、要素を通常通り描画するか、画像や要素に結び付けられている何らかの代替テキストで置換するかを決定します。疑似要素やページのマージンボックスに指定した場合、まったく描画しない、画像で置換する、任意のテキストや画像で置換するかのいずれかを決定します。

CSS2.1におけるcontentプロパティは、::before、::after疑似要素に対して何を挿入するかを決めるだけの単純なプロパティでしたが、CSS3で再定義されたcontentプロパティは要素の置き換えにも対応し、かなり複雑なプロパティとなりました。

初期値	normal	継承	なし
適用される要素	すべての要素、疑似要素およびページマージンボックス(印刷余白)		
モジュール	CSS Generated Content Module Level 3		

値の指定方法

normal、noneは単体で1つだけ指定可能です。以下はCSS2.1で定義され、一般に広く使用される値について解説します。

コンテンツ

none	要素に対して指定された場合、要素の内容を描画しません。疑似要素に対して指定された場合は、疑似要素の作成を行いません。つまり、指定された要素、疑似要素は表示されないことになります。
normal	要素またはページマージンボックス(印刷余白)に対して指定された場合は、「contents」値として算出されます。::before、::after疑似要素に対して指定された場合は、「none」として算出されます。::marker疑似要素に対して指定された場合は、「normal」として算出されます。
任意の文字列	任意の文字列がそのまま挿入されます。引用符(")で囲んで記述します。
url()	関数型の値です。括弧内に指定したURLのファイルを挿入します。画像型の値としてlinear-gradient() 関数なども使用可能です。
counter()	関数型の値です。括弧内に「カウンター名」を指定して、要素に連番を付けます。counter-incrementプロパティ(P.496)と併記して使います。
attr()	関数型の値です。括弧内に指定した属性名の値が挿入されます。
open-quote	quotesプロパティで指定した開始記号が挿入されます。
close-quote	quotesプロパティで指定した終了記号が挿入されます。
no-open-quote	quotesプロパティの記号の階層を1段階下げます。
no-close-quote	quotesプロパティの記号の階層を1段階上げます。

```css
.new::before {
  content: "NEW!";
  font-weight: bold; color: red;
}
```

```html
<ul>
  <li class="new">藤川明人</li>
</ul>
```

指定した箇所に「NEW!」が表示される

セレクター

フォント／テキスト

色／背景／ボーダー

テーブル／ボックス

段組み

☑ counter-increment プロパティ

カウンター値を更新する

SPECIFIC

カウンター・インクリメント
{counter-increment: カウンター名 更新値; }

counter-incrementプロパティは、contentプロパティで指定可能なカウンター値を更新します。HTMLのリスト要素などを使わずに各項目に番号を振りたいときなどに利用します。

初期値	none		継承	なし
適用される要素	すべての要素			
モジュール	CSS Lists Module Level 3			

値の指定方法

カウンター名

none カウンターを更新しない場合に指定します。

カウンター名 値を更新したいカウンター名を指定します。

更新値

任意の数値 進める数を指定します。省略すると1になります。0や負の値も指定できます。

フレキシブルボックス

グリッドレイアウト

アニメーション

トランスフォーム

コンテンツ

☑ counter-reset プロパティ

カウンター値をリセットする

SPECIFIC

カウンター・リセット
{counter-reset: カウンター名 リセット値; }

counter-resetプロパティは、カウンター値をリセットします。

初期値	none		継承	なし
適用される要素	すべての要素			
モジュール	CSS Lists Module Level 3			

値の指定方法

カウンター名

none カウンターをリセットしない場合に指定します。

カウンター名 値をリセットしたいカウンター名を指定します。

リセット値

任意の数値 リセット後の数値を指定します。省略すると0になります。負の値も指定できます。

実践例 カウンター値でリストマーカーの順位を表示する

li::before {counter-increment: number; content: counter(number)"位:";}

以下の例では、contentプロパティとcounter-incrementプロパティを使って、リストマーカーを「○位:」と表示しています。まず、contentプロパティでcounter()を指定し、カウンター名をnumberとしています。引用符(")で囲んで「位:」とすると、ここまでがマーカーとして表示されます。次に、li要素が出現するたびに数値を更新するために、contentプロパティの前でcounter-incrementプロパティを指定しています。

また、p要素でカウンター値をリセットするようにcounter-resetプロパティも指定しているので、段落を挟んだリストは再度1位から数えられています。通常のマーカーを表示しないために、ol要素についてはlist-style-typeプロパティをnoneに指定しています。

```css
p {counter-reset: number;}
ol {list-style-type: none;}
li::before {
  counter-increment: number;
  content: counter(number)"位:";
}
```

```html
<p>オールスターまでの上位3位までの順位は以下の通りでした。</p>
<ol>
  <li>北関東タイタンズ</li>
  <li>瀬戸内スパロウズ</li>
  <li>北陸ライノセラス</li>
</ol>
<p>シーズン終了時には、以下のような結果となりました。</p>
<ol>
  <li>山陰サンライズ</li>
  <li>甲信越サンガ</li>
  <li>瀬戸内スパロウズ</li>
</ol>
```

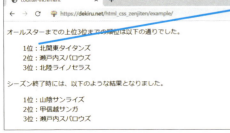

指定した形式でマーカーが表示される

quotesプロパティ

contentプロパティで挿入する記号を指定する

SPECIFIC

{quotes: 開始記号 終了記号;}

quotesプロパティは、contentプロパティで引用符として挿入する記号を指定します。

初期値	auto	継承	あり
適用される要素	すべての要素		
モジュール	CSS Generated Content Module Level 3		

値の指定方法

開始記号，終了記号

- **none** contentプロパティでquotesを指定しても、記号を表示しません。
- **記号** contentプロパティで挿入する開始・終了記号を引用符(")で囲み、半角スペースで区切って指定します。なお、記号は第2階層まで指定可能です。
- **auto** ブラウザーが適切と思われる引用符を選択します。

```css
q {
  quotes: "「" "」";
}
q::before {content: open-quote;}
q::after {content: close-quote;}
```

```html
<p>
  温故知新という故事成語は、『論語』を出典としている。儒家の思想家である孔子の訓言であるが、本書には<q>故きを温ねて新しきを知れば、もって師たるべし</q>と記されており、これを縮めて温故知新となった。
</p>
```

指定した開始記号、終了記号がq要素の前後に表示される

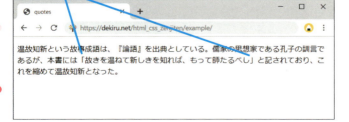

will-changeプロパティ

ブラウザーに対して変更が予測される要素を指示する

{will-change: 変化; }
（ウィル・チェンジ）

will-changeプロパティは、どのような要素の変更が予定されているかブラウザーにヒントを与えます。ブラウザーは要素が実際に変更される前に適切な最適化を行える可能性があります。ただし、will-changeを過剰に指定することはかえってパフォーマンスを低下させる可能性があります。例えば、すべての要素に対して行う変更処理に対してwill-changeを指定してはいけません。

初期値	auto	継承	なし
適用される要素	すべての要素		
モジュール	CSS Will Change Module Level 1		

値の指定方法

変化

auto	特定の指示を与えません。ブラウザーは個々の判断で最適化を実施します。
scroll-position	近い未来に要素のスクロール位置をアニメーション化、あるいは変化させることを指示します。
contents	近い未来に要素のコンテンツに対して何らかのアニメーション化、あるいは変化させることを指示します。
プロパティ名	近い未来に指定したプロパティをアニメーション化、あるいは変化させることを指示します。ただし、値としてwill-change、none、all、auto、scroll-position、contentsは指定できません。

```css
.sample {
  will-change: transform;
}
```

できる 499

object-fitプロパティ

画像などをボックスにフィットさせる方法を指定する

{object-fit: 表示方法; }
オブジェクト・フィット

object-fitプロパティは、画像などの要素をボックスにフィットさせる方法を指定します。HTMLのimg要素、video要素、iframe要素など、置換要素（P.205）に適用できます。

初期値	fill	継承	なし
適用される要素	置換要素		
モジュール	CSS Images Module Level 3		

値の指定方法

表示方法

fill	要素の縦横比とサイズが調整され、ボックスを完全に埋めるように表示されます。
contain	要素の縦横比を保ったまま、ボックスに要素全体が収まるサイズに調整されて表示されます。要素の幅と高さのうち、長いほうだけがボックスにフィットします。
cover	要素の縦横比を保ったまま、ボックスを完全に埋めるサイズに調整されて表示されます。要素の幅と高さのうち、短いほうがボックスにフィットし、長いほうははみ出します。
none	サイズは調整されず、そのまま表示されます。
scale-down	noneまたはcontainを指定した場合の、要素が小さくなるほうを適用します。

```css
img {
  background-color: #dcdcdc;
  width: 150px; height: 150px;
  object-fit: contain;
}
```

画像の縦横比を変えずに、指定した領域内に収まるように表示される

object-position プロパティ

画像などをボックスに揃える位置を指定する

{object-position: 位置; }

object-positionプロパティは、画像などをボックスに揃える位置を指定します。

初期値	50% 50%	継承	あり
適用される要素	置換要素		
モジュール	CSS Images Module Level 3		

値の指定方法

位置

値は半角スペースで区切って4つまで指定できます。2つ指定した場合、1つ目は水平方向、2つ目は垂直方向の位置を指定します。1つだけ指定した場合は、水平・垂直方向に同じ値が適用されます。4つの値を指定する場合は、「left 40px top 20%」のようにキーワードと長さ、あるいは%値の組み合わせで指定し、直前のキーワードからのオフセットとなります。

任意の数値+単位	単位付き(P.514)の数値で指定します。
%値	%値で指定します。値は要素に対する割合となります。
top	垂直方向0%と同じです。
right	水平方向100%と同じです。
bottom	垂直方向100%と同じです。
left	水平方向0%と同じです。
center	左右の辺の中心、もしくは上下の辺の中心に配置されます。

```css
img {
  background-color: #dcdcdc;
  width: 150px; height: 150px;
  object-fit: contain;
  object-position: top left;
}
```

領域内の指定した位置に画像が表示される

pointer-eventsプロパティ

ポインターイベントの対象になる場合の条件を指定する

{pointer-events: 条件; }

pointer-eventsプロパティは、特定のグラフィック要素がポインターイベントの対象になる場合の条件を設定します。auto、bounding-box、none以外の値はSVGに対してのみ有効です。通常のHTML要素に対して指定した場合、autoとして解釈されます。

初期値	auto	継承	あり
適用される要素	すべての要素、SVGにおけるコンテナー要素、グラフィック要素、およびuse要素		
モジュール	Scalable Vector Graphics (SVG) 2 およびScalable Vector Graphics(SVG)1.1(Second Edition)		

値の指定方法

条件

- **auto** デフォルトの動作です。visiblePaintedと同様です。

- **bounding-box** ポインターが要素の境界ボックス（バウンディングボックス）上にある場合、要素はポインターイベントのターゲット要素になります。

- **visiblePainted** 要素のvisibilityプロパティにvisibleが設定されていて、かつポインターが要素の塗り（fill）領域上にあり、fillプロパティにnone以外の値が指定されている場合、または要素の境界線（stroke）上にあり、strokeプロパティにnone以外の値が設定されている場合、要素はポインターイベントのターゲット要素になります。

- **visibleFill** 要素のvisibilityプロパティにvisibleが設定され、ポインターが要素の塗り（fill）領域上にある場合、要素はポインターイベントのターゲット要素になります。fillプロパティの値はイベント処理に影響しません。

- **visibleStroke** 要素のvisibilityプロパティにvisibleが設定されている場合およびポインターが要素の境界線（stroke）上にある場合、要素はポインターイベントのターゲット要素になります。strokeプロパティの値はイベント処理に影響しません。

- **visible** 要素のvisibilityプロパティにvisibleが設定され、ポインターが要素の塗り（fill）領域上、または境界線（stroke）上にある場合、要素はポインターイベントのターゲット要素になります。fill、およびstrokeプロパティの値はイベント処理に影響しません。

- **painted** ポインターが要素の塗り（fill）領域上にあり、fillプロパティにnone以外の値が指定されている場合、または要素の境界線（stroke）上にあり、strokeプロパティにnone以外の値が設定されている場合、要素はポインターイベントのターゲット要素になります。visibilityプロパティの値はイベント処理に影響しません。

- **fill** ポインターが要素の塗り（fill）領域上にある場合、要素はポインターイベントのターゲット要素になります。fill、およびvisibilityプロパティの値はイベント処理に影響しません。

stroke	ポインターが要素の境界線(stroke)上にある場合、要素はポインターイベントのターゲット要素になります。stroke、およびvisibilityプロパティの値はイベント処理に影響しません。		
all	ポインターが要素の塗り(fill)領域上、または境界線(stroke)上にある場合、要素はポインターイベントのターゲット要素になります。fill、stroke、visibilityプロパティの値はイベント処理に影響しません。		
none	要素はポインターイベントを受け取りません。		

ポイント

- pointer-events: none;を指定された要素はポインターイベントを受け取りませんが、キーボードによるフォーカスは受け取ります。

allプロパティ

要素のすべてのプロパティを初期化する

{ **all**: 状態; }

allプロパティは、要素のすべてのプロパティを初期化します。ただし、unicode-bidiおよびdirectionプロパティは除きます。

初期値	各プロパティに依存	継承	なし
適用される要素	すべての要素		
モジュール	CSS Cascading and Inheritance Level 3		

値の指定方法

状態

initial	要素のすべてのプロパティを初期値に変更するよう指定します。
inherit	要素のすべてのプロパティを継承値に変更するよう指定します。
unset	要素のすべてのプロパティを、既定値がinheritのものは継承値に、そうでなければ初期値に変更するよう指定します。

以下の例では、子要素にall: inheritを指定しています。通常、親要素に指定されたborderプロパティの値は子要素に継承されませんが、すべてのプロパティを継承値に変更することで子要素にもborderプロパティが適用されます。

```
ul {
  border: 1px solid #ccc;
}
ul > li {
  all: inherit;
}
```

☑ CSSの基礎知識

CSSの基本書式

CSS（Cascading Style Sheets）は、HTML文書のデザインやレイアウトを整える「スタイルシート」と呼ばれるテキストファイルの一種です。HTML文書に意味付けを行う要素を対象にデザインやレイアウトの「スタイル」を定義します。ここではh1要素に適用されたスタイルを例に、CSSの基本的な書式を解説します。

CSSによってHTML文書の内容にスタイルが適用されている

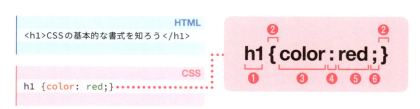

HTML
```
<h1>CSSの基本的な書式を知ろう</h1>
```

CSS
```
h1 {color: red;}
```

❶セレクター

スタイルを適用する対象を表します。対象の指定には、例えば、h1のような要素名を直接指定する方法や、CSSで定義された記法（P.210〜249）を用いる方法があります。

❷波括弧

セレクターに続けてプロパティと値を波括弧（{ }）で囲みます。波括弧で囲んだ部分は、スタイルを具体的に指定する「宣言ブロック」と呼ばれます。

❸プロパティ

対象に適用するスタイルの種類を必ず小文字で記述します。例えば、colorプロパティは「文字色を指定する」プロパティです。

❹コロン

プロパティと値の間は、コロン（:）を入力して区切ります。コロンは「＝」を意味し、対象となる要素が「プロパティによって指定した値になる」ことがわかります。

❺値

スタイルの具体的な内容を数値やキーワードで指定します。colorプロパティに対してredを指定すると「文字色を赤に指定する」という意味になります。

❻セミコロン

値を入力したらセミコロン（;）を入力します。スタイルの区切りを表します。

●コードを読みやすくする

CSSではセレクターやプロパティ、値、記号の間に半角スペース、タブ、改行を挟んでも問題ありません。以下の例のように、波括弧（{ }）の前後で改行を入れたり、コロン（:）の後にスペースを追加したりすることでコードが読みやすくなり、メンテナンス性や理解度が高まります。

```css
h1 {
  color: red;
}
```

●複数のプロパティと値を指定する

セミコロン（;）に続けて同時に指定したいプロパティを記述すれば、1つのセレクターに対して複数のスタイルを指定できます。

```css
h1 {
  color: red;
  background-color: yellow;
  border: solid 1px blue;
}
```

上の例で指定したプロパティは、以下のように同じセレクターに対して個別にプロパティと値を指定した場合と同様の記述になります。

```css
h1 {color: red;}
h1 {background-color: yellow;}
h1 {border: solid 1px blue;}
```

●セレクターをグループ化する

複数のセレクターに同じプロパティを適用したいときは、セレクターをカンマ（,）で区切って記述します。この場合も、カンマ（,）の後ろに改行を入れると読みやすくなります。

```css
ul,
ol {
  font-size: 1.2em;
  font-weight: normal;
  color: black;
}
```

● CSS コードにコメントを記述する

CSSコードに「/*」と「*/」で挟んで記述したテキストはコメントとして認識され、コードの内容には影響を与えません。注意書きやメモを入力する際に利用できます。

```css
h1 {color: red;} /*見出しの文字色を赤にする*/
```

> **ポイント**
> ●各スタイル宣言（プロパティ:値）に記述するセミコロン（;）は、最後に記述する宣言には不要ですが、ミスを防ぐために必ず記述する癖をつけましょう。

CSSの基礎知識

CSSをHTML文書に組み込むには

CSSをHTML文書に組み込むには、いくつかの方法があります。方法によってメリットや、スタイルが適用されるときの優先順位（P.512）などが変わるので、それぞれの方法の特性を理解したうえで使い分けましょう。

● link要素を使って外部スタイルシートを組み込む

HTML文書とは別に用意したCSSファイルである「外部スタイルシート」を、HTML文書のhead要素内に記述したlink要素（P.45）で読み込みます。1つのCSSファイルを複数のHTML文書に読み込ませることで、スタイルの統一や変更が容易にできます。

```html
<head>
  <title>カフェラテとカプチーノの違い</title>
  <link rel="stylesheet" href="style.css">
</head>
```

```html
<head>
  <title>当店自慢のパンケーキの秘密</title>
  <link rel="stylesheet" href="style.css">
</head>
```

```css
body {
  background-image: url(image/bg_body.png);
}
h1 {
  color: white; background-color: maroon;
}
```

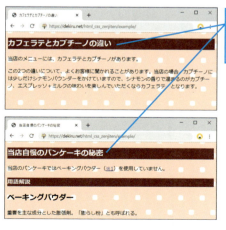

別々のHTML文書に同じCSSファイルを外部スタイルシートとして組み込み、背景や見出しに共通のスタイルを適用している

● link 要素を使って優先・代替スタイルシートを組み込む

link要素にtitle属性を指定すると、「優先」スタイルシートとなります。以下の例では、1行目の固定スタイルシートは通常通り読み込まれ、2行目、3行目の優先スタイルシートは、先に記述した「スタイル01」だけが読み込まれます。

```html
<link rel="stylesheet" href="style.css">
<link rel="stylesheet" href="style01.css" title="スタイル01">
<link rel="stylesheet" href="style02.css" title="スタイル02">
```

rel="alternate stylesheet"とtitle属性を指定すると、閲覧者が選択できる「代替」スタイルシートを提供できます。以下の例では、閲覧者はブラウザーのメニューなどから「スタイル01」「スタイル02」という代替スタイルシートを選択できます。

```html
<link rel="stylesheet" "href="style.css">
<link rel="alternate stylesheet" href="style01.css" title="スタイル01">
<link rel="alternate stylesheet" href="style02.css" title="スタイル02">
```

同じtitle属性値を持った優先スタイルシートと代替スタイルシートはグループとして扱われます。以下の例では、閲覧者が代替スタイルシート「スタイル02」を選択すると、優先スタイルシート「スタイル02」が「スタイル01」に代わって読み込まれます。

```html
<link rel="stylesheet" href="style.css">
<link rel="stylesheet" href="style01.css" title="スタイル01">
<link rel="stylesheet" href="style02.css" title="スタイル02">
<link rel="alternate stylesheet" href="style02.css" title="スタイル02">
```

● style 要素を使ってスタイルを組み込む

HTML文書のhead要素内に記述したstyle要素（P.52）にCSSを直接記述することで、文書内にスタイルを指定できます。

```html
<head>
  <title>CSSの読み込み</title>
  <style>
    h1 {
      color: red;
    }
  </style>
</head>
```

● style 属性を使ってスタイルを組み込む

HTMLのグローバル属性であるstyle属性（P.201）を使うと、対象の要素にのみスタイルを指定できます。以下の例のように、属性値としてプロパティと値を直接記述します。

```html
<p>
  私は、<span style="color: green;">緑色</span>と
  <span style="color: red;">赤色</span>の組み合わせが好きです。
</p>
```

● @import 規則を使ってスタイルを組み込む

@import規則はCSSの文書内や、HTML文書のstyle要素内に記述して外部のスタイルシートを読み込むための方法です。以下の例のように、@importに続けてurl()関数を記述し、括弧内にCSSファイルの場所となるURLを指定します。なお、@import規則は、CSSの文書内に組み込む場合も、HTML文書のstyle要素内に組み込む場合も、必ず他のプロパティの指定よりも先に来るように、先頭に記述します。

```css
@import url("style.css");
```

● @charset 規則を使って文字コードを指定する

外部スタイルシートを組み込む際に、CSSの文書内で日本語を使っている場合などは文字コードを指定することが望ましいです。文字コードを指定しない場合は、組み込む先のHTML文書と同じ文字コードで処理されます。@charset規則をCSSの文書内の先頭に記述することで文字コードを指定可能です。以下の例では、文字コードをShift_JISに指定しています。

```css
@charset "Shift_JIS";
/*@charset規則は、必ず文書の先頭に、スペースや改行を入れることなく記述します*/
```

☑ CSSの基礎知識

メディアタイプとメディアクエリ

CSSを出力デバイス別に指定するには「メディアタイプ」を指定します。また、CSS3からはデバイスの種類をより具体的に指定できる「メディアクエリ」が定義されました。

●メディアタイプの種類

キーワード	デバイスの種類
all	すべてのデバイス
print	プリンター
screen	ディスプレイ
speech	音声出力デバイス

以下の例では、link要素でCSSを組み込むときにmedia属性で該当するメディアを指定しています。ディスプレイ用には「screen.css」が、プリンター用には「print.css」が組み込まれます。

```
<link href="screen.css" rel="stylesheet" media="screen">        HTML
<link href="print.css" rel="stylesheet" media="print">
```

●メディアクエリの種類

キーワード	役割
width	ビューポート（通常はディスプレイ）の幅。max-、min-の接頭辞で上限・下限を指定可。
height	ビューポートの高さ。max-、min-の接頭辞で上限・下限を指定可。
device-width	表示領域の幅。max-、min-の接頭辞で上限・下限を指定可。
device-height	表示領域の高さ。max-、min-の接頭辞で上限・下限を指定可。
orientation	デバイスの向き。値は縦向きがportrait、横向きがlandscape。
aspect-ratio	ビューポートの縦横比。max-、min-の接頭辞で上限・下限を指定可。
device-aspect-ratio	表示領域の縦横比。max-、min-の接頭辞で上限・下限を指定可。
color	カラーディスプレイの色のビット数。max-、min-の接頭辞で上限・下限を指定可。
color-index	カラールックアップテーブルの数。max-、min-の接頭辞で上限・下限を指定可。
monochrome	白黒ディスプレイのビット数。カラーディスプレイの場合は「0」。max-、min-の接頭辞で上限・下限を指定可。
resolution	ディスプレイの解像度。max-、min-の接頭辞で上限・下限を指定可。
scan	画面の走査方法。値はprogressive、またはinterlace。
grid	ディスプレイの表示方法。1を指定するとグリッドベース画面。0はビットマップベース画面。グリッドベース画面とは、テキストのみ表示可能な端末の画面などを指す。

以下の例では、link要素でCSSを組み込むときにメディアクエリを指定しています。メディアタイプがディスプレイ（screen）でビューポートの幅が980px以下の場合に、指定したスタイルが組み込まれます。and、only、not論理演算子の使用で複雑な指定も可能です。

```
<link rel="stylesheet" media="screen and (max-width: 980px)">  HTML
```

できる 509

CSSにおけるボックスモデル

CSSでは、すべての要素はその周囲を取り囲む四角形の領域である「ボックス」を持つと考え、この領域に対応するスタイルを指定することで、さまざまな表現を可能にしています。

CSSが定義する「ボックスモデル」は以下の図の通りです。ボックスの幅は、左右マージン、左右ボーダー、左右パディング、コンテンツ領域の幅の和になります。同様に、ボックスの高さは上下マージン、上下ボーダー、上下パディング、コンテンツ領域の高さの和になります。

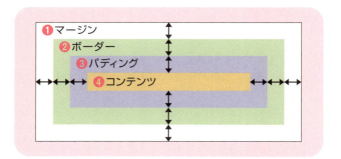

❶マージン

マージンはボーダーの外側にある余白です。上下左右の各辺の幅は、marginプロパティ（P.359）などで指定します。マージンは常に透明の領域として扱われ、親ボックスの背景色が表示されます。

❷ボーダー

ボックスの枠線です。枠線の幅やスタイル、色はborderプロパティ（P.339）などで指定します。ボーダーにはボックスに指定した背景色や画像が適用されます。

❸パディング

パディングはボーダーの内側にある余白です。上下左右の各辺の幅は、paddingプロパティ（P.361）などで指定します。パディングにはボックスに指定した背景色や画像が適用されます。

❹コンテンツ

テキストや画像、ボタンなど、Webページに実際に表示する内容の領域です。

ポイント

- ボックスの幅・高さの計算方法はbox-sizingプロパティ（P.387）で変更できます。
- 背景画像を配置する基準位置はbackground-originプロパティ（P.313）で、背景画像を表示するサイズはbackground-sizeプロパティ（P.312）で変更できます。

ボックスの種類と要素の分類

CSSのプロパティの多くは、すべての要素を対象に適用できます。ただし、プロパティによっては対象となる要素が限定されます。基準となるのは要素によるボックスの種類や、要素自体の分類です。

●ボックスの種類

ボックスの種類はdisplayプロパティ(P.374)で指定でき、「ブロックボックス」(値：block)や「インラインボックス」(値：inline)などの種類があります。displayプロパティの初期値がinlineなので、すべての要素は初期状態でインラインボックスとなります。

ただし、多くのブラウザーは既定のスタイルとして、ボックスの種類をあらかじめ指定しています。例えば、address、article、aside、blockquote、body、dd、div、dl、dt、figcaption、figure、footer、form、h1～h6、header、hr、html、legend、nav、ol、p、pre、section、ul要素は、多くのブラウザーではブロックボックスとしてスタイルが指定されています。

●ブロックボックスとインラインボックス

ブロックボックスは、他のブロックボックスやインラインボックスを内包してウィンドウの幅いっぱいになる長方形の領域を形成します。ボックスは書字方向に従って配置され、多くのブラウザーでは通常、ブロックボックスは上から下に、内容となるインラインボックスはブロックボックス内を左から右に向かって配置されます。

```html
<h1>ブロックボックスはウィンドウ幅まで表示され、上から下に配置される</h1>    HTML
<p>インラインボックスは<strong>ブロックボックス内</strong>に記述され、
左から右へ配置される。</p>
```

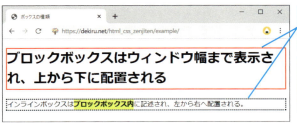

ブロックボックスは長方形の領域として表示される

インラインボックスはブロックボックスの内容として表示される

●スタイルを適用できる要素の分類

widthプロパティ(P.353)などの領域のサイズを指定するスタイルは、span要素などの非置換でインラインボックスを生成する要素(P.205)には適用されません。また、object-fitプロパティ(P.500)など、領域のサイズを持つ要素に対してスタイルを指定するプロパティは置換要素にしか指定できません。

☑ **CSSの基礎知識**

スタイルの優先順位

HTML文書に適用されるCSSのスタイルは、その指定方法や記述する順序によって優先度が異なります。

●組み込まれるスタイルの優先順位

CSSは「Cascading Style Sheets」という名前の通り段階的（Cascading）に適用され、「あとに組み込まれた宣言ほど優先順位が高くなる」というルールが基本になります。

ブラウザーの既定のスタイルよりも閲覧者がブラウザーに設定したユーザースタイル、さらに制作者が設定したスタイルが優先されます。また、HTML文書に組み込んだ外部スタイルシートよりもstyle要素内での宣言のほうが優先され、さらにstyle属性による宣言がもっとも優先されます。

●記述の順序の優先順位

記述の順序についても同様です。 以下の例では、p要素に対して2つのスタイルを指定していますが、適用されるのは後ろに記述したスタイルとなります。

```html
<head>                                                          HTML
  <style>
    p {color: red;}
    p {color: blue;}
  </style>
</head>
```

●個別性の優先順位

スタイルには「個別性」という基準も設けられています。style属性の有無や、セレクター内のid属性、その他の属性、疑似クラス、要素、疑似要素の数によって以下のような計算がなされ、記述の順序に関係なくスタイルが優先して適用されます。

スタイルの指定	得点の計算
要素にstyle属性が指定されている	1,000点が計算される
セレクターにid属性が含まれる	id属性1つにつき100点が計算される
セレクターにid属性以外の属性と疑似クラスが含まれる	属性、疑似クラス1つにつき10点が計算される
セレクターに要素、疑似要素が含まれる	要素、疑似要素1つにつき1点が計算される

● !important 宣言

スタイルの区切りを表すカンマ（;）の前に「!important」を追記すると、そのスタイルは最優先で適用されます。

```html
<style>                                                         HTML
  p {color: red !important;}
  p {color: blue;}
</style>
```

CSSの基礎知識

スタイルの継承

親要素に指定したプロパティは、指定した値が子要素に引き継がれる場合があります。これをスタイルの「継承」といいます。継承が起こるかどうかはプロパティによって異なります。

以下の例では、div要素にcolorプロパティを記述して文字色を指定しています。div要素内の文字はp要素に色の指定をしていなくても、div要素での指定が反映されます。

```html
<div>
  <p>
    div要素に指定されたcolorプロパティの値が、このテキスト(p要素)にも適用される。
    一方で、borderプロパティの値は継承されない。
  </p>
</div>
```

```css
div {
  color: red;
  border: solid red 1px;
}
```

div要素に指定したcolorプロパティによって、p要素の文字色が赤になる

borderプロパティはp要素に継承されていない

●グローバル値による継承の指定

CSSの各プロパティには、それぞれ指定できる値が仕様によって定められていますが、「グローバル値」と呼ばれる、すべてのプロパティに対して指定可能な値もあります。例えば、通常は継承してしまう文字色をある要素にだけは継承したくないときなどに使えます。上手に使うことによって実装を楽にしてくれる可能性もあります。以下の値を指定できます。

initial	初期値にリセットされます。ここでの初期値とは、各プロパティごとに仕様で定められた初期値を指します。ブラウザーが既定で適用するスタイルシートの値ではないため、注意しましょう。
inherit	親要素に指定されたプロパティと同じ値をとります。 例えばborderプロパティなど、通常は親要素から継承されないプロパティの値も継承できます。
unset	親要素からの継承がある場合は継承値を、そうでない場合は初期値を設定します。つまり、継承するプロパティについてはinherit、それ以外にはinitialという扱いになります。

☑ CSSの基礎知識

単位付きの数値の指定方法

CSSのプロパティで指定できるフォントサイズや幅・高さ、回転角度、時間などは、ここで解説する単位を付けて指定します。

長さや大きさの単位系

利用できる単位には、基準となる対象を持つ「相対単位」と、指定した値で大きさが決まる「絶対単位」が存在します。

●相対単位

相対単位として指定できるサイズ単位は以下の通りです。

em	要素のフォントサイズに対応した単位です。親要素のフォントサイズが16pxであれば、1emは16pxと同じサイズになります。
ex	要素のフォントの小文字のエックス(x)の高さに対応した単位です。
rem	ルート要素(html要素)のフォントサイズに対応した単位です。多くのブラウザーでは標準のフォントサイズが16pxのため、1remは16pxと同じサイズになります。
ch	要素のフォントのゼロ(0)の文字幅に対応した単位です。
vw	ビューポートの幅の1%に対応した単位です。
vh	ビューポートの高さの1%に対応した単位です。
vmin	ビューポートの短辺の長さの1%に対応した単位です。
vmax	ビューポートの長辺の長さの1%に対応した単位です。
cap	要素のフォントの大文字の高さに対応した単位です。
lh	要素のline-heightを基準とした単位です。
rlh	ルート要素(html要素)のline-heightを基準とした単位です。
vi	html要素の行方向におけるサイズ(横書きの場合は幅、縦書きの場合は高さ)の1%を基準とした単位です。
vb	html要素のブロック方向におけるサイズ(横書きの場合は高さ、縦書きの場合は幅)の1%を基準とした単位です。

●絶対単位

絶対単位として指定できるサイズ単位は以下の通りです。

px	1ピクセルに対応した単位です。CSSの仕様では絶対単位に分類されていますが、閲覧者のディスプレイの解像度によって、指定した値で表示されるサイズは変化します。
cm	1センチメートルに対応した単位です。
mm	1ミリメートルに対応した単位です。
in	1インチ(2.54cm)に対応した単位です。
pt	1ポイント(1インチの1/72)に対応した単位です。

pc	1パイカ(12ポイント)に対応した単位です。
Q	1級(1/4ミリメートル)に対応した単位です。1Qは1cmの1/40になります。

多くのブラウザーの標準のフォントサイズは、16pxに指定されている

角度の単位系

グラデーション関数(P.322～327)やトランスフォーム系プロパティ(P.480～490)などで指定できる角度の単位は以下の通りです。

deg	度数法です。0～360までの数値にdegを付けて角度を表します。90degが右向きになります。
grad	グラード法です。0～400までの数値にgradを付けて角度を表します。100gradが右向きになります。
rad	ラジアン数です。正円1周分を2πとした数値で角度を指定します。
turn	正円1周分を1ターンとした数値にturnを付けて角度を表します。0.25turnが右向きになります。

時間の単位系

アニメーション系プロパティ(P.465, 467)やトランジション系プロパティ(P.475, 478)で指定できる時間の単位は以下の通りです。なお、時間を指定するプロパティには既定の上限が設けられており、指定した時間が上限を超えている場合は無効となります。

s	1秒に対応した単位です。
ms	1/1000秒に対応した単位です。

ポイント

- 「ビューポート」とは、閲覧者のブラウザーの表示領域の幅・高さを表します。スマートフォンなど、ブラウザーの表示領域を閲覧者が変更できない場合に対して、最適なサイズを指定するのに利用できます。
- 他にも周波数の値を表すための単位として「Hz」「kHz」が定義されていますが、この単位が使用可能なプロパティや対応するブラウザーはありません。

CSSの基礎知識
色の指定方法

CSSのプロパティで色を指定するには、キーワードまたはカラーコードを記述します。

●キーワード

要素の色を指定するキーワードには、CSS Level 2 (Revision 1)において以下の17色の基本色が定義されています。また、透明色、色の継承を表すキーワードが定義されています。

キーワード	説明
black	黒色です。rgb(0,0,0)、#000000と同じです。
white	白色です。rgb(255,255,255)、#ffffffと同じです。
silver	銀色です。rgb(192,192,192)、#c0c0c0と同じです。
gray	灰色です。rgb(128,128,128)、#808080と同じです。
red	赤色です。rgb(255,0,0)、#ff0000と同じです。
maroon	赤茶色です。rgb(128,0,0)、#800000と同じです。
purple	紫色です。rgb(128,0,128)、#800080と同じです。
fuchsia	赤紫色です。rgb(255,0,255)、#ff00ffと同じです。
green	緑色です。rgb(0,128,0)、#008000と同じです。
lime	黄緑色です。rgb(0,255,0)、#00ff00と同じです。
yellow	黄色です。rgb(255,255,0)、#ffff00と同じです。
olive	暗い黄色です。rgb(128,128,0)、#808000と同じです。
bule	青色です。rgb(0,0,255)、#0000ffと同じです。
navy	濃い青色です。rgb(0,0,128)、#000080と同じです。
aqua	水色です。rgb(0,255,255)、#00ffffと同じです。
teal	青緑色です。rgb(0,128,128)、#008080と同じです。
orange	オレンジ色です。rgb(255, 165, 0)、#ffA500と同じです。
transparent	完全な透明を表します。
currentcolor	colorプロパティで指定されている色を参照します。box-shadowプロパティ（P.384）やborder系、outline系、background系のプロパティで使用できます。

各要素の背景色をキーワードで指定している

● RGB モデル

RGBモデルは、赤(Red)、緑(Green)、青(Blue)の3つの値の組み合わせで色を指定します。
「関数記法」と「16進記法」の2つの記法があります。

rgb()	関数型の値です。0〜255までの数値、または%値をカンマ(,)で区切って3つ指定します。rgb(255,0,0)、rgb(100%,0%,0%)は赤となります。
rgba()	関数型の値です。rgb()に加えて、4つ目の値で透明度を指定できます。0が完全な透明で、1が完全な不透明です。rgba(255,0,0,0.5)は、透明度50%の赤です。
#RRGGBB	シャープ(#)に続けて16進数(0〜f)で6つの数値を指定します。「#ff0000」は赤となります。
#RGB	シャープ(#)に続けて3つの16進数を指定します。3桁の数値は2桁ずつ同値の「#RRGGBB」形式に変換されます。「#f00」は「#ff0000」となり、赤となります。

● HSL モデル

HSLモデルは色の種類である「色相」(Hue)、鮮やかさである「彩度」(Saturation)、明るさである「明度」(Lightness)の3つの値の組み合わせで色を指定します。

hsl()	関数型の値です。0〜360までの数値で色相を、%値で彩度、明度をそれぞれカンマ(,)で区切って指定します。
hsla()	関数型の値です。hsl()に加えて、4つ目の値で透明度を指定できます。0が完全な透明で、1が完全な不透明です。

ポイント

- CSS Color Module Level 3では基本色の他に、Webにおける画像の記述方法を規定する仕様であるSVG1.0(Scalable Vector Graphics 1.0)に対応した147色のカラーネームを定義しています。多くのブラウザーはこれらのキーワードに対応しており、値として指定可能です。
- HSLモデルにおける色相は色相環(赤を0度として時計回りに黄、緑、青紫、赤の順に360度で変化する)に対応しています。おおよその色の対応は、赤:0度、黄:90度、緑:180度、青紫:270度です。
- 彩度は0%に近づくほど色がくすんで見え、100%に近づくほどはっきりして見えます。
- 明度は0%に近づくほど色が暗く見え、100%に近づくほど明るく見えます。
- CSS Colors Level 4では、rgba()はrgb()の別名、hsla()はhsl()の別名と定義されました。CSS4仕様に基づいて実装されたブラウザーにおいて、rgba()とrgb()、hsla()とhsl()は同じ引数を受け取り同じ挙動をします。

☑ CSSの基礎知識

カスタムプロパティ

CSSカスタムプロパティは、CSSコード内で変数を使用可能にします。背景色を指定するために同じ色の指定をさまざまな場所に記述するなど、CSSコード内では同じ宣言が繰り返すことがよくあります。この記述をあらかじめ変数として定義して後から適宜呼び出せば、最初に定義した変数を1箇所修正するだけで、同じ色の定義をまとめて変更できます。

●変数の定義

以下の例のように、:root疑似クラスに対して変数を定義することで、ルート要素（HTML文書の場合はhtml要素）配下のすべての要素に対して変数を呼び出せます。これがもっとも基本的な変数の定義です。カスタムプロパティ名は、「--*****」のように定義します。大文字小文字は区別されるので注意してください。

```css
:root {
  --main-bg-color: white;
  --main-font-color: black;
}
```

定義した変数は、以下の例のようにvar()関数を使用して呼び出せます。

```css
.sample-01 {
  color: var(--main-font-color);
  background-color: var(--main-bg-color);
  margin: 10px;
}
.sample-02 {
  color: var(--main-font-color);
  background-color: var(--main-bg-color);
  margin: 30px;
}
```

また、以下の例のように言語ごとに変数を定義し、Webページの言語によって自動的に表示を切り替えるような使用方法も想定されます。

```css
:root,
:root:lang(ja) {
  --external-link: "外部リンク";
}
:root:lang(en) {
  --external-link: "external link";
}

a[href^="http"]::after {
  content: " (" var(--external-link) ")"
}
```

なお、不正な変数がプロパティ値として呼び出された場合、その値は算出値の時点で無効になり、継承値、または初期値に置き換えられます。以下の例では、background-colorプロパティに対して20pxという値は不正となるため、p要素には「background-color: red;」が継承されます。

```css
:root {
  --not-a-color: 20px;
}

p {
  background-color: red;
}
p {
  background-color: var(--not-a-color);
}
```

●カスタムプロパティの継承

カスタムプロパティは継承されます。以下の例のように記述することで、特定の要素にスコープして変数を定義可能です。以下の例では.sampleセレクターで参照可能な要素、およびその子孫要素に対して変数を定義しています。大きなプロジェクトの場合、:root疑似クラスに対してすべての変数を定義すると、記述が非常に煩雑になります。スコープして定義することで変数の管理を容易にできます。

```css
.sample {
  --main-bg-color: white;
  --main-font-color: black;
}
```

以下の例のように記述すると、上の例で定義した変数を呼び出せます。

```css
.sample {
  color: var(--main-font-color);
  background-color: var(--main-bg-color);
  margin: 10px;
}
.sample > div {
  color: var(--main-font-color);
  background-color: var(--main-bg-color);
  margin: 30px;
}
```

☑ CSSの基礎知識

calc()関数

calc()関数は、CSSのプロパティ値の計算による指定を可能にします。 演算子の種類は以下の通りです。長さ(length)、周波数(frequency)、角度(angle)、時間(time)、数値(number)、整数(integer)型のプロパティ値が許容される場所で使用できます。

- **+** 加算の演算子です。演算の対象となる値は「両方が同じ型」、もしくは「一方が数値で、もう一方が整数」である必要があります。
- **-** 減算の演算子です。演算の対象となる値のルールは加算と同じです。
- ***** 乗算の演算子です。演算の対象となる値は「いずれか一方が数値」である必要があります。
- **/** 除算の演算子です。演算の対象となる値は「右側が数値」である必要があります。また「0」での除算はエラーになります。

以下の例では、要素の幅や背景の色をcalc()関数で指定しています。加算と減算(+,-)に関しては、演算子の前後に半角スペースを入れる必要があります。乗算と除算(*,/)における前後の半角スペースは任意ですが、ミスを防ぐためにも、前後に半角スペースを入れる記述で統一しておいたほうがいいでしょう。

```css
div {
  width: calc(100% / 3 - 2 * 1em - 2 * 1px);
  background-image: linear-gradient(silver 0%, white 20px,
                    white calc(100% - 20px), silver 100%);
}
```

●計算の優先順位

calc()関数における演算子の優先順位は、通常の四則演算と同じです。計算順序を指定するために括弧「()」を使用できます。calc(500 + 10 * 20 - 10 / 2)であれば、乗算・除算が優先されたうえで500+200-5と計算されます。加算・減算を優先したければcalc((500 + 10) * (20 - 10) / 2)のように記述しましょう。

●ネストした calc() 関数の記述

calc()関数はネスト(入れ子)して記述できます。このような記述はカスタムプロパティとの組み合わせで効力を発揮します。calc()関数の入れ子記述をせずに同様の指定はできますが、コードが非常に複雑になります。入れ子記述をすることで、よりシンプルで見通しがよく、メンテナンスしやすいコードにできます。。

```css
/*カスタムプロパティの定義でcalc()関数を使用*/
:root {
  --wrap-box-width: calc(100% - 10px * 2);
  --box-column: 5;
}

/*フレキシブルボックスの幅計算でカスタムプロパティを呼び出す*/
.sample {
  display: flex;
  flex-wrap: wrap;
  width: var(--wrap-box-width);
  margin: 0 auto;
}
.sample div {
  flex: 1 1 calc(var(--wrap-box-width) / var(--box-column));
  /* flex: 1 1 calc(calc(100% - 10px * 2) / 5); と展開される*/
}
```

実践例 フレキシブルボックス内の要素の幅を3等分する

親要素 > 子要素 {flex-basis: calc(100% / 3);}

以下の例では、calc()関数を用いてある要素(div.flex-container)に内包される複数の子要素(div.flex-item)を、親要素の幅に関係なく3つ横並びにしています。

```css
div.flex-container {
  display: flex;
  flex-wrap: wrap;
}
div.flex-container > div.flex-item {
  flex-basis: calc(100% / 3);
}
```

次のページに続く

できる | 521

実践例　テキストの上下余白を正しく計算する

{padding: calc(20px - (1.5rem * 1.4 - 1.5rem) / 2) 0;}

例えば、テキストの上下に20pxずつの余白を設定したい場合、padding: 20px 0;のように指定しただけでは、ぴったり20pxずつの余白にはなりません。実際にはテキストの上下に行の高さによる余白もあるため、その影響を考慮する必要があります。以下の図は、padding、line-height、font-sizeプロパティの関係を示したものです。図中の★、つまり行の高さによる片側の余白は、（行の高さ－フォントサイズ）÷2で計算できます。これをline-height、font-sizeプロパティの値に置き換えると、（font-sizeプロパティの値 × line-heightプロパティの値 － font-sizeプロパティの値）÷2となります。20pxから★を引く計算をcalc()関数で表し、それをpaddingプロパティの値として指定すれば、意図した通りの余白を設定できるようになります。

以下の例では、padding: calc(20px - (1.5rem * 1.4 - 1.5rem) / 2) 0;と指定することで、テキストの上下にぴったり20pxずつの余白を設定しています。なお、calc()関数に対応していない環境向けに、padding: 20px 0;の指定も併記しています。

```css
h2 {
  font-size: 1.5rem;
  line-height: 1.4;
  padding: 20px 0; /* 旧ブラウザー向けに記述 */
  padding: calc(20px - (1.5rem * 1.4 - 1.5rem) / 2) 0;
}
```

☑ CSSの基礎知識

CSSのファイルの種類の指定とMIMEタイプ

HTML文書にCSSなどの外部ファイルを組み込むときは、type属性の値にファイルの種類をMIMEタイプで指定します。MIMEタイプとは、インターネット上でファイルをやりとりするときにファイルの種類を判別するための仕様です。

以下の例では、head要素内のlink要素で外部スタイルシートとしてCSSを組み込むときに、type属性の値にtext/cssを指定してCSSファイルであることを明示しています。

```
<link href="style.css" rel="stylesheet" type="text/css">        HTML
```

ただし、HTMLでは組み込むスタイルシートの種類がtext/cssであることが初期値とされており、type="text/css"を省略しても問題ありません。

● MIME タイプの種類

HTMLで外部ファイルを読み込む各要素では、type属性を使ってファイルの種別を指定します。以下は代表的なMIMEタイプの例です。

ファイルの種類	MIMEタイプ
テキストファイル	text/plain
HTMLファイル	text/html
JavaScript	text/javascript
CSSファイル	text/css
Jpegファイル	image/jpeg
PNGファイル	image/png
GIFファイル	image/gif
MP4ファイル	video/mp4
Oggファイル	video/ogg
AACファイル	audio/aac
MP4ファイル	audio/mp4
WAVEファイル	audio/wav
Flashファイル	application/shockwave-flash
PDFファイル	application/pdf

ポイント

● HTMLではCSSと同様に、JavaScriptの組み込みも既定値とされており、script要素などでJavaScriptを組み込むときにtype属性を指定する必要はありません。

できる | 523

索引

本文中のキーワードから該当ページを探せます。HTMLの要素、CSSの
プロパティを探すときは、巻頭の目次とインデックスを参照してください。

記号

!important	512
@charset	508
@font-face	252
@font-feature-values	256
@import	508
@keyframes	464
@page	237
:active	231
:any-link	231
:checked	239
:default	239
:defined	244
:disabled	238
:empty	229
:enabled	238
:first	237
:first-child	221
:first-of-type	222
:focus	233
:focus-within	234
:fullscreen	236
:host	234
:hover	232
:indeterminate	244
:in-range	240
:invalid	241
:lang(言語)	235
:last-child	223
:last-of-type	223
:left	237
:link	230
:not(条件)	236
:nth-child(n)	224
:nth-last-child(n)	226

:nth-last-of-type(n)	226
:nth-of-type(n)	225
:only-child	227
:only-of-type	228
:optional	242
:out-of-range	240
:placeholder-shown	245
:read-only	243
:read-write	243
:required	242
:right	237
:root	229
:target	235
:valid	241
:visited	230
::after	247
::backdrop	248
::before	247
::cue	248
::first-letter	246
::first-line	246
::placeholder	245
::selection	249
::slotted(セレクター)	249

アルファベット

calc()関数	520
CSS	504
継承	513
適用	506
優先順位	512
Flash	121
Fullscreen API	248
HSLモデル	517

HTML	194
関連仕様	203
IDセレクター	212
linear-gradient()関数	322
MIMEタイプ	523
OGP	203
OpenTypeフォント	268
radial-gradient()関数	324
repeating-linear-gradient()関数	326
repeating-radial-gradient()関数	327
RGBモデル	517
SVGフィルター	320
WAI-ARIA	203
WebVTT	127, 248
Webフォント	252
XML宣言	195

あ

アウトライン（CSS）	371
アウトライン（HTML）	206
アニメーション	464
アンカーリンク	81
暗黙的アウトライン	207
イベントハンドラーコンテンツ属性	202
色	305, 516
インタラクティブコンテンツ	205
インデント	275
インラインボックス	511
エンベディッドコンテンツ	204
オーバーフロー	273, 367
親要素	196
音声	124

か

外部スタイルシート	506
カスタムプロパティ	518
下線	102, 289
画像	114
カテゴリー	204

空要素	194
間接セレクター	216
疑似クラス	221
疑似要素	245
兄弟要素	196
クラスセレクター	212
グリッドレイアウト	444
グローバル属性	198
グローバル値	513
子セレクター	214
コメント	505
子要素	196
コンテンツ	510
コンテンツモデル	205

さ

子孫セレクター	213
子孫要素	196
斜体	82, 100, 251
書字方向	105
スクリプトサポート要素	205
スクロール	395
スタイル	504
継承	513
優先順位	512
スタイルシート	504
外部スタイルシート	506
代替スタイルシート	507
優先スタイルシート	507
セクショニングコンテンツ	204
セクショニングルート	205, 208
セクション	55, 206
絶対URL	44
絶対単位	514
セレクター	504
相対単位	514
属性	194

できる 525

属性セレクター	217
$	219
*	220
^	219
|	220
~	218
属性値	194
祖先要素	196

た

代替スタイルシート	507
タイプセレクター	210
タグ	194
単位	514
置換要素	205
動画	122
トランジション	474
トランスフォーム	480
トランスペアレントコンテンツ	205
取り消し線	85

な

入力欄	142

は

パディング	510
パルパブルコンテンツ	205
非置換要素	205
ビットマップキャンバス	190
フォーム	140
フッター	62
太字	83, 101
ブラウジングコンテキスト	197
フラグメント識別子	81
プルダウンメニュー	173, 175
フレージングコンテンツ	204
フレキシブルボックス	421
フレックスアイテム	421
フレックスコンテナー	421
フローコンテンツ	204

ブロックボックス	511
プロパティ	504
文書型宣言	195
ヘッダー	61
ヘディングコンテンツ	204
変数	518
ボーダー	510
ボックス	
種類	374, 511
ボックスモデル	510

ま

マージン	510
メタデータ	49
メタデータコンテンツ	204
メディアクエリ	509
メディアタイプ	509
メニュー	173, 185
プルダウンメニュー	173, 175
文字コード	195

や

優先スタイルシート	507
ユニバーサルセレクター	211
要素	194

ら

ランインボックス	374
リストメニュー	173
リファラーポリシー	47
リンク	78
隣接セレクター	215
ルート要素	42
ルビ	90
論理属性	194

■著者

加藤 善規（かとう よしき）

フリーランスによるWebサイト制作業務、Webサイト制作会社での取締役などの経験を経て、2014年にバーンワークス株式会社を設立、代表取締役に就任。Webサイト制作ディレクション、Webアクセシビリティ、ユーザビリティに関するコンサルティング業務の他、セミナー等での講演、執筆等も行う。
Twitter：@burnworks

STAFF
カバーデザイン　　　伊藤忠インタラクティブ株式会社
本文フォーマット　　伊藤忠インタラクティブ株式会社
制作協力　　　　　　町田有美・田中麻衣子

デザイン制作室　　　今津幸弘 <imazu@impress.co.jp>
　　　　　　　　　　鈴木　薫 <suzu-kao@impress.co.jp>
制作担当デスク　　　柏倉真理子 <kasiwa-m@impress.co.jp>

編集協力　　　　　　平井温乃
編集　　　　　　　　佐川莉央 <sagawa-r@impress.co.jp>
編集長　　　　　　　小渕隆和 <obuchi@impress.co.jp>

本書のご感想をぜひお寄せください
https://book.impress.co.jp/books/1119101084

アンケート回答者の中から、抽選で**商品券（1万円分）**や**図書カード（1,000円分）**などを毎月プレゼント。
当選は賞品の発送をもって代えさせていただきます。

本書は、HTML Living StandardとCSS3、CSS4について、2020年1月時点での情報を掲載しています。紹介しているHTMLとCSSの使用法は用途の一例であり、すべてのOSやブラウザーが本書の手順と同様に動作することを保証するものではありません。

本書の内容に関するご質問については、該当するページや質問の内容をインプレスブックスのお問い合わせフォームより入力してください。電話やFAXなどのご質問には対応しておりません。なお、インプレスブックス（https://book.impress.co.jp/）では、本書を含めインプレスの出版物に関するサポート情報などを提供しております。そちらもご覧ください。

本書発行後に仕様が変更された内容などに関するご質問にはお答えできない場合があります。該当書籍の奥付に記載されている初版発行日から3年が経過した場合、もしくは該当書籍で紹介している製品やサービスについて提供会社によるサポートが終了した場合は、ご質問にお答えしかねる場合があります。また、以下のご質問にはお答えできませんのでご了承ください。
・書籍に掲載している内容以外のご質問
・OSやブラウザー自体の不具合に関するご質問
本書の利用によって生じる直接的または間接的被害について、著者ならびに弊社では一切の責任を負いかねます。あらかじめご了承ください。

■商品に関する問い合わせ先
インプレスブックスのお問い合わせフォームより入力してください。
https://book.impress.co.jp/info/
上記フォームがご利用いただけない場合のメールでの問い合わせ先
info@impress.co.jp

■落丁・乱丁本などの問い合わせ先
TEL 03-6837-5016　FAX 03-6837-5023
service@impress.co.jp
受付時間　10:00～12:00 ／ 13:00～17:00
　　　　　（土日・祝祭日を除く）
●古書店で購入されたものについてはお取り替えできません。

■書店／販売店の窓口
株式会社インプレス 受注センター
TEL 048-449-8040　FAX 048-449-8041

株式会社インプレス 出版営業部
TEL 03-6837-4635

できるポケット　Web制作必携
HTML&CSS全事典 改訂版
HTML Living Standard & CSS3/4対応

2020年2月21日　初版発行

著　者　加藤善規 & できるシリーズ編集部

発行人　小川 亨

編集人　高橋隆志

発行所　株式会社インプレス
　　　　〒101-0051　東京都千代田区神田神保町一丁目105番地
　　　　ホームページ　https://book.impress.co.jp/

本書は著作権法上の保護を受けています。
本書の一部あるいは全部について（ソフトウェア及びプログラムを含む）、
株式会社インプレスから文書による許諾を得ずに、
いかなる方法においても無断で複写、複製することは禁じられています。

Copyright © 2020 burnworks Inc. and Impress Corporation. All rights reserved.

印刷所　図書印刷株式会社
ISBN978-4-295-00828-6 C3055

Printed in Japan